煤矿矿井设计

（第三版）

主　编　郑西贵　汪理全
副主编　刘洪洋　常庆粮

中国矿业大学出版社

内 容 提 要

本书详细阐述了煤矿设计方法的政策观念、经济观点和安全观点,从经济、技术等多个角度讲解了煤矿矿井设计过程中涉及的开拓方案、井底车场、采区车场、采区硐室、采煤方法等的设计方法。

本书适合各层次工科学生使用,也可供相关工程技术人员参考。

图书在版编目(C I P)数据

煤矿矿井设计/郑西贵,汪理全主编.—3版.—徐州:
中国矿业大学出版社,2018.2

ISBN 978‐7‐5646‐3800‐9

Ⅰ.①煤… Ⅱ.①郑… ②汪… Ⅲ.①煤矿开采—矿
井—设计—教材 Ⅳ.①TD214

中国版本图书馆 CIP 数据核字(2017)第 298864 号

书 名	煤矿矿井设计
主 编	郑西贵 汪理全
责任编辑	耿东锋
出版发行	中国矿业大学出版社有限责任公司
	(江苏省徐州市解放南路 邮编 221008)
营销热线	(0516)83885307 83884995
出版服务	(0516)83885767 83884920
网 址	http://www.cumtp.com E-mail:cumtpvip@cumtp.com
印 刷	江苏淮阴新华印刷厂
开 本	787×1092 1/16 **印张** 17.75 **字数** 441 千字
版次印次	2018 年 2 月第 3 版 2018 年 2 月第 1 次印刷
定 价	28.00 元

(图书出现印装质量问题,本社负责调换)

第三版前言

本书在前两版的基础上进行了修订。

针对当前采煤方法的新理论与设计新理念,增加了三章内容,分别是"无煤柱连续开采设计",包括无煤柱连续开采的主要形式、沿空留巷类别与适用条件及无煤柱沿空留巷支护设计;"煤与瓦斯共采设计",包括地面钻井瓦斯抽采设计、综掘工作面煤与瓦斯共采设计和综采工作面煤与瓦斯共采设计;"巷道高效掘进与支护设计",包括巷道高效掘进装备机组概述、巷道高效掘进工序工艺和巷道高效掘进与支护方案、参数设计等内容。

此外,对煤矿井底车场线路设计的内容进行了调整和删减,并补充了山西晋煤集团寺河矿和山东兖矿集团济三煤矿的井底车场实例,这两个矿井均采用带式输送机运煤和无轨胶轮车辅助运输,分别是斜井开拓和立井开拓方式的优秀代表。

书中删除了"采区巷道及硐室的施工组织与管理"和"煤柱留设与压煤开采工作管理"两节内容。

本书得到了"江苏高校优势学科建设工程二期资助项目""江苏高校品牌专业建设工程资助项目(PPZY2015A046)""中国矿业大学教学名师培育工程项目"和"中国矿业大学课程思政建设示范项目(2017KCSZ02)"的资助,在此表示感谢!

编　者

2017 年 11 月

第二版前言

本书在第一版的基础上增编了两部分内容：一是关于矿井储量中"四量"的概念及可采期等内容，由于受瓦斯地质影响，除开拓、准备、回采三种煤量以外，高瓦斯矿井或矿区还必须进行采前瓦斯抽采、解放被保护煤层中赋存的瓦斯或卸压开采形成的解放煤量；二是关于采区巷道及硐室的施工组织与管理等内容，对掘进施工安排的步骤、方法和施工序进行阐释。

编　者

2013 年 1 月

第一版前言

本书在编写过程中,根据本课程在采矿工程专业中的地位和性质,注意加强了基本理论、基本方法和基本技能方面的内容,注意阐述煤矿设计方法的政策观念、经济观点和安全观点。本书在结构上以设计原理和设计方法为主体,力求在阐明原理的基础上,密切结合矿井的主要技术问题,论述设计方法的基本内容。全书各章节均有翔实具体的实例。为照顾部分仍使用原煤炭设计标准的工程技术人员,本书个别实例仍采用了原有设计,在新做设计过程中,只需按照新规定对其型号、尺寸等参数进行选择即可。

全书共分 12 章。第一章矿区总体规划设计,本章从矿区总体设计的程序、依据、内容及设计原则对矿区总体规划设计进行叙述。第二章矿井设计,本章对矿井设计的程序、依据、内容等进行阐述,尤其突出了矿井初步设计中安全专篇的设计论述;本章另一重点为针对矿井开采设计中方案比较法的讲解,也涉及矿井的采掘关系和矿井开拓设计方案比较内容方面的知识。第三章矿井开拓方案设计案例,结合具体实例对矿井开拓方案设计的实际运用进行了举例说明。第四章井底车场设计,本章通过分析轨道线路设计基础,对矿井井底车场的设计要求进行了论述,并提供了具体的设计实例。第五章准备方式设计,本章以采区准备方式为例分析了常用各种准备方式的优缺点及适用条件。第六章准备方式方案选择示例,本章为采区准备方式的具体应用。第七章采区车场设计,本章结合实例对采区的上部、中部、下部车场的形式、要求及适用条件进行了分析。第八章采区硐室设计,本章内容主要包括采区煤仓、变电所、绞车房及水泵房的设计。第九章采煤方法设计,本章通过对回采巷道的布置形式和采煤工艺的设计的分析,得出了确定合适采煤方法的途径。第十章采动治理设计,本章主要为矿井开采过程中各种保护煤柱留设的原则和相应的煤柱留设方法进行了示例说明,并包括煤柱的回收及回收时的开采管理。第十一章掘进工作面作业规程编制,第十二章采煤工作面作业规程编制,这两章包括常用的掘进和采煤工作面的规程的编程依据、内容,并配有作业规程的编制样本。

本书是供采矿工程专业学生使用的教材,同时也可作为采矿工程技术人员的参考书。

限于编者的水平,加之时间仓促,书中一定存在某些缺点和错误,恳请读者批评指正。

编　者

2008 年 7 月

目　录

第一章　矿区总体规划设计

第一节　矿区总体设计程序

20 世纪 80 年代至 20 世纪末,新矿区建设的设计程序为:提出项目建议书—可行性研究—拟定设计任务书—进行矿区总体设计。

原国家计委规定,从 1991 年 12 月 4 日起,将国内投资基础上的设计任务书和利用外资项目的可行性研究报告统称为可行性研究报告,取消设计任务书。

2001 年 5 月 9 日国家发展计划委员会以特急发布计基础〔2001〕782 号文《国家计委关于进一步加强煤炭基本建设大中型项目管理有关问题的通知》,内容如下:

各省、自治区、直辖市及计划单列市计委,神华集团公司:

按照中央和国务院有关文件精神,全国煤炭工业管理体制和机构改革工作已基本完成。为了适应新的管理体制要求,进一步理顺、规范和加强煤炭基本建设大中型项目管理,促进煤炭工业健康发展,根据国家投融资体制改革的要求和国家关于严格执行建设程序,确保建设前期工作质量等有关规定,现就加强煤炭工作基本建设大中型项目管理的有关问题通知如下:

(1) 按照《中华人民共和国矿产资源法》、《中华人民共和国煤炭法》等有关法律和行政法规的规定,煤炭资源开发应当根据国民经济和社会发展计划编制矿区综合开发规划(矿区总体规划)。经批准的矿区总体规划,是矿区开发的指导性文件,投资者必须在总体规划指导下依法从事资源开发和生产经营活动。

(2) 矿区总体规划属政府行为。规划的编制工作,请你们会同有关部门共同研究安排。

总体规划应在矿区资源进行普查和必要的详查基础上进行,其主要内容包括:矿区开发的目的、必要性、指导思想和原则;矿区资源状况、井田划分及建设规模,开发顺序初步设想;水源、电源、交通运输及材料供应等外部建设条件;矿区综合开发思路及配套项目情况;矿区公用工程建设;环境保护等。

(3) 矿区总体规划审批程序是:大中型矿区(矿区规模 2.00 Mt/a 及以上)由矿区所在省(区、市)计委报国家计委,由国家计委有关部门审批;总规模在 2.00 Mt/a 以下的矿区总体规划,由省级计委会同有关部门审批。

(4) 除新矿区要编制矿区总体规划外,目前正在生产、建设的煤炭矿区,如对原规划进行适当调整和修改,也要结合矿区实际情况,编制矿区总体规划,并按上述程序报批。

(5) 煤矿建设项目应当符合煤炭矿区综合开发规划(矿区总体规划)和煤炭产业政策的要求,并严格执行建设程序,按照国家现行规定履行报批手续。

现行基本建设前期工作程序包括项目建议书、可行性研究报告、初步设计、开工报告和竣工验收等工作环节。只有在完成上一环节后方可转入下一环节。除国家特别批准外,各地方、部门和企业不得简化项目建设程序。根据上述规定,考虑到煤炭行业的具体情况,煤炭项目的审批程序按下列规定执行。

① 在矿区总体规划批准后,方可进入单项工程阶段。单项工程必须编报项目建议书和可行性研究报告。

② 大中型(建设总规模 0.60 Mt/a 以上)煤矿和选煤厂项目建议书和可行性研究报告,根据项目单位隶属关系,分别由各省(区、市)、计划单列市计委和计划单列企事业集团初审后报国家计委,由国家计委直接审批或报请国务院审批。

③ 矿区综合开发项目(煤的加工、转化和综合利用等),按照国家现行限额规定执行,限额以上项目由国家计委直接审批或报请国务院审批。

④ 对不能独立经营的非生产性配套工程,要纳入生产主体项目,今后原则上不再单列非生产性配套工程。

⑤ 大中型(或限额以上)项目的初步设计概算、开工报告由各省(区、市)、计划单列市计委和计划单列企业集团初审后报国家计委核定审批,项目的竣工验收由国家计委(或委托地方计委)组织。

(6) 在国家投资体制改革方案出台之前,煤炭矿区综合开发规划和基本建设项目暂时按上述规定程序执行。任何部门、地方和企业,不得越权擅自审批,或以"化整为零"等方式申报上级主管审批。

随着国家改革开放和体制改革,矿区设计程序、审批程序可能有新的规定,设计应按国家新的规定程序进行。

第二节　矿区总体设计的依据与内容

一、矿区总体设计的依据

(1) 矿区总体规划设计委托书。矿区总体规划属政府行为,由各省(区、市)、计划单列市发改委和计划单列企业、企业集团或有关政府部门委托。

(2) 矿区资源普查地质报告和必要的详查地质报告以及审批文件。

(3) 矿区环境影响评价大纲及审批文件。

(4) 各省(区、市)国民经济和社会发展五年计划及远景目标纲要。

(5) 煤炭行业及相关电力、化工、交通、建材等行业的五年计划及远景规划。

二、矿区总体设计的内容

1. 总说明

(1) 矿区位置、编制依据、基础资料。

(2) 矿区综合开发规划的指导思想和主要原则。

(3) 矿区综合开发的必要性、合理性和优势。

(4) 矿区综合开发规划确定的技术面貌及主要技术经济指标。

(5) 存在的主要问题和建议。

2. 矿区概况及建设条件

(1) 矿区地理位置、地形地貌、气象和地震参数及区域经济简况。

(2) 矿区建设外部条件。阐明交通、电源、通信、水源及建设材料等情况。

(3) 矿区建设资源条件。包括矿区地质特征、资源(储量)及分析、矿区资源评价、勘查程序和勘查存在的问题及对下步勘查的建议。

（4）对矿区内伴生有益矿物的赋存情况及开采的经济价值做出评价。

3. 矿区开发

（1）概述矿区内或邻近矿区现有生产、建设矿井（露天矿）的情况，老窑分布情况。

（2）确定矿区开发的指导思想、总体框架和主要原则。

（3）对矿区井田划分进行技术经济分析论证并确定最佳方案。

（4）对各井田的开发方式（井工或露天）、设计生产能力、井口位置、开拓水平和初期采区位置等进行技术经济分析和论证，并推荐主导方案。

（5）确定矿区的建设规模，论证可行性和合理性。

（6）提出矿区开发建设计划、各矿井（露天）开发顺序、开工时间、达到矿区规模的时间、均衡生产时间和矿区服务年限。

4. 煤的用途及洗选加工

（1）阐明矿区各矿井各煤层的煤质、煤类、可选性，并做出评价。

（2）初步确定煤的用途和用户。根据煤类和煤质确定各矿井煤是作为动力煤、炼焦煤还是气化或液化用煤等，分析矿区煤进入国际市场、国内市场的前景和竞争能力，阐明本省、本地区煤炭供需情况并进行供需预测。

（3）根据煤的用途和用户，提出矿区各矿井煤的产品方案和加工方式；经多方案技术经济分析比较，推荐主导方案；经分析比较初步确定煤的加工方法、选煤厂的类型等。

5. 电厂

（1）根据矿区所在省和地区的电力五年计划和远景规划，概述本省、本地区电力生产、建设、供给和消费现状，电厂建设和电网建设的规划情况，分析论述在本矿区建电厂的必要性、合理性。

（2）根据煤的用途和产品加工方案，确定矿区电厂的类型和电厂规模，初步选择各电厂锅炉的类型和发电机组的能力。

（3）选择电厂的厂址、电厂燃料的运输方式。

（4）根据电厂的规模确定电厂的补给用水量，对矿区水源进行分析比较，初步确定电厂水源。

（5）根据各电厂所消耗的燃料种类和燃料量，计算各电厂灰渣量，并初步确定灰渣的处理方式，灰渣应尽量考虑综合利用。

（6）根据矿区所在省（区）的电网规划和本地区电力盈余情况，初步确定矿区电厂与电网的接入系统。

6. 化工、铁路、港口、航运、建材等综合开发项目

（1）根据矿区所在省（区）有关行业的规划，概述有关行业、生产、建设供给和消费现状，分析预测矿区所建综合开发项目在国内外市场竞争中的前景，论证其开发建设的必要性和合理性。

（2）初步确定所建综合开发项目的规模、厂址选择及初步的建设计划。

（3）简述所建综合项目的生产工艺、产品和副产品数量、需要引进技术和设备等关键问题。

7. 矿区配套工程

（1）矿区运输：说明铁路运量、流向，铁路接轨方案和专用线走经方案，经技术经济比较的推荐主导方案，矿区铁路总长度，矿区公路的现状，矿区电力负荷估算，矿区公路等级和长度。

（2）矿区供电：说明矿区附近电力系统现状，估算矿区电力负荷，提出矿区电源及供电系统方案，经技术经济比较推荐主导方案。

（3）矿区通信网络：说明矿区公用通信现状，提出矿区通信网络方案经比选推荐主导方案。

（4）矿区给排水及供热：说明矿区水源情况，经分析论证初步选择矿区水源，估计矿区用水量、矿区排水方式及排水量，矿区各矿井、选煤厂、辅助及附属企业供热方式及热负荷。

8. 矿区地面布置及地面设施

（1）简述矿区各矿井、电厂等综合开发项目的井口位置及厂址选择，提出矿区指挥中心、附属企业和居住区的位置方案，经比选推荐主导方案。

（2）概述矿区防洪排涝现状，提出矿区防洪工程措施和建议，初步确定各矿井的井口标高。

（3）对于矿区辅助、附属企业及设施，根据地面情况，调查研究，充分发挥老矿区潜力，不搞重复建设，面向市场，实事求是地初步确定矿区各辅助、附属企业项目及建设规模。

（4）对于矿区指挥中心和居住区，根据改革、精简、高效原则，初步确定矿区指挥机构和人员，矿区不再设文教、卫生等机构和设施。居住区根据住房改革的精神，只列建筑指标、占地面积等，不列投资。

9. 矿区环境保护及综合利用

（1）矿区环境保护。概述矿区环境现状、采用的环境保护标准，阐述矿区主要污染源（污水、烟尘、固体废弃物、噪声等）及其防治措施，初步确定矿区环境管理机构和专项投资。

（2）村庄搬迁和小城镇规划。说明矿区开采时对地面村庄的影响，结合小城镇建设提出村庄搬迁规划，提出塌陷区综合治理的途径。

（3）综合利用。对伴生有益矿物开采和利用提出综合开采方案，对煤炭加工产生的副产品（煤泥、矸石、电厂灰渣等）提出综合利用途径，对煤炭深加工和洁净煤技术提出利用方向。

10. 技术经济评价

（1）初步确定设计规模、职工人数和劳动生产率。

（2）估算矿区基建投资和逐年投资，估算矿区的总投资。

（3）按矿井及选煤厂、电厂、煤化工、铁路、港口、建材等项目分别估算生产成本、产品销售收入及利润，并做出初步的财务评价。

（4）对矿区做出综合财务评价并用宏观经济效益分析。

（5）列明矿区主要技术经济指标。

11. 附图

附图包括矿区交通位置图、矿区地质地形图、地层综合柱状图、各主要煤层底板等高线及储量计算图、矿区井田划分方案图、井田开拓方式图、矿区地面布置图等。

第三节 矿区总体设计原则

一、矿区总体设计原则

矿区开发设计是对矿区井田划分,井田开发方式,矿井设计生产能力、开拓方式与井口位置,矿区建设规模、均衡生产年限及矿区建设顺序和环境保护等进行的全面技术经济研究和综合评价。它是矿区总体设计的主要组成部分,也是进行矿区运输、供电、辅助企业与附属设施、矿区总平面布置等设计的主要依据,对矿区生产经营和经济效益均有重大作用和深远影响。

矿区开发设计一般应遵循下列原则:

(1)贯彻执行国家发展煤炭工业的方针政策和发展战略,以及有关法规、规程和规范的规定。

(2)结合具体条件充分考虑国民经济和区域经济发展需要(国内外市场需要),择优开发合理利用煤炭资源,对国家稀缺煤种实行保护性开采。

(3)为矿区的合理开发创造良好的建设条件,保证矿区规划布局的合理性和稳定性,做到矿区建设、城乡规划和保护同步发展。

(4)矿区的井田划分,要统筹全局处理好与相邻矿区和相邻矿井间(境界)的关系,如矿井与露天矿、生产矿与新建井、浅部井与深部井,对国有重点煤矿与地方矿井应统一规划、合理布局。

(5)综合分析借鉴国内外矿区开发经验与发展趋势,采用科学技术,不断提高矿区现代化水平。

(6)发挥资源优势和地理优势,择优开发资源丰富、开采条件优越、交通方便和缺煤地区,有露天矿开采条件的应当优选露天开采。

(7)要以经济效益为中心,以相对较少投资、较短时间,实现少投入、多产出,取得矿区建设的最大经济效益。

(8)对矿区有工业价值的其他有益矿物,应规划开发和利用,提高经济效益。

(9)适应经济发展和科学技术进步,适当为矿区扩建与发展留有余地。

(10)贯彻安全生产方针,努力改善劳动条件。

二、井田划分

1. 影响因素

划分井田时考虑的主要因素有:

(1)实事求是,矿区地质条件是划分井田的基础条件。

(2)选择合适的矿区开发强度。

(3)统一规划,正确处理深浅部各矿井的相邻关系。

(4)选择合适的井口位置与工业广场。

(5)为矿井的改扩建留有后备区。

(6)统筹全局,全面规划,谋求综合经济效益最优化。

2. 井田划分方法

划分井田时,一般按自然境界和人为境界进行划分。

(1)按自然境界划分井田

① 按地质因素划分:利用煤田地质构造作为划分井田的自然境界,是设计中最常用的井田划分方法,即利用大断层、褶曲轴线、岩浆岩侵入带、古河床冲刷带等地质构造划分井田。图 1-1 所示为济(宁)北矿区利用自然境界划分井田方案。

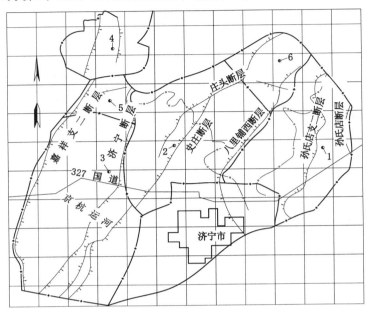

图 1-1　济(宁)北矿区井田划分
1——许厂矿;2——岱庄矿;3——唐口矿;4——葛亭矿;5——运河矿;6——何岗矿

② 按煤层赋存形态划分:为了有利矿井生产管理、巷道布置和减少采煤方法的多样性,一般常将产状不同的煤层区域分别划分为不同井田。

③ 按煤层组与储量分布情况划分:根据煤层组(煤层)与储量分布情况划分井田,在煤层生产能力高、储量多且集中的区域多划分建设大型、特大型矿井,在煤层生产能力低、储量少而分散的区域,一般多划分建设中小型矿井。

④ 按煤种、煤质分布规律划分:在煤种、煤质变化比较大的矿区,为了保证煤种、煤质和减少同一矿井煤种的种别,减少因分采分运与加工而造成的生产系统与设施的复杂性,可利用煤种、煤质的分界线作为井田划分的境界。

⑤ 按地形地貌界线划分:当地面有河流、铁路、城镇等需要留设保护煤柱时,应尽量利用此类保护煤柱线作为井田境界,以降低煤炭损失。

(2) 按人为境界划分井田

在没有可利用的自然境界因素时,可采取人为境界划分井田。在此情况下,应根据煤田资源分布、煤层开采条件、技术装备与管理水平、矿区外部开发条件和建设方针等因素划分井田,条件可能时应尽量考虑建设高产高效大型矿井,实现经济增长方式的转变。一般,采用人为境界划分井田方法如下:

① 按水平标高(煤层底板等高线)划分。沿煤层倾斜划分井田,如浅部井与深部井之间的划分,常以煤层底板等高线(单煤层)或水平标高(煤层群)划界。具体说,有垂直划分法和水平划分法。对于缓倾斜煤层一般用垂直法,以煤层底板等高线水平标高垂直下切。对于

急倾斜或倾斜煤层一般以水平标高水平横切。

② 按地质钻孔连线划分。地质钻孔连线划分方法可用在煤层倾斜方向或走向方向上，应用时注意为井田创造较好的开采条件。

③ 按经纬线划分。采用以经纬线划分井田方法，可用在煤层走向上，也可用在倾斜方向上。

④ 按勘探线划分。以煤田地质勘探中某勘探线作为井田划分的人为境界。这种境界实际上多以直线划分(以坐标点标注井田境界线位置)。如济(宁)北矿区的岱庄矿井与何岗矿井境界即是以第八勘探线划分的。

3. 井田尺寸参数

为了合理确定井田尺寸，按照《煤炭工业矿井设计规范》(GB 50215—2015)的规定，井田走向长度不宜小于表1-1中的数值。

表 1-1 井田走向长度

矿井井型	大 型	中 型	小 型
走向长度/km	8	4	未规定

三、矿井生产能力

1. 矿井井型

矿井井型是依矿井设计生产能力大小划分的矿井类型，分特大型、大型、中型、小型矿井四种。《煤炭工业矿井设计规范》对矿井井型的规定见表1-2。

表 1-2 矿井井型分类

分 类	井型/Mt·a^{-1}
特 大 型	10 及以上
大 型	1.2、1.5、1.8、2.4、3.0、4.0、5.0、6.0、7.0、8.0、9.0
中 型	0.45、0.6、0.9
小 型	0.3 及以下

备注:新建矿井按规定不应出现上述两种井型之间的中间井型。

2. 影响矿井生产能力的主要因素

影响矿井生产能力的主要因素有资源及储量、地质和开采条件、矿井与水平服务年限、技术装备与管理水平等。

(1) 资源及储量

依据地质可靠程度和相应的可行性评价及获得的不同经济意义，固体矿产资源(储量)可分为储量、基础储量和资源量等三大类十六种类型，见表1-3。

另外，也可根据《煤炭工业矿井设计规范》规定的方式进行矿井储量的计算。需计算的储量有:矿井地质储量(包括能利用储量和暂不能利用储量)、矿井工业储量、矿井设计储量(矿井工业储量减去设计计算的断层煤柱、防水煤柱、井田境界煤柱，以及为已有的地面建筑物、构筑物需留设的保护煤柱等永久性煤柱损失量后的储量)、矿井采区采出率(厚煤层不应小于75%、中厚煤层不应小于80%、薄煤层不应小于85%)。

表 1-3   固体矿产资源/储量分类

	储量	可采储量	111
查明矿产资源		预可采储量	121、122
	基础储量	经济基础储量	111b、121b、122b
		边际经济基础储量	2M11、2M21、2M22
	资源量	次边际经济基础储量	2S11、2S21、2S22
		内蕴经济资源量	331、332、333
潜在矿产资源	资源量	预测的资源量	334?

注：表中所用编码(111～334)，第 1 位数表示经济意义，即 1＝经济的，2M＝边际经济的，2S＝次边际经济的，3＝内蕴经济的，?＝经济意义未定的；第 2 位数表示可行性评价阶段，即 1＝可行性研究，2＝预可行性研究，3＝概略研究；第 3 位数表示地质可靠程度，即 1＝探明的，2＝控制的，3＝推断的，4＝预测的。b＝未扣除设计、采矿损失的可采储量。

（2）开采技术条件

地质和开采条件是确定矿井设计生产能力的基本条件。根据我国矿区生产建设实践和经验，对于煤田范围广阔、储量丰富、地质构造简单、煤层生产能力大、开采技术条件好的矿区，宜建设大型矿井。为了实现生产集中化，提高经营效益，减少初期工程量和基建投资，使矿井及早投产，根据地质和开采条件，一般以一个开采水平保证矿井设计能力，且每翼同时生产的采区数目，一般不宜超过 2 个。

（3）矿井与水平服务年限

为发挥投资效益和保证矿井正常生产接替与稳定发展，《煤炭工业矿井设计规范》规定，新建与改扩建矿井及第一开采水平的设计服务年限不应小于表 1-4 中的数值。

表 1-4   新建与改扩建矿井及第一开采水平设计服务年限

矿井设计生产能力 /Mt·a⁻¹	矿井设计服务年限 /a	不同煤层倾角的第一开采水平设计服务年限/a			改造后矿井服务年限 /a
		<25°	25°～45°	>45°	
10.0 及以上	70	35	—	—	60
3.0～9.0	60	30	—	—	50
1.2～2.4	50	25	20	15	40
0.45～0.9	40	20	15	10	30

20 世纪 70 年代以来，国外主要采煤国家为适应科技进步、技术装备更新周期缩短的发展趋势，矿井设计服务年限趋向缩短，其大型矿井服务年限约为 50 a，我国新建或改扩建的矿井亦呈现该发展趋势。

（4）技术管理水平

技术装备是提高矿井生产能力的技术手段。矿井设计生产能力的基础是采煤工作面的单产和数目。技术装备水平不同，采煤面的单产水平不同。当前，中国普通机械化采煤面单产水平为 0.30～0.60 Mt/a；普通综合机械化采煤面单产水平为 0.90～1.50 Mt/a；大功率高产高效综采面单产水平为 3.00 Mt/a 以上。例如，设计一个年产 3.00 Mt/a 矿井，只需装备 1 个高产高效工作面，而普通综采工作面则需 2～4 个。

四、矿区规模设计与均衡生产

1. 矿区规模确定的基本原则

矿区规模应根据资源条件、外部建设条件、国家经济发展需要、投资效果和均衡生产年限等进行全面分析，综合论证确定。

（1）资源条件：系指煤田范围、煤层赋存条件、储量、地质构造、水文地质、开采技术条件及地形地貌等。对储量丰富、煤层赋存较浅、地质和水文构造简单、开采技术条件较好的煤田，应以建设大型和特大型矿井为主，兼顾建设一批中小型矿井，形成大中小矿井相结合的矿区。

（2）外部建设条件：系指矿区的运输、供电、供水、信息网、当地建设材料、邻近矿区生产建设经验等。受外部建设条件制约时，矿区规模应适当缩小。

（3）国民经济或区域经济发展需要：这是矿区开发建设的前提和确定矿区规模的重要依据。要根据国家经济发展计划对煤炭的需求量，特别要认真调查和预测区域经济发展计划对煤炭的需求量，不调查不研究盲目建设会给国家和企业带来巨大经济损失。

（4）投资效果：投资效果好是企业追求的目标，建设投资少、施工工期短、生产成本低、生产效率高、投资偿还期短的矿区可适当加大矿区建设规模，反之应缩小。在确定矿区建设规模时，可留有扩建发展的条件。

（5）符合均衡生产年限的规定：矿区建设规模应使矿区均衡生产年限符合《煤炭工业技术政策》和《煤炭工业矿区总体设计规范》的规定，保证矿区长期稳定供应煤炭和投资效益。

2. 矿区均衡生产服务年限

矿区均衡生产年限是矿区年产量长期保持建设规模的生产年限，是决定矿区建设规模的重要原则和依据。矿区建设规模偏大，均衡生产年限就偏短；反之，建设规模偏小，均衡生产年限就偏长。

为了保证矿区能够较长时期地均衡供应煤炭，使矿区的综合设施和建筑物等有合理的服务年限，发挥矿区工程的投资效益，保证矿区建设规划布局的合理性和稳定性，矿区必须有合理的均衡生产年限。根据我国国情，规定矿区建设规模和均衡生产年限，见表1-5。

表 1-5　　　　　　　　　　　　矿区均衡生产年限表

矿区建设规模/Mt·a^{-1}	>15	10~15	8~10	5~8	3~5	1~3
均衡生产年限/a	≥90	≥80	≥70	≥70	≥60	≥50

3. 矿区均衡生产服务年限确定方法

矿区均衡生产服务年限可由编制的矿井建设顺序及产量规划表求出。编制矿井建设顺序及产量规划表的方法是将矿区中每个矿井按建设的先后顺序逐次排出施工准备时间、建井时间及逐年的产量规划横格数字表。从表中可以求出矿区均衡生产年限，也可以看出矿区产量递增年限、产量递减年限和矿区整个年限。

表1-6为济（宁）北矿区矿井建设顺序及产量规划。

五、矿区建设顺序

1. 矿区建设顺序编制的依据

（1）市场需求

济(宁)北矿区矿井建设顺序及产量规划表

表1-6

名称	井型/Mt·a⁻¹	建井工期/月	服务年限/a	矿区建设顺序及产量规划 /Mt·a⁻¹
许厂	1.5	60	86	0.3 1.2 1.5 1.5 1.5 1.5 1.5 1.5 1.5 1.5 1.5 1.5 1.5 1.5 1.5 1.5 1.5 1.2 0.3
岱庄	1.5	60	76	0.3 1.5 1.5 1.5 1.5 1.5 1.5 1.5 1.5 1.5 1.2 0.7 0.3
唐口	4.0	84	88	1.0 2.0 3.0 4.0 4.0 4.0 4.0 4.0 4.0 4.0 3.0 3.0 3.0 3.0 2.0 1.0
葛亭	0.6	60	71	0.3 0.6 0.6 0.6 0.6 0.6 0.6 0.6 0.6 0.3 0.3 0.3
矿区	规模 7.6 Mt/a 年限 103 a			3.9 15.8 23.7 35.5 39.5 52.6 65.8 82.9 100 100 100 100 100 92.1 85.5 67.1 59.2 55.2 47.4 39.5 26.3 13.2

年份：1992 1993 1994 1995 1996 1997 1998 1999 2000 2001 2002 2003 2004 2005 2006 2007 2011 2021 2031 2041 2051 2061 2071 2081 2082 2083 2084 2085 2086 2091 2096 / 2010 2020 2030 2040 2050 2060 2070 2080 / 2090 2095 2100

矿区产量比例/%：8.0 7.0 6.0 5.0 4.0 3.0 2.0 1.0

矿区年产量合计/Mt：7.6 7.0 6.5 6.3 5.1 5.0 4.5 4.2 4.0 3.6 3.0 3.0 2.7 2.0 1.8 1.2 1.0

递增年 递增年限 2.7 矿区均衡生产年限 75 a 递减年限 19 a

依据国民经济发展和区域经济发展对煤炭产量、质量煤种的需要计划,煤炭行业对这种需求,有进一步的计划安排,矿区应尽量满足国家计划安排,以促进整个国民经济的发展。

（2）外部开发条件

其他条件相同,外部开发条件相差较大时,应先建设交通、电源、水源、场地条件好,并容易落实的矿井,以缩短施工准备期。

（3）材料、设备供应条件

能够容易落实材料、设备和施工队伍的矿井应安排在先期施工。

（4）勘探程度

矿井建设顺序应考虑地质部门提交精查地质报告所需时间顺序,以矿井初步设计精查地质报告作为设计依据,矿井建设必须严格按照基本建设程序。

矿井的建设顺序在市场经济条件下,应以矿区投资的最佳经济效益来安排矿井建设顺序,在矿区建设期内,以矿区及矿井的综合经济效益为目标,以矿区资源为约束条件,从实际出发,统筹考虑,综合分析,编制出符合实际的矿井建设顺序。

2．矿区建设顺序的基本原则

矿区建设顺序一般应遵循下列主要原则:

（1）先浅后深。当煤田沿倾斜方向划分为数个井田时,应先建设浅部矿井,后建设深部矿井。

（2）先小后大。当矿区内有不同设计生产能力的矿井时,一般应先建设小型、中型矿井,后建设大型或特大型矿井。

（3）先易后难。从施工方面看,先建设外部条件好、施工条件简单的矿井。从生产方面看,先建设地质构造简单、煤层由下而上稳定、开采技术条件简单的矿井,后建设外部开发条件差、施工条件复杂、地质条件复杂的矿井。

（4）先平硐、再斜井、后立井。如果一个矿区有平硐、斜井和立井时,应先建设施工条件简单、投资少、建设快的平硐或斜井,后建设立井。

（5）先改扩建,再新建。在矿区总体设计中,如果有生产矿井改扩建,则应先安排改扩建矿井,后安排新建矿井。

（6）先急需,后一般。在不同煤质、不同煤种的矿井之间安排建设顺序时,应先建设国家急需的煤质、煤种所在的矿井,后建一般煤质、煤种所在的矿井。

（7）同时建设的矿井不能太多。矿区同时建设矿井的数量主要是根据国民经济对煤炭需求的大小、地质勘探程度、资金筹措情况、器材供应条件、施工队伍的数量以及外部协作条件等因素择优确定。

六、矿区采动治理

1．综合防治地表下沉

（1）尽量减少工业广场占地面积或不占良田。

（2）选择合理的开拓方式,集中出煤,减少占地。

（3）积极选择保护性开采。如采用厚煤层和煤层群的协调开采、限厚开采、留设保护煤柱开采、条带开采、房柱式开采、全部充填开采等,控制上覆岩层的移动和地表变形。

（4）根据国家制定的有关环境保护及土地复垦规定,结合矿区(矿井)具体情况,因地制宜地采取相应的综合治理措施,恢复治理塌陷地。

（5）对于地表沉陷及地表沉陷对环境的影响，矿井可行性研究或初步设计应进行预计，并做出治理地表沉陷及其影响的工程设计。

2. 综合治理煤矸石

（1）减少矸石的产生量。

① 采准巷道布置力争多布置煤巷，少掘岩巷，有条件时采用全煤巷布置。

② 在采煤工作面，使用传感器，以保证在开采煤层时不截割顶、底板岩石；及时支护顶板，防止冒顶；放顶煤开采中选择最佳的放煤工艺，减少矸石混入；含矸煤层合理分层；等等。在掘进工作面，利用光爆锚喷技术，尽可能减少出矸量。

（2）减少出井矸石量。

① 采用巷旁充填技术。

② 把矸石作为充填材料充填采空区。该方法既能减少出井矸石量，减少矸石堆占用土地，又可控制地表沉陷，减少对土地及地面建筑物的破坏，是一种减少公害的较好方法，所以研制高效的充填设备，发展充填技术是很有必要的。

（3）把废矸石作为二次能源充分利用。对含硫高或热值较高的煤矸石，可回收硫或作为低热值燃料。对热值很低、不易自燃的矸石，在经过处理达到排放标准后，可用于铺筑公路、修建堤坝或充填采石场、采区的塌陷坑和塌陷区等，也可加工为建筑材料。

（4）对地面的矸石堆进行设计，考虑用于各种场地，发展农业、林业或作为风景区等。

3. 综合防治大气污染

（1）对于含硫量不同的煤层采取不同措施，以控制 SO_2 的排放量，如含硫分大于 3％ 的煤层应禁止开采。

（2）提高煤岩洗选比例，推广型煤生产，采用先进的燃烧技术。

（3）改造或更新落后的锅炉和窑炉。

（4）治理矸石山的自燃和扬尘。

（5）矿区应逐步实行集中供热，热电联供。

（6）生活用能应逐步实现煤气化、瓦斯化及型煤化。

（7）减少井下废气污染。

① 对高瓦斯矿井，在生产过程中预先抽放煤层中的瓦斯，加以综合利用，可以有效地减少生产中的瓦斯涌出量。

② 注意防止煤层自燃，对自燃煤层采取措施进行治理。

③ 井下使用内燃机车运输时，应采取净化措施，如采取推迟喷油、提高喷油速度、减少转速等机内净化措施和对废气进行水洗、喷淋、稀释等外净化措施。

4. 综合防治水污染

（1）废（污）水工程设计必须从保护水资源的目的出发，坚持合理回收、重复利用的原则。

（2）废（污）水的输送设计，应根据水质、水量、处理方法及用途要求等因素经过综合比较，合理划分废（污）水的输送系统。

（3）根据水质、水量、用途，通过技术经济、环境论证，确定最佳处理方法和流程。

（4）外排的废（污）水，应达到《污水综合排放标准》的要求或当地环保部门有关规定。

（5）选煤厂内的生产废水均应汇集并引入煤泥水处理系统，净化后循环使用。

（6）厂区、工业广场以及居住区应设置完善的生活污水排水系统。

（7）所有水处理工艺均应选取高效、无毒、低毒的水处理药剂，不得排出有害废渣，严禁造成二次污染。

（8）经常受有害物质污染的装置、作业场所的墙壁和地面的冲洗水以及受污染的雨水，应排入相应的废水管网。

（9）输送有毒有害或含有腐蚀性物质的废水沟渠、地下管线检查井等，必须采取防渗漏和防腐蚀的措施。

（10）严禁采用渗井、渗坑、废矿井或用净水稀释等手段排放有毒有害废水。

第二章 矿井设计

第一节 矿井设计程序及依据

一、矿井设计程序

经批准的矿区总体规划,是矿区开发的指导性文件。煤矿建设项目开发应当符合煤炭矿区综合开发和煤炭产业政策要求。矿井设计一般程序为:项目建议书→可行性研究→初步设计(包括安全专篇)→施工图设计。

二、矿井设计依据

建设一个矿井不仅需要国家很多投资,消耗大量的人力、物力,而且直接关系到国民经济的发展,因此,为顺利地进行矿井设计和保证设计质量,必须具备下列依据。

1. 项目建议书

矿井项目建议书应根据批准的矿区综合开发规划进行编制,批准的项目建议书是矿井可行性研究报告的依据,应包括以下内容:

(1) 建设项目提出的必要性和依据,引进技术和进口设备时应说明引进理由。

(2) 产品方案、拟建规模和建设地点的初步设想。

(3) 资源情况、建设条件、协作关系和引进技术设备的国别与厂商的初步分析。

(4) 投资估算和资金筹措设想,利用外资项目要说明利用外资的可能性以及偿还贷款能力的测算情况。

(5) 项目的进度安排。

(6) 经济效益和社会效益的初步分析。

2. 精查地质报告

井田精查地质报告是矿井初步设计的基础。该报告应做到井田境界内地质构造清楚,储量清楚,明确煤质牌号及其用途,并提供准确的水文地质资料,以保证井田境界和矿井井型不因地质资料不准确而发生重大变化和影响煤炭资源既定的工业用途。对地质条件特别复杂的小型煤矿及地方小煤矿,可用详查最终地质报告作为资源的依据。

为保证矿井初步设计有可靠的储量资源基础,进行初步设计时,全矿井特别是第一水平必须有相当数量的高级储量(平衡表内的 A+B 级储量)。根据矿井井型和地质条件的不同,设计矿井及其第一水平的高级储量应符合表 2-1 的规定。

3. 矿井可行性研究报告

矿井可行性研究是对矿井建设必要性、主要技术原则方案及技术经济合理性的全面论证和综合评价,是矿井立项决策的依据。矿井可行性研究报告应在批准的矿区总体规划和矿井项目建议书的指导下进行编制,编制依据的基础资料必须是批准的矿井勘探(精查)地质报告。可行性研究报告包括以下内容:

(1) 总说明。包括关于矿井位置、隶属关系、设计依据及编制过程的概述;关于矿井建

表 2-1 矿井高级储量比例表

储量级别比例	地质、开采条件及井型							
	简单			中等			复杂	
	大型	中型	小型	大型	中型	小型	中型	小型
井田内 A＋B 级储量占总储量的比例/%	40	35	25	35	30	20	25	15
第一水平内 A＋B 级储量占本水平储量的比例/%	70	60	40	60	60	30	40	不做具体规定
第一水平内 A 级储量占本水平储量的比例/%	40	30	15	30	20	不做具体规定	不要求	

设综合评价的主要特点、资源可靠性、用户、外部协作配套条件、推荐方案的技术经济效益、综合评价等内容。

（2）井田概况及建设条件。包括井田概况、矿井建设外部条件、矿井建设的资源条件、供应情况。

（3）井田开拓与开采。包括井田境界及可采储量、矿井生产能力、井田开拓、井筒井底车场及大巷运输、井下开采、安全等。

（4）矿井主要设备。包括提升设备、通风设备、排水设备。在进行上述设备选型时，要充分论证其选型的依据及优越性。

（5）地面设施。包括地面工艺布置、地面运输、工业广场的平面布置、供电、供水、工业建筑及行政福利建筑、居住区、环境保护与综合利用。

（6）建井工期。包括施工准备、主要工程施工方法方案比选与确定、井巷主要连锁工程确定、工程综合进度表、建井工期估算。

（7）技术经济分析与评价。包括劳动生产率及人员配备、投资估算和资金来源、成本估算、财务平衡表、经济分析与评价、矿井主要技术经济指标。

（8）附图。主要有矿井交通位置图、矿井地质地形图、各主要煤层的地质图、矿井水文地质图、井田开拓图、移交采区布置图、地面主要生产工艺系统图、工业广场总平面图、矿井地面总布置图、井巷和土建及机电安装综合进度图表。

4. 国家总的建设方针、政策及有关规程和规范

为使煤炭工业基本建设健康发展，必须遵循国家正式颁发的与建设项目有关的方针政策、规程、规范和技术方向等；若国家有对建设项目明确规定的有关文件，如指定采用某种设备或标准（通用、定型）设计等，应作为设计依据。

5. 经批准的上一阶段设计确定的原则

经过批准的上一阶段设计中所确定的原则和技术标准，可作为下一阶段设计的依据。例如，井田划分、井型、开拓方式、机械设备选型、产品加工工艺等。除个别情况下，由于当时条件的限制或某种原因所致，允许初步设计做局部修改外，矿井初步设计所确定的设计原则，在进行施工图设计时，一般不允许做较大修改。

除上述设计依据外，已签订的与建设项目有关的外部协议、文件等，设计时也应遵循。

第二节　矿井初步设计内容

矿井初步设计是指导矿井建设的技术经济文件,经批准后是安排矿井建设计划和组织实施的依据。初步设计应能指导施工图设计,作为控制工程投资、设备选型订货及矿井验收移交与生产考核的依据。矿井初步设计中编制的主要内容如下:

(1)总说明。包括初步设计编制依据、编制情况;设计指导思想;矿井(井田)特点、设计确定的主要技术原则及主要技术经济指标;存在的主要问题和建议。

(2)井田概况及地质特征。包括井田自然地理、交通、电源、水源、区域经济和建设材料的概述;井田地质构造,地层、煤层与煤质情况,水文地质,开采技术条件以及其他有益矿产的开采与利用评价的概述。

(3)井田开拓。包括井田境界与资源(储量)的确定;矿井设计年生产能力与服务年限的确定;井田开拓方式,井筒位置、数目与用途的选择;主要运输大巷与总回风大巷的布置,采区划分与配采安排;井筒井底车场及硐室布置。

(4)大巷运输及设备。包括煤炭及辅助运输方式的比较和确定,主要运输设备选型,机车类型和数量及相配套附属设备的型号和数量,输送机型号、长度、带宽、运输速度、运输能力、输送机功率,辅助运输设备选型的类型、型号和数量。

(5)采区布置及装备。包括根据地质构造、煤层稳定性和开采条件分析比较选择采煤方法,选择工作面采煤、装煤、运煤方式和设备选型,确定工作面顶板管理方式,选择计算支架设备;初期采区数目,位置选择,移交采区巷道布置,采区特征和采区煤炭、矸石和辅助运输方式及设备选型;移交时采煤工作面布置、数量、长度;移交生产和达到设计能力时掘进工作面的数量、组数,掘进机械设备配备,巷道断面和支护方式,移交时井巷总工程量。

(6)通风和安全。包括概述邻近矿井及本井田瓦斯、煤尘、自燃、煤和瓦斯突出、突水及地温等情况;矿井通风方式与通风系统选择及其依据,矿井风量计算及依据,矿井风压和等积孔计算,矿井通风系统图;灾害预防及安全装备。

(7)提升、通风、排水和压缩空气设备的方案比选,设备型号、功率等。

(8)地面生产系统。包括阐述煤质及其用途;煤的加工工艺流程;主、副井生产系统及矸石处理系统;其他辅助设施。

(9)地面运输。包括对现在铁路、场外公路及其他运输方式的阐述。

(10)总平面布置及防洪排涝。包括工业广场"四临"概况;工业广场的平面布置情况;场内的竖向设计及运输系统;管线综合布置及防洪排涝措施。

(11)电气。包括供电电源、电力负荷、送变电方案、地面及井下供配电、矿井监控及矿井通信概况。

(12)地面建构物。包括设计的原始资料和建筑材料;工业建构物、生产管理和生活福利区及居住区的建构物布置。

(13)给水与排水。包括给水、排水、消防及洒水系统等。

(14)采暖、通风及供热。包括采暖的范围及方式;各建筑物的通风方式和设备造型;井筒防冻措施;锅炉房设备选型;室外热力管网布置;等等。

(15)职业安全卫生。包括概述生产过程中主要产生的危害;地面建筑及设施危害因素分析及主要防范措施;井下职业危害因素分析及防范措施。

(16)环境保护。包括自然环境及环境质量现状,资源开采可能引起的生态变化,主要污染源及污染物的种类、名称、数量及浓度等;各种污物的防治措施;地面塌陷治理措施;环境保护机构及专项投资;等等。

(17)建筑防火。包括防火设计依据概述;总平面布置防火采取的措施及消防设施的配备;建筑结构防火措施;地面消防给排水及灭火设施;电气防火措施;等等。

(18)节能。包括建筑、供电、机电设备、供热、给排水及环保等节能设计和节能措施概述等。

(19)建井工期。包括建井施工工期的编排及产量递增的计划和安排。

(20)技术经济。包括生产组织、劳动定员及劳动生产率、建设资金的筹措;原煤生产成本估算与分析;经济的评价与分析;矿井主要技术经济指标;等等。

第三节　矿井初步设计安全专篇内容

2001年6月27日起,国家煤矿安全监察局要求各煤矿建设、设计单位要按安全专篇要求,在初步设计阶段编写安全专篇,设计部门在报批初步设计时同时报批安全专篇。按照《煤矿(井工、露天)初步设计安全专篇编制内容》要求,安全专篇编写的主要内容包括前言、矿井概况及安全条件、矿井通风、粉尘灾害防治、瓦斯灾害防治、矿井防灭火、矿井防治水、井下其他灾害防治、矿井集中安全监测监控、矿井安全检测及矿山救护队装备、劳动定员和概算、附图等内容。

(1)前言

阐明编制设计的依据,设计的指导思想,设计的主要特点及安全评价,待解决的主要问题,编制依据的法规、条例、规程、规范、细则。

(2)矿井概况及安全条件

① 井田概况:交通位置,地形、地貌,地面水系,气象、地震,其他主要自然灾害,矿区开发史,矿区水源、电源及通信情况。

② 安全条件:地质特征、地层构造、煤层和煤质、矿井瓦斯等级、煤尘爆炸指数、煤层自燃情况、煤与瓦斯突出危险性、地温情况、水文地质、对矿井地质勘探安全条件资料的评价及存在问题。

③ 矿井设计概况:井田开拓开采,提升、通风、排水、压缩空气设备,井上、下主要运输设备,地面生产系统,供电及通信系统,工业广场布置,防洪排涝工程及地面建筑,给水、排水、采暖及通风,环境保护,技术经济。

(3)矿井通风

① 概况:井田瓦斯、粉尘、煤和瓦斯突出及地温情况,随着开采深度增加对各水平瓦斯等级及地温变化的预测。

② 矿井通风:通风方式和通风系统,风井数量、位置、服务范围及时间,采掘工作面及硐室通风,矿井风量、风压及等积孔,通风设备及反风,矿井通风系统的合理性、可靠性和抗灾能力分析。

③ 降温措施及设备选型:地质报告中有关地热、热水分布及岩石热物理性质说明,矿井

热源散热量计算,预测达到设计能力时采掘工作面及主要硐室出风口的最高月平均温度,各种降温措施的经济比较及设备选型。

（4）粉尘灾害防治

① 粉尘:煤尘爆炸指数、游离的二氧化硅含量、粉尘的职业危害。

② 防尘措施:采煤、掘进工作面除尘,煤层注水防尘,采空区洒水防尘及综合防尘措施。

③ 防爆措施:井下电气设备防爆措施,设置岩粉棚。

④ 隔爆措施:隔爆设施、隔爆水棚、隔爆岩粉棚。

⑤ 地面生产系统防尘:简介地面防尘系统,防尘措施和装备。

（5）瓦斯灾害防治

① 瓦斯:矿井瓦斯赋存状况、各煤层瓦斯含量、矿井瓦斯涌出量、矿井瓦斯等级、瓦斯含量梯度。

② 防爆、隔爆措施。

③ 开采煤与瓦斯突出煤层防灾措施:煤与瓦斯突出的可能性分析,设计中防突措施,开采时防突措施,其他防灾措施,煤与瓦斯突出预测仪器,避灾硐室。

④ 矿井瓦斯抽放:瓦斯抽放系统、抽放瓦斯的必要性指标和抽放瓦斯的可能性指标,矿井年抽放量及抽放年限,抽放瓦斯的方法,抽放管路系统及抽放设备选型,抽放瓦斯站设计,抽放瓦斯的安全措施。

（6）矿井防灭火

① 概况:矿井自燃级别,采煤方法及采掘设备,设计拟采用的防火措施等。

② 开采煤层自燃预测及防治措施:煤的自燃预测及分析,煤的自燃预防措施,各种防灭火方法,灌浆防灭火系统,氮气防灭火系统,阻化剂防灭火系统,凝胶防灭火设计,均压防灭火设计,束管监测系统。

③ 井下外因火灾防治及装备:电气事故引发的火灾防治措施及装备,带式输送机着火防治措施及装备,其他火灾的防治措施及装备,井下消防洒水系统,井下防火构筑物。

（7）矿井防治水

① 矿井水文安全条件分析:矿井开采水文地质条件评价,矿井水害类型及导水通道分析。

② 矿井防治水措施:防水煤（岩）柱留设,井下探放水措施,疏水降压措施,注浆堵水措施,地表防治水措施。

③ 井下防治水安全设施:排水设施,防水设施,安全出口设施。

（8）井下其他灾害防治

① 顶板灾害防治及装备:影响矿山压力显现基本因素分析,一般顶板冒落灾害的防治措施及装备,坚硬顶板垮落灾害的防治措施。

② 开采冲击地压煤层的措施:影响冲击地压发生的因素分析,冲击地压的预测,冲击地压的防治措施,预测冲击地压仪器、设备选型。

③ 提升运输事故防治措施及装备,提升事故的防治措施及装备,运输事故的防治措施及装备,其他事故防治措施及装备。

④ 电气事故防治措施及装备:井下电气设备的选择,供电线路及地面变电所事故,防止电气设备引起瓦斯、煤尘爆炸和触电等事故的措施。

（9）矿井集中安全监测监控

① 概述：安全监测监控系统选择，设计的依据及主要内容。

② 监测地点的确定：采煤工作面传感器选型及配置，掘进工作面传感器选型及配置，串联通风工作面传感器选型及配置，其他地点传感器选型及配置。

③ 井下各类传感器装备量：井下传感器装备标准，各类传感器装备量。

④ 安全监测、监控和传输设备选择：监测系统设备选择，监控系统设备选择，传输设备及器材选择。

⑤ 矿井安全监测监控系统运行可靠性分析：对系统选择的合理性、先进性，传输系统的可靠性，传感器的灵敏度进行分析。

（10）矿井安全检测及其他装备、矿山救护队

① 矿井安全检测及其他装备：根据《煤矿安全规程》，参照《矿井通风安全装备标准》配备矿井通风、瓦斯、其他气体、粉尘、矿山压力、地质测量、救护等检测仪表、设备。

② 矿山救护：简述矿区救护大队的现状，根据矿井生产能力、灾害情况等确定矿山救护队的编制。

③ 矿山保健设施：井口保健站、井下急救站的设置。

（11）劳动定员和概算

① 劳动定员：按岗位编制劳动定员、安全培训计划。

② 概算：工程设施项目及费用，事故处理机构费用、事故处理应急流动资金。

③ 概算汇总表。

（12）附图

包括矿井地质和水文地质图、井上下对照图、采区巷道布置及机械配备平面图、通风系统及通风网络图、井下运输系统图、安全监测装备布置图、管路系统图、井上下供电系统图、通信系统图、井下避灾路线图、矿井生产监控监视系统图、安全监测系统井下传感器布置图。

第四节　矿井开采设计原则与步骤

一、矿井开采设计的原则

（1）提高设计水平，保证设计质量。设计单位要坚决贯彻国家的方针和政策以及《煤矿安全规程》，认真分析研究地质资料，努力提高设计质量，使设计的矿井既技术先进又能适应国情，还能够缩短建设工期和节省投资，生产时能取得最大的技术经济效益。

（2）要保证合理的设计周期。合理的设计周期是提高设计质量的重要保证，各个设计阶段都有一定的时间要求，如果设计周期过于紧迫，往往会使设计考虑不周，造成设计返工，甚至给矿井生产带来隐患，不能保证正常的安全生产。

（3）加强设计审批工作。设计审批是对设计文件进行全面审查，以便决定是否可批准该设计作为建设的依据。设计审批是一项严肃的工作，要认真贯彻国家的有关规定。

二、矿井开采设计的步骤

矿井开采设计主要应解决井田开采的技术方案和确定各项开采数目，如确定井田开拓方式、新水平开拓延深方案、采准巷道布置及生产系统，选择采煤方法，确定阶段垂高、采区走向长度、采煤工作面长度以及各个系统的机电装备等。应使所选用的方案技术上是先进

的,经济上是合理的,安全上是可靠的。

技术上的先进是指所选用的方案采用了适合该矿具体条件的先进技术,有利于采用新材料、新工艺,有利于实现生产过程的机械化及自动化,有利于生产的集中化,有利于提高资源采出率,有利于加强生产技术管理,有利于安全生产。

经济上合理是指所选用的方案分摊到吨煤生产成本上的基建投资少,特别是初期投资少,劳动生产率高,吨煤生产费用低,矿井建设时间短,投资效果好,投资回收期短,利润高。

应当按照上述技术经济合理性要求来确定开采设计需要解决的具体问题。由于矿井地质条件的多样化和技术条件的复杂性,随着煤炭工业的发展,所解决问题的性质、影响范围各不相同,研究和确定的开采设计方案也可以采用不同的方法。在我国目前条件下,通常采用如下的方法、步骤。

（1）提出可行方案

首先要明确设计的内容、性质、要求,以及要达到的目标等;熟悉和掌握设计任务或设计所解决的总体或局部课题中的内、外部条件,如井田的地质地形条件、交通情况及与邻近井田的关系等;根据井田的自然地质条件和采矿技术条件,深入细致地分析和研究设计中的有关问题,提出若干个技术上可行的方案。

（2）进行方案的技术比较

对提出的可行方案进行详细的技术分析和粗略的经济比较,否定技术经济比较上很容易鉴别为不合理的方案;将剩余的 2~3 个方案取长补短,使其更加完善;如果能够明显地判定出哪一个方案最好,就可以确定其为最终采用的方案,如果不能明显地判定各方案在技术经济上的优劣,则必须对这 2~3 个方案进行详细的经济比较。

（3）进行方案的经济比较

将上述 2~3 个方案详细地进行经济费用的计算与比较。在进行开拓方案的经济比较时,要考虑下列费用:

① 基本建设费,包括井巷开凿费、建筑物及结构物的修建费及一些特殊的设备费等。

② 生产经营费,包括巷道维护费、运输提升费、排水费及通风费等。

（4）进行方案的多目标综合评价优选

在方案比较后,应对技术分析比较的结果进行综合分析,权衡各方案的利弊,抓住关键问题,选择一个确实是各方案中能够较好地体现各项方针政策、技术上合理、经济效益有利的方案。但是,应当指出,如将各方案的生产费用和基本建设费用简单相加后相比,以方案所需费用总额最小者确定为经济上最有利的方案,这无形之中就突出了生产经营费用的作用(因为这与基本建设费用相比,生产经营费用的比重很大),但还不能够反映出方案的投资效果。因此,必须将有关因素都考虑进去,进行方案的多目标综合评价。

（5）编写方案说明,绘制设计图纸

最后按设计任务书的要求,对各方案做出详细的文字说明,并绘出设计图纸。

三、矿井开采设计方案中参数的确定方法

我国目前确定矿井开采设计方案时应用最广泛的方法是方案比较法。用该方法确定矿井开拓开采设计方案中的各种参数通常可用统计分析法、标准定额法和数学分析法等来确定。

1. 统计分析法

统计分析法就是根据现有生产矿井的实际情况,针对需解决的问题调查统计,借以分析某些技术参数之间的关系、某些参数的合理平均值或可取范围。例如,统计一定条件下的工作面长度与其技术经济指标之间的关系,以寻求合理的采煤工作面长度;分析设计的采区生产能力,以合理地确定采区内的同采工作面数目和采煤工艺方式;调查统计一定条件下的巷道维护费用,以确定相似条件下的费用参数;统计分析现有矿井的平均先进的技术经济指标,作为设计类似矿井的参考数值;等等。

2. 标准定额法

标准定额法是以规范、规程和规定的形式对开采设计中的某些技术条件或参数做出具体规定,而后据此规定条件确定某设计方案内其他有关参数。例如,在井田范围和矿井生产能力一定的条件下,根据采区走向长度和倾斜长度的规定,可计算矿井划分的采区数目;根据规定的矿井工作面制度(年工作日数、日提升小时数和生产班数等),计算各生产环节的能力;根据规定的巷道内允许风速,计算巷道的最小断面;等等。在一些具体矿井条件下,受原有技术条件的限制,也可看作是标准定额法的具体应用。例如,按辅助运输设备的能力,确定上山或下山的长度;按局部通风机的供风能力,确定巷道的掘进长度。

3. 数学分析法

数学分析法通常是以吨煤费用最低为准则,列出吨煤费用与欲求参数之间的函数关系,采用微分求极值的方法求解开采设计方案中某些参数的有利值,这种方法称为微分求极值法,也称为数学分析法。适用于设计项目为定量参数、初始数据为确定型、变量数目较少的情况。

在解决具体问题时,首先要设法列出目标函数与变量之间的函数关系式,然后用微分法求最高(如产量、盈利和效率)或最低(如成本、材料消耗、能源消耗)的极值,该极值就是在经济上(或其他指标)的参数值。此函数可为单变量函数,也可为多变量函数。

这种方法多用来研究合理的工作面长度、采区或盘区走向长度、矿井生产能力、矿井分区数目和井田尺寸等定量参数的最优值。变量数目越多,求解越困难,所以一般只用到三个变量。

第五节　方案比较法

一、方案比较法实质

在矿井开采设计方案中,可以从不同的角度提出几个不同的方案。除了对单个技术方案本身进行评价,确定其经济效果的好坏以外,更重要的是要把它与其他方案进行比较,从而评价它在这些方案中经济效果的优劣。在方案的技术经济比较中,经济的合理性是以技术上的可靠性、先进性为前提的,必须正确处理技术和经济的关系,使选出的方案在技术上是可靠与先进的、在经济上是合理的。

在进行工程设计时,根据已知条件列出在技术上可行的若干个方案,然后进行具体的技术分析和经济比较,从中选出相对最优的一种方案,这种设计方法称为方案比较法。

二、方案比较法步骤

方案比较法的步骤一般为:

（1）明确设计的内容、性质、要求，以及设计要达到的目标等。

（2）熟悉和掌握设计任务书或设计中所要解决的总体或局部课题的内部及外部条件，对矿井设计来说主要是矿床的地质地形条件、交通情况、与相邻矿井的关系、与其他企业的关系等。

（3）根据内部及外部条件、设计任务的内容和目标，提出可行的方案。

（4）对提出的可行方案进行技术和经济分析，从中选取 2～3 个较优方案。

（5）对选出的较优方案进行详细的技术和经济计算与比较，全面研究技术和经济的合理性，明确各方案在技术上和经济上的差异，全面衡量各方案的利弊。在技术上可行的数个方案中，经济指标是决定取舍的主要依据。从各方案中选出相对最优的方案作为设计方案。

（6）按设计任务的要求，对方案做出详细的文字说明（包括各项参数），并绘制出必需的图纸。

三、静态比较法

静态比较法是在不考虑时间因素的情况下对设计方案进行分析。

1. 总算法

总算法结合了最小成本法和最小投资法两种方法，把方案的基建投资和生产费用之和作为方案的总费用，根据总费用的多少评价方案的优劣。总费用 C 可按下式计算：

$$C = P + C_a \cdot O \cdot T \tag{2-1}$$

式中　P——基本建设投资；

C_a——吨煤生产经营费用；

O——年生产能力；

T——矿井服务年限。

此法只是将不同时间运用的资金直接相加，反映不出时间对企业经济效益的影响。如果考虑时间因素，总算法就变为现值法。两者皆是以费用最低为最优的。

2. 返本期法

方案比较时，经常遇到的问题是投资与经营费用各有优劣。这是因为投资的大小与技术装备水平有密切关系：基建投资大，矿井技术装备水平高、机械化程度高、工艺先进，则经营费用低；反之，经营费用高。此时在静态比较法中往往应用投资差额返本期法确定方案优劣。

返本期是指在不计利息的条件下，两方案间的投资差额用生产经营每年所节省的经营费用（年运行成本）去补偿，清偿所需的时间。用返本期时间的长短去评价方案优劣的方法叫返本期法，实质是两方案比较时，用节约下来的经营费在额定年限内是否可以把多花的投资返回来。其计算公式为：

$$T_{ir(a,b)} = \frac{P_a - P_b}{C_b - C_a} \tag{2-2}$$

式中　$T_{ir(a,b)}$——用两方案投资差额计算的投资偿还时间；

P_a、P_b——方案 a、b 的初投资；

C_a、C_b——方案 a、b 的年经营费。

3. 单位折算费用法

单位折算费用法与返本期法并无实质差别，只是所用的指标不同。计算公式为：

$$C_t = C_a + \frac{k}{T_{r0}} = C_a + r_{r0}k \qquad (2-3)$$

式中　　C_t——单位折算费用；

$\quad\quad\quad C_a$——吨煤生产经营费用；

$\quad\quad\quad r_{r0}$——额定投资偿还率，亦称额定资金利润率；

$\quad\quad\quad k$——吨煤投资费。

在额定的返本期内，以方案的单位折算费用最低者为最佳。

以上两种方法，仅从返本的角度考虑，未能全面考虑返本期以后所得的纯收益，故不能显示整个项目经营期间的经济效果。但当企业资金短缺、清偿能力较差时，返本期法与单位折算费用法仍是有价值的评价方法。

四、动态比较法

当考虑资金的时间价值时，可以用资金现值来评价矿井设计方案的优劣，通常以达产的起始年（零年）为现值，投资费及经营费都折现到零年，如图 2-1 所示。

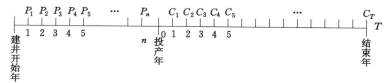

图 2-1　矿井建设与生产的关系

总投资 $P = \sum\limits_{i=1}^{n} P_i$，通常在建井期内，按各项工程的进度逐年贷款，各年的贷款额是不等的。

投产后，产量是逐年增加的，故增产期的年运行成本 C_a 随年产量变化。达到设计年产量后，年运行成本一般在较小范围内波动。

1．年成本法

该法是将各方案中的各项费用（包括各期投资及经营费用）按最低要求的收益率转化为现值，求算等额系列资金值。以等额系列资金（年平均成本）指标最低的方案为经济上最优的方案。用公式表示为：

$$C_{aP} = \left(\sum_{i=1}^{n} P_{0i} + \sum_{m=1}^{T} C_{0m} \right) \frac{i(1+i)^T}{(1+i)^T - 1} \qquad (2-4)$$

式中　　C_{aP}——年平均成本；

$\quad\quad\quad T$——矿井服务年限；

$\quad\quad\quad \sum\limits_{i=1}^{n} P_{0i}$——各年投资的现值和；

$\quad\quad\quad \sum\limits_{m=1}^{T} C_{0m}$——各年运行成本的现值和。

其中

$$\sum_{i=1}^{n} P_{0i} = \sum_{i=1}^{n} P_i(1-i)^{(n-i)} \qquad (2-5)$$

$$\sum_{m=1}^{T} C_{0m} = \sum_{m=1}^{T} C_m \frac{1}{(1+i)^m} \tag{2-6}$$

式中　P_i——第 i 年的投资额；

　　　n——建井期；

　　　C_m——第 m 年的运行成本；

　　　T——矿井服务年限。

2. 净现值法

净现值法是将各方案的收入与支出之差（净收入）的现值作为对比的指标，此差值的现值称为净现值，是评价方案的一个重要指标。方案比较时，以净现值最高的方案为经济上最优的方案。计算步骤如下。

（1）计算年销售收入 C_m

$$C_m = C_{ts} O_m \tag{2-7}$$

式中　C_{ts}——吨煤售价；

　　　O_m——第 m 年的实际产量。

（2）计算年支出 C_{pa}

$$C_{pa} = C_{sa} i_c + C_m r_f i_f + P_m i_a \tag{2-8}$$

式中　i_c——工商税率；

　　　r_f——流动资金贷款的比例；

　　　i_f——流动资金贷款的利息率；

　　　i_a——固定资产税率；

　　　C_{sa}——销售收入；

　　　P_m——第 m 年的固定资产额。

（3）计算年收益值 V_{ia}

$$V_{ia} = C_m - C_{pa} \tag{2-9}$$

（4）计算净现值 NPV

$$NPV = \sum_{m=1}^{T} V_{ma} \frac{1}{(a+i)^m} - \sum_{i=1}^{n} P_a (1+i)^{(n-i)} + PK_{as}(1+i)^{-T} \tag{2-10}$$

式中　K_{as}——固定资产残值系数。

按上述步骤计算出各方案的净现值，最高者为最优方案。

3. 收益率比较法

收益率比较法实质是寻找一个利息率，使净现值为零，即收支平衡，这个利息便称为收益率。收益率是评价方案的一个重要指标，能具体地显示单位资金在单位时间内的增值额，可作为投资方向的依据。显然收益率最高的方案为经济上最佳的方案。

收益率的高低也可用投资收益比 r_{ip} 来衡量，即单位投资所获得的利润。在方案比较时，利用投资收益比作为收益率的指标更加简便。

$$r_{ip} = \frac{NPV}{P_0} \tag{2-11}$$

式中　P_0——投资现值。

同理，投资收益比高的方案为可取的方案。

除上述指标外,投资偿还期和投资偿还比也是衡量方案经济效益的重要指标。

4. 投资偿还期和投资偿还比

矿井投产后,盈利额首先用于偿还贷款。偿还的次序是:短期贷款、流动资金贷款、基建资金贷款。偿清贷款后,才能利用盈余进行扩大再生产等项事务。故投资偿还期越短,对企业越有利。

投资偿还额与投资的现值之间呈如下的关系:

$$P_0 = \sum_{m=1}^{T_{ir}} V_{ia}[m] \frac{1}{(1+i)^m} \tag{2-12}$$

式中　T_{ir}——投资偿还期;

　　　$V_{ia}[m]$——m 年收益值。

上述四项经济评价指标,由于资金来源不同,会形成各种不同的利息率,各方案的计算工作量是很大的。为加快设计的速度,提高计算数据的准确性,可编制计算机程序进行计算。

五、方案比较法的评价

1. 方案比较法的优点

方案比较法的优点是能够考虑各种因素,从质和量两方面来比较评价各种方案,权衡优劣,最终选取符合要求的最佳方案。可以解决各种类型的设计问题,大的如开拓方案的选择,小的如设备的选型等。通过方案的计算可以独立地得出各项经济指标,如基建投资、生产经营费、劳动效率、煤炭损失等,这些指标可以作为考虑其他问题的依据。

2. 方案比较法的缺点

方案比较法的主要缺点是初选方案由设计者凭经验进行粗略分析,在众多的方案中选出 2～3 个设计者认为好的方案,由于设计人员的经验和水平的不同,所提的方案不一定全面,有时可能在初选时就忽略了最优方案,从而选取的方案只能是次优方案。另外,方案比较法的计算工作量大,牵涉面广,计算工作量非常繁重,可先进行相同类型方案内的局部问题(小方案)的比较,得出较合理的方案,而后进行大的方案比较。如在选择立井与斜井方案时,尚有水平数目的合理方案和大巷布置的合理方案等问题。在进行大的方案比较之前,先进行水平高度与水平数目的比较,集中布置、分组集中布置与混合布置的比较,各选出一个较优的方案,带入大方案之中。这样做,既可节省运算工作量,又可能避免遗漏较优越的方案。

3. 采用方案比较法应注意的问题

(1)提出可行方案和技术分析是方案比较的重要步骤和基础,因此,必须认真全面地研究各种条件和因素,不要遗漏方案;对方案中应列入的对比项目,要进行反复核对,以免遗漏。

(2)在进行经济计算时,只考虑重要项目费用,因为各种费用的重要程度是相对的。例如费用是几千万元,则几万元的数字比较意义就不大,可以不列入比较。

(3)相同费用项目可以不比较;对影响不大、差别很小的费用项目也可不进行比较。应当指出,对哪些项目是重要的、影响不大的或相同的,要进行具体分析。在通常情况下,重要项目包括井巷工程费、地面建设费、煤的运输提升费、井巷维护费,而对低瓦斯矿井的通风费、涌水量小的矿井的排水费可作为影响不大的项目不予计算,但是,如果比较的方案是专门研究通风或排水问题,则必须进行比较。关于某项费用是否相同的问题,也应具体问题具体分析,例如,两方案相同的井底车场及地面设施,当两方案井型相同时,可看作是相同的项目不予比较;但如两方案的井型不同,则分摊于吨煤生产能力的投资就不同,不能认为是相同的项目,而必须进行全面的计算和比较。

(4) 生产经营费用,一般按一个水平或全矿服务期间的消耗总值计算。对于各项费用单价的选取必须比较可靠,并应适合比较方案的自然和技术条件,而且应当出自同一标准,尽可能使方案比较的数字和结果符合客观实际,否则,单价本身不准确,比较结果也就会失去意义。

(5) 在进行大的方案比较之前,可先把一些相同类型的局部方案进行比较,求出合理的局部方案后,再进行整体的方案比较。

(6) 在进行经济比较时,应将基本建设费用与生产经营费用分别列出。因为基本建设费用是以投资或贷款的形式集中拨发的,要考虑发挥投资效果,而生产经营费用则是逐年列入付出的。此外,还应把基本建设费用的初期投资和后期投资分别列出,以利于全面分析经济效果,得出比较优越的方案。

(7) 将各方案的矿井建设期限分析计算出来,作为方案比较的因素之一,因为缩短建设工期不仅可以提前为国家供应煤炭,还可节约施工费用。

(8) 各方案的差别以百分比表示,将总费用最小的方案定为100%,其他各方案的费用与其相比较。如果各方案在经济上相差不大,就要根据技术上的优越性、初期投资的大小、施工的难易程度、建设期的长短、材料设备供应条件等因素,综合考虑,合理选定。

(9) 由于原始资料(例如费用单价、煤层储量和煤层赋存条件等)不可能十分精确,所以计算出的费用是有误差的,误差一般估计为10%以下,这样,如果两个方案差额不超过10%,即认为此两方案在经济上是等价的。有些项目的设计方案虽然相差在10%以内,但差值的绝对额很大时,也不能忽略,此时应以差额作为对比的标准。

(10) 在进行最终评价时,要正确估计各项影响因素在所研究方案中的重要程度,以便根据给定的目标,选取最优方案。对于一个具体的煤炭企业而言,经济评价虽然是确定方案的主要标准,但不能作为唯一的标准。应根据具体情况,综合分析研究各影响因素的主次关系,择优选用。

六、矿井开拓方案技术比较

1. 技术比较的主要内容

(1) 确定矿井的可靠性和稳定性。结合井田划分、煤层赋存特征,分析保证矿井设计生产能力的可靠性和稳定性,初期能否迅速地出煤和达到设计能力,达产后是否能保持长期稳定地生产和增产,两翼能否均衡生产,厚薄煤层及各煤种的搭配,水平是否有足够的服务年限等。

(2) 安全生产的保障性。在开拓方案中应充分考虑到防水、防火、防瓦斯煤尘爆炸和突出,以及高温热害处理。开拓系统要与通风系统统一考虑,保证生产安全可靠。

(3) 矿井水文地质条件。详细研究井巷穿过地层的水文地质条件,特别注意含地下水的厚表土、石灰岩或其他富含水岩层、喀斯特溶洞、老空区、膨胀软岩或松散岩层及大的断裂构造。

(4) 初期采区及采煤工作面的位置。分析煤层条件,合理选择初期采区及采煤工作面的位置,以保证迅速达产、高产高效。开拓方式和井口位置要与初期采区统筹考虑,以实现工期短、投资少、达产快、效益好。

(5)生产集中度。开拓方案要在矿井使用先进技术的基础上,实行集中生产。

(6)井口位置。有条件时井口应选在地形平坦便于工业广场布置的地带,并距首采区最近。要综合考虑防洪、排涝,同时要避开易发生滑坡、岩崩、雪崩、泥石流等自然灾害的地段,工程地质要有利于防震、抗震,尽量避开砂土液化地带。

(7)开拓布置要考虑初期不迁或少迁村庄,尽量不占或少占良田。

(8)少压煤、不压煤或少压开采条件好的煤是开拓方案技术分析的重要内容。此外也要保证国家规定的重要建筑物和构筑物以及江河湖海下安全开采的可能性与经济性。

(9)满足建矿地区环境保障的要求。

(10)要符合矿区总体设计(供电、供水、运输、居住区、辅助企业等)要求及其他外部条件的影响。

以上诸因素直接或间接地对经济效益产生重大影响。有的因素可以定量地表现为经济效益。有的只能定性,但有时却是选择开拓方式的决定性因素,如在含地下水的厚表土的矿井只能用立井开拓;有时根据地区环境保护要求,井筒位置要离开经济合理的地点;若井底为含水丰富的石灰岩,井底水平应在其上部设置,并使井筒底部不受承压水威胁。全面考虑和具体分析影响开拓方式的各种因素,找出一个或几个决定开拓方式的关键性因素,再配合经济比较就能合理地确定开拓方案。这种技术分析工作是任何用数学方法选择开拓方案的方法所不能代替的。所以,只有在全面技术分析的基础上应用各种数学方法才能在其特定的适用范围内发挥应有的作用。

2. 技术比较时的注意事项

(1)生产高度集中化

国内外矿井的发展趋势是向集中化方向发展,并且已经出现了若干一井一面高度集中的大型现代化矿井。对每个矿井都需要根据它的客观条件进行具体分析,合理地集中化生产。要从工作面、采区、水平和矿井生产能力等四个方面进行集中化的研究。例如,只要地质条件允许,综采采区单翼推进长度应向 2 000 m 以上发展。

(2)开采系统合理化

要通过方案比较,合理地选择开拓方式、井筒位置和个数、水平和大巷位置、采区和工作面布置,在集中化生产的基础上尽量简化开采系统。初期采区要选择条件好、容易实现高产的地段。初期达产的采区和工作面要布置在井口,以减少初期工程量并缩短建井工期。第一水平的采区按前进式或中央采区布置的原则,同时要兼顾后期开采系统的合理性。改革巷道布置,尽量多做煤巷、少做岩巷。

(3)采掘综合机械化

凡是有条件的煤层都应推广综合机械化开采技术,这是生产集中化、高效化的主要技术保证。在煤巷掘进中积极推广综掘,有条件的也可采用连续采煤机掘进。

(4)煤流运输连续化

尽量采用带式输送机运煤,使煤炭运输从工作面到地面或井底实现连续运煤,以保证工作面、采区和矿井的高产高效。

(5)辅助运输单一化

选择合理的辅助运输方式,创造矿井人员、材料、设备等从井底到工作地点的单一化运输条件,尽量减少转换环节,提高运输效率。

（6）提升系统自动化

选择先进的提升及电控设备,实现主、副井提升系统的自动化或半自动化,以保证矿井高效、安全可靠生产。

（7）辅助生产机械化

各辅助生产环节,如井口操车和机修、设备材料库的装卸等各种辅助工作全部实现机械化,以消除笨重体力劳动,提高工效。

（8）地面布置合理化

生产、生活合理分区,矿井地面工业广场根据功能、流程合理布局,尽量减少场地占地面积。同时,工业广场的位置、形式也要考虑有利于开拓和初期采区布置。

（9）监测监控管理网络化

建立井下安全监控系统、生产过程监控系统、矿井科学管理系统,使各项管理工作和安全监测集中化、现代化、科学化。

（10）安全环保文明化

认真贯彻安全规程,采取各种综合措施,防治各种煤矿灾害。高度重视环境保护,按国家规定设置相应的工程和设施,并尽可能地绿化、美化工业广场环境,消除或减少污染。

七、矿井开拓方案经济比较

1. 矿井开拓方案经济比较的原则

（1）经济测算结果是方案比选的主要依据,方案比选原则是通过国民经济评价结果来确定。但对产出物基本相同、投入物构成基本一致的方案进行比选时,为了简化计算,在不会与国民经济评价结果发生矛盾的前提条件下,也可通过财务评价结果来确定。

（2）方案比选应遵循效益与费用计算口径一致的原则,必要时应考虑相关效益和费用。

（3）方案比选应注意各个方案的可比性。

（4）方案比选应注意在某些情况下,使用不同指标导致相反结论的可能性。根据方案的实际情况（计算期是否相同、资金有无约束条件及效益是否相同等）选用适当的比较方法。

2. 矿井开拓方案经济比较中应注意的问题

（1）方案比选可按各个方案所含的全部因素（相同因素和不同因素）计算各方案的全部经济效益和费用,进行全面的比较（如矿区总体、井田划分、矿区规模、矿井开拓方式、矿井规模）,也可仅就不同因素（不计相同因素）计算相对经济效益和费用进行局部比较（如矿井井下运输方式、提升、排水、通风等方案的比选）。

（2）各方案设计深度相同。

（3）各方案效益和费用的计算范围一致。

（4）各方案效益和费用的计算基础资料可比,包括售价、设备、材料、工资、经营成本等为同一年度价格水平。投资估算所采用的指标、定额及相关规定一致。

（5）计算期的起始年一致。

（6）经济比较方法相同。

3. 矿井开拓方案的经济比较方法

目前国内外常用的方案经济比较方法有两大类:考虑资金时间价值的动态分析方法和不考虑资金时间价值的静态分析方法。根据我国煤炭行业建设的特点,常用的动态分析方法有净现值法、差额内部收益串法、最小费用法。静态分析方法有静态差额投资收益率和静态差额投资回收期法等。

第六节 矿井采掘关系

矿井的采掘关系,即开拓、准备和回采的关系,是指矿井生产过程中,采煤与掘进之间的相互协调与配合,它是煤矿生产建设特有的基本矛盾之一。因为采煤工作面在生产进行过程中不断地从一个地点转到另一个地点的需要,所以应安排相应的巷道掘进工作,做到采掘并举、掘进先行、以采定掘、以掘保产。两者紧密配合是矿井正常、均衡、稳定生产的基本保证。如果掘进工程落后,未能按时地准备出采煤工作面,将造成缺少采煤地点、生产被动、产量下降的局面;如果掘进工程超前过多,将造成巷道掘出后的长时间闲置不用,并要进行维护,给矿井增加不必要的开支,带来一定的经济损失。

一、矿井开采顺序

1. 开采顺序的要求

(1) 符合煤层之间采动影响的制约关系,最大限度地采出煤炭资源。

(2) 保持开采水平、采区、采煤工作面的正常接续,使矿井持续稳产高产。

(3) 充分发挥设备能力,提高劳动生产率,减少巷道维护长度,实现合理集中生产。

(4) 节省井巷工程,减少资金占用,提高矿井经济效益。

(5) 便于灾害预防,利于巷道维护,保证生产安全可靠。

2. 矿井开采顺序类别

(1) 前进式与后退式

开采水平内采区的开采顺序有前进式和后退式两种。从满足矿井初期开拓工程量和基建投资少、工期短、投产快的要求出发,采用前进式有利;从便于运输大巷和总回风巷的维护,采后密闭、减少漏风,回收大巷煤柱考虑,采用后退式有利。由于矿井地质和开采技术条件不同,这两类因素在不同条件下表现出来的重要程度不同,在具体的矿井条件下,应根据主要影响因素加以确定。

对于上山采区,尤其是第一水平的上山采区,采用前进式开采可以减少初期工程量和基建投资,工期短、投产快。由于大巷一般布置在底板岩石中,大巷维护、矿井通风、采区防火密闭等都没有什么困难,因此一般均采用前进式。

用上、下山开采缓倾斜煤层的矿井,其上山部分一般采用前进式,其下山部分可以采用前进式,也可以采用后退式。由于后退式开拓和准备采区的时间较长,满足生产接续比较困难,故仍以采用前进式居多。当上、下山采区均采用前进式时,为了利用已经开采的上山采区巷道为所对应的下山采区服务(如采区车场、煤仓、装车站等),可使上山采区先行开采;为了减少初期大巷的开拓工程量,也可以上、下山同时布置采区,此时需妥善解决上、下山采区车场的布置及下山采区的回风问题。

开采近水平煤层的矿井,在运输大巷两侧布置盘区,一般都采用前进式开采。

（2）下行开采与上行开采

上、下水平和上、下煤层之间的开采顺序，从防止采动影响的角度出发，一般均应采用由上而下的下行式开采。同一开采水平内的上、下煤层或煤组分别布置采区时，一般应先采上层或煤组的采区。只有当上、下煤层或煤组相距远，经论证或核查无采动影响关系，又有先采下部煤层或煤组的需要时（如井筒靠近下煤组，要求及早投产；下部煤层或煤组的煤质不同，配产需要），也可以先采下部煤层或煤组。

二、配采

1. 配采计划

矿井的设计生产能力取决于该矿井同时生产的采区生产能力及其正常接替关系，而采区生产能力又基于该采区内同时生产的各工作面生产能力及正常接替关系确定，因此，采煤工作面生产能力及正常接替关系，是构成矿井生产能力的基础。对于第一开采水平或不少于 20 a 配采计划的编制，主要是采煤工作面配采计划的编制。

（1）采煤工作面的配采计划

根据地质条件、开采顺序、巷道布置、采掘工艺组织及可采储量等因素，结合所采用的采掘、运输设备及综合经济效益等情况，合理确定工作面生产能力和安排工作面的接替顺序，编制工作面的配采计划。

（2）采区配采计划

以采区为单位，按可采储量和拟定的生产能力计算服务年限，考虑两翼或几个分区采区进行接替，一般应使两翼或几个分区同时或接近同时采完，采区年产量安排应考虑增产期和减产期。

2. 编制配采计划的原则

（1）不同厚度煤层的配采是针对同时采薄煤层和厚煤层的矿井，为了防止"吃肥丢瘦"造成后期生产被动、产量下降，所采取的薄厚煤层之间产量按一定比例关系搭配开采，一般情况下应与其储量所占的比重大体相同。

（2）不同煤类或不同煤质的煤层配采，对于同时开采动力煤和炼焦煤的矿井，一般按其储量所占的比重，或者按地面选煤厂的设计能力确定两者的产量比重，进行分采分运。

（3）对于上、下组煤层或同一组内的上、下煤层，分别布置采区同时开采的矿井，应使上部煤层的开采强度不低于下部煤层的开采强度，并且避免在其开采范围内的相互采动影响。

（4）厚煤层分层开采时，上分层与下部各分层的配采，要在保证上分层超前开采的基础上，按煤层分层数目和各分层采高之和，计算上分层产量所占的比重，在配采中应不低于这一比重。

（5）矿井生产中两翼之间的配采，其产量比例应与储量分布的比例大体一致。

（6）具有煤与瓦斯突出、需要先开采保护层的矿井，和瓦斯涌出量大、需要预先进行瓦斯抽放的矿井，不仅保护层与被保护层要按一定比例进行开采，而且要考虑到超前掘进开拓巷道、准备巷道对配采比的影响。

（7）当矿井中综采、普采、炮采几种工艺方式并存时，其产量比重的安排应力求互相适应的可采煤层储量比重一致，使矿井的产量、人员、设备和技术经济指标比较稳定。

（8）保持采区产量相对稳定，除了递增递减期外，采区产量要保持在设计生产能力水平上波动幅度不大,且稳定时间以不少于整个采区服务年限的四分之三为宜。

采区服务年限过短,将会增加采区的搬家次数,直接影响采区的正常接替并增加吨煤成本。根据目前我国一些矿区的生产经验和矿井设计,采区生产能力与采区服务年限的关系见表2-2。

表 2-2 采区生产能力与服务年限

采区生产能力/kt·a⁻¹	100～200	300～500	600～900
采区服务年限/a	>2～3	>4～5	>6

3. 编制配采计划的方法

（1）工作面概况

根据采区和工作面设计,在煤层采掘工程图上测绘并计算各采煤工作面的工作面长度、推进方向长度、采高、可采储量,并应掌握煤层和地质构造特点等情况。

（2）采煤工艺及服务年限

按各工作面计划采用的采煤工艺方式,估算月进度、产量和可采期。

（3）配采计划

应按照开采顺序合理,保证产量、煤层搭配,厚薄搭配等,选用较为合理的方案,编制出采煤工作面的配采计划。

（4）检查及调整

检查与配采计划有关的巷道掘进、设备安装能否按期完成,运输、通风等生产环节和能力能否适应。如有矛盾,应采取有效措施,或调整接替安排。如此,经过几次修改,最后确定出工作面配采计划。

4. 采煤工作面接替计划示例

根据矿山地质条件、开采顺序、巷道布置和采掘工艺组织等因素,结合所采用的采掘、运输设备及综合经济效益等情况,合理安排工作面的接替顺序。编制完成的工作面接替示例见表2-3。

三、巷道掘进工程排队

1. 接续时间要求

为确保采煤工作面、采区的正常接替,在接替时间上均应留有适当的余地,以防突发事故影响正常接替。

（1）采煤工作面接替

在现有生产采区内,采煤工作面结束以前10～15 d,应完成接替工作面的巷道掘进和设备安装工程。

（2）采区接替

在现有开采水平内,每个采区开始减产前1～1.5月,应完成接替采区的巷道掘进、设备安装工程和试运转工作。

（3）瓦斯抽放矿井

抽放瓦斯的矿井,应合理安排抽放瓦斯所需的时间。

2. 巷道掘进速度

表 2-3　　　　　　　　　　　　　　　　采煤工作面接替示例

生产采区	工作面编号	保有可采储量/万t	面长×采高×月进度/m×m×m	月产量/万t	2005年 1	3	5	7	9	11	2006年 1	3	5	7	9	11
一采区	1122	6.0	140×2.4×45	2												
	1113	9.6	140×1.8×45	1.6												
	1114	9.6	140×1.8×45	1.6												
	1123	12.0	140×2.4×45	2												
	1124	12.0	140×2.4×45	2												
	1115	9.6	140×1.8×45	1.6												
	1116	9.6	140×1.8×45	1.6												
	1125	12.0	140×2.4×45	2												
	1126	12.0	140×2.4×45	2												
二采区	1211	4.8	140×1.8×45	1.6												
	1212	9.6	140×1.8×45	1.6												
	1221	12.6	140×2.4×45	2.1												
	1222	12.6	140×2.4×45	2.1												
	1213	9.6	140×1.8×45	1.6												
	1214	9.6	140×1.8×45	1.6												
	1223	12.6	140×2.4×45	2.1												
	1224	12.6	140×2.4×45	2.1												
	1215	9.6	140×1.8×45	1.6												
	1216	9.6	140×1.8×45	1.6												
	1225	12.6	140×2.4×45	2.1												

注：采区工作面以四位数字编号,第一位数字代表水平序号,第二位数字代表采区编号,第三位数字代表煤层编号,第四位数字代表区段编号(南翼为单,北翼为双),例如,1122 表示一水平一采区二号煤层北翼工作面。

巷道掘进速度,应根据邻近矿井或条件类似的矿井所达到的巷道掘进速度、施工队伍的技术管理水平分析研究确定。不同机械化程度的巷道掘进速度不宜低于《煤炭工业矿井设计规范》的规定,具体见表 2-4。

表 2-4　　　　　　　　　　　　　　　　平巷掘进速度

掘进机械化程度	巷道煤岩类别	月掘进速度/m
综合机械化掘进机组	煤	400
	半煤岩	250
钻爆法	煤	250
	半煤岩	150
液压凿岩台车机械化作业线	岩	120
液压钻(风钻、岩石电钻)机械化作业线	岩	80

注：① 倾角小于 8°的上、下山的掘进速度,其修正系数,上山应为 0.9,下山为 0.8。② 有煤和瓦斯突出危险的煤层巷道掘进速度,应采用 0.8 的系数进行修正;小型矿井不同煤岩类别的巷道月掘进速度指标分别为:岩巷(平硐) 60～100 m,半煤岩巷 120～150 m,煤巷 200～250 m。

（1）根据现有掘进队及巷道掘进情况，分析各掘进队的掘进任务，编制巷道掘进进度安排表。

（2）根据巷道掘进进度安排表，检查运输、通风、动力供应、供水等辅助能力能否保证施工及采取相应措施，最后确定巷道掘进工程排队和进度图表。

（3）进度图表可采用横道图或网络图。采用工程网络计划技术及电子计算机技术，有助于进度图表优化。

四、"四量"概念及可采期

所谓"四量"是指开拓煤量、准备煤量、回采煤量和解放煤量。

1. 开拓煤量

开拓煤量指通向采区的全部开拓巷道均已掘完，并可转入准备的采区的可采储量。

2. 准备煤量

准备煤量指采区内已经完成的准备巷道所圈定的可采储量。

3. 回采煤量

回采煤量指在准备煤量范围内，由回采巷道圈定的可采储量。

4. 解放煤量

解放煤量又称达标煤量或抽采煤量，指瓦斯突出指标在规定标准（评价范围内所有测点的煤层残余瓦斯压力小于 0.7 MPa 或残余瓦斯含量小于 8 m^3/t，且施工检测钻孔时无喷孔、顶钻或其他动力现象）以下，消除突出危险的煤量总和。包括抽采达标煤量和其他达标煤量。其他达标煤量暂取不需通过抽采即可达到规定要求的计划布置正规采煤工作面（不包括煤柱面）的煤量。

1962 年煤炭工业部为了保证矿井的生产秩序，把采掘部署指标进行了量化，颁发了"'三量'规定"，用三个煤量来检查考核生产矿井，这就是开拓煤量、准备煤量、回采煤量。其要求是：开拓煤量大于 3 a，准备煤量大于 1 a，回采煤量大于 3 个月。但在煤与瓦斯突出的矿井，采掘过程复杂，采掘速度受到影响，且瓦斯治理需要特殊的空间和时间，不允许多头（面）作业集中生产，对"三量"规定的要求也必须提高，开拓煤量应保证 5 a 以上，准备煤量 2 a 以上，回采煤量 1 a 以上。但是，仅凭"三量"还无法衡量矿井是否具备正常生产条件。

（1）抽采达标煤量：

① 单个采掘工作面抽采达标煤量

$$G_{抽采} = L \times I \times m \times r$$

式中　L——评价单元抽采钻孔控制范围内煤层走向长度，m；

　　　I——评价单元抽采钻孔控制范围内煤层平均倾向长度，m；

　　　m——评价单元平均煤层厚度，m；

　　　r——评价单元煤的密度，t/m^3。

② 全矿井抽采达标煤量

$$G_{抽采总} = \sum G_{抽采总煤体} + \sum G_{抽采总回采}$$

其中计算采煤工作面的达标煤量时，用作底抽巷穿层钻孔范围内区段保护煤柱的煤量要剔除，避免重复计算。

（2）其他达标煤量指拟进行采掘煤层的正规采煤工作面的可采储量（断层保护煤柱、防水煤柱、工业广场保护煤柱、煤柱工作面除外)之和。单个区域计算煤量方法同上。

$$G_{其他总} = \sum G_{其他}$$

（3）达标煤量：

$$G_{达标} = G_{抽采总} + \sum G_{其他总}$$

5. "四量"可采期

"四量"可采期指根据掘进和回采进度分别计算出的四种煤量可供开采利用的期限。

（1）"四量"可采期

大、中型矿井"三量"可采期限的规定是：开拓煤量的可采期限一般为 3～5 a 以上；准备煤量的可采期限一般为 1 a 以上；回采煤量的可采期限一般为 4～6 个月以上。一般情况下，矿井的"三量"可采期达到上述要求，便可实现采掘平衡。高瓦斯及煤与瓦斯突出矿井，开拓煤量应保证 5 a 以上，准备煤量应保证 2 a 以上，回采煤量应保证 1 a 以上。还应遵循抽采瓦斯后的解放煤量大于年产量的原则。

（2）"四量"可采期的计算

开拓煤量可采期(a)＝期末的开拓煤量(万 t)/年设计生产能力(万 t/a)。

准备煤量可采期(月)＝期末准备煤量(万 t)/平均月设计能力(万 t/月)。

回采煤量可采期(月)＝期末回采煤量(万 t)/当年平均月计划回采煤量(万 t/月)。

解放煤量可采期介于回采煤量可采期和准备煤量可采期之间，一般采抽比为 1∶3。

6. 采掘平衡

（1）在一个井田范围的一定期限内，由实施开拓掘进所形成的可采煤量与开采的煤量应相适应，即指采掘关系应具有相对稳定性。

（2）留有储量是指要有一定数量的备用煤量，备用煤量的数量应符合经济上合理的原则。

（3）影响"四量"合理开采可采期限的因素，主要是井型、地质条件、开采方式、采掘能力和机械化程度。

保证采掘平衡的目的是使矿井采掘接替处于既经济又合理的最佳状态。

第七节　矿井开拓设计方案比较内容

一、井田开拓方式

不同的矿井开拓方案除开拓形式不同外，各方案的经济总量相差可能较大。在方案比较法中，井田的开拓方式比较的项目内容见表 2-5。

二、井口位置及数量

当井筒形式不同时，井筒形式和位置的方案应结合在一起全面比较。形式相同的方案位置需单独比较。无论形式还是位置比较时，都要包括井筒（平硐）数量的比较。

井筒形式方案比较的内容，见表 2-6。

三、开采水平

开拓方案中开采水平方案比较的项目内容见表 2-7。

表 2-5   **井田开拓方式方案比较内容**

项　目	比　较　内　容
矿井设计生产能力	生产能力,服务年限、均衡生产年限、第一水平服务年限
采区及工作面	初期移交生产和达到设计采区数量、位置,探明的控制的储量,服务年限采区接替,采煤工作面数目、分布及其装备水平、长度、年推进长度,采煤工作面总长度
提升系统	主副井井筒(平硐)数量、长度及布置,提升容器数量及能力
通风系统	风井、总回风道数量及工程量,通风设备及构筑物
压风系统	压风设备及构筑物
供电系统	供电负荷,输变电线路及设备
地面运输	铁路接轨点、线路选择及长度,公路线路选择及长度,桥涵设置
地面建筑	行政生活建筑,居住区建筑及设施,通勤设备
工业广场及占地	工程地质条件,工业广场布置,供电、供水、通信、公路、排矸系统,环境保护措施、井口及工业广场占地,铁路、公路、居住区占地
井巷工程量	移交生产时井巷工程量,达到设计生产能力时总井巷工程量
劳动定员	原煤生产人员、服务人员、其他人员、矿井总定员
劳动生产率	全员效率
基建投资	移交生产时投资,达到设计生产能力时总投资,吨煤投资
建设工期	移交生产时连锁工程工期、总工期
原煤成本	吨煤成本
返本期	基建投资返本期

表 2-6   **井筒形式方案比较内容**

项　目	比　较　内　容
井筒特征及装备	井筒(平硐)位置、用途、数目、深度、断面、支护形式及装备
采区及工作面	初期移交生产和达到设计能力的采区数量、位置、服务年限、采区接替,采煤工作面数目、分布及其装备、长度、年进度、总长度
提升系统	提升容器类型及数量,装卸载设备、提升设备及能力,井塔(井架)结构及建筑体积,大型设备及长材料的提升
井底车场及硐室	井底车场形式、调车方式及通过能力,主井系统硐室(翻笼硐室、卸载坑、煤仓装载及清理洒煤室),副井系统硐室(副井与车场连接处、推车机硐室,矸石系统的车场巷道及硐室、清理井底硐室)
运输大巷(石门)	大巷(石门)断面及支护、布置方式及长度,煤柱
通风及安全	通风方式,风井数量及特征(初期、后期),总回风道布置、断面及长度,通风网路及风压,安全出口
施工技术条件	冲积层厚度、岩性、涌水量,工业广场工程地质条件、稳定性及基岩含水性,井筒通过强含水层的技术措施,水、电的输送条件,井筒延深方式,主要施工方案及装备
煤柱	井筒(平硐)及工业广场煤柱量,煤质、煤类
占地	工业广场占地及居住区占地,铁路、公路占地,迁村数量及户数
工程量	井筒、井底车场及硐室、运输大巷(石门)工程量,铁路、公路及工业广场土(石)方工程量
建设工期	施工准备工期、井巷连锁工程工期、总工期
基建投资	井巷工程投资(初期、后期),设备费、安装费,建筑费及其他费用
生产经营费	井筒提升费、大巷(石门)运输费、排水费、通风费、地面运输费

表 2-7 开采水平划分方案比较内容

项　　目	比　较　内　容
水平划分	水平标高,阶段垂高及斜长
储量及服务年限	水平上、下山储量及比例,水平上、下山服务年限,水平均衡生产年限及接替
工程量	井筒、井底车场及硐室工程量(初期、后期),运输大巷(石门)、总回风道工程量(初期、后期),采区准备巷道(石门、煤仓、上下山)工程量
基建投资	井巷工程投资(初期、后期)
建设工期	井巷连锁工程工期、总工期
生产经营费	井筒提升费、排水费,大巷(石门)运输费,井巷维护费

四、大巷布置

1. 运输大巷布置方案比较内容

开采煤层群可采用集中运输大巷、分组运输大巷或分煤层大巷等方式。大巷可布置在岩层中也可布置在煤层中,如果两种方案均可行,应优先选择煤层大巷。需要比较的内容见表 2-8。

表 2-8 运输大巷布置方案比较内容

项　　目	比　较　内　容
大巷位置	大巷所处层位岩性,有无动压影响
大巷特征	断面、支护形式及数量,大巷运输方式、设备,煤柱
工程量	大巷工程量
建设工期	井巷连锁工程工期、总工期
基建投资	大巷投资(初期、后期)
生产经营费	大巷维护费

2. 回风道布置方案比较内容

总回风道布置方案的比较内容见表 2-9。

表 2-9 总回风道布置方案比较内容

项　　目	比　较　内　容
布置方式	总回风道数量、位置、标高、与防水煤(岩)柱的关系
工程量	巷道断面、支护形式、巷道长度、掘进体积
施工工期	井巷工程工期
基建投资	巷道投资
生产经营费	巷道维护量、维护费
其他	安全性

五、采区划分方案比较内容

采区划分方案比较内容见表 2-10。

表 2-10 采区划分方案比较内容

项 目	比 较 内 容
采区特征	采区数量,各采区产量及服务年限,首采区位置、尺寸
采区运输	采区上(下)山运输方式及装备
煤柱	采区境界煤柱量
工程量	采区准备巷道(石门、煤仓、上山、回风道)、回采巷道工程量
建设工期	采区贯通工期、总工期
基建投资	巷道投资
生产经营费	巷道维护费

第三章　矿井开拓方案设计案例

第一节　矿井开拓设计方案比较示例一

一、矿井基本资料

1. 井田概况

某矿位于丘陵地带,井田范围内地形起伏较大,仅井田南部靠近井田边界处地势较为平坦,可作为工业广场选址。地面标高+1 460~+1 850 m,井田南部境界外有汭水河流过,如图3-1所示。井田走向长度4.00~8.50 km,倾斜长度1.40~4.40 km,面积约为25 km²。

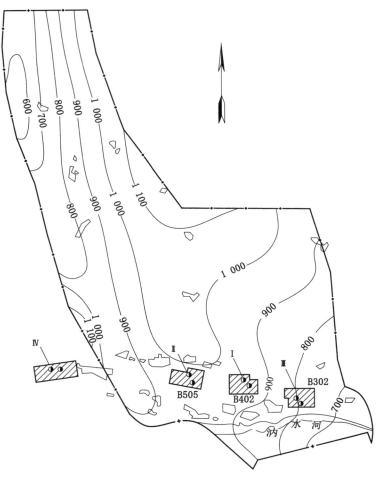

图 3-1　井田及工业广场位置图

Ⅰ——庞家磨场地;Ⅱ——何家庄场地;Ⅲ——曹家园场地;Ⅳ——任家磨场地

2. 井田内可采煤层

井田内煤层结构复杂，厚度变化大，主采 5 煤厚度 0.02～83.00 m，平均厚度 33 m，仅在西部局部不可采。次开采 3 煤厚度 0～4.50 m，平均厚度 1.58 m，在东南部分布不均匀、不连续、不稳定，灰分高，不适宜开采；西北部具有一定的开发价值，可采储量 17.2 Mt。

主要开采 5 煤的煤层赋存特点简述如下：

（1）东区块段煤层条件好，平均厚度 35.50 m，倾角 6°～9°，面积 9.70 km²，可采储量 317.20 Mt。

（2）北区块段煤层条件好，平均厚度 18.80 m，倾角 10°～25°，面积 5.10 km²，可采储量 84.10 Mt。

（3）南区临近沕水河，煤层平均厚度 32.00 m，倾角 5°～11°，面积 5.50 km²，可采储量 130 Mt。

（4）西区块段煤层结构复杂，煤层厚度变化大且有分叉现象。此区煤层位于西部向斜轴两翼，煤层倾角变化大。面积约 3.40 km²，可采储量 25 Mt。

全矿井地质储量 916 Mt，其中 5 煤 888 Mt，3 煤 28 Mt。远景储量 359.7 Mt。

本矿井属低瓦斯矿井，煤尘有爆炸危险，矿井水文地质条件简单，正常涌水量 110 m³/h，最大涌水量 135 m³/h；煤质属低灰、低磷、低硫、中发热量的长焰煤，是良好的动力和化工煤种。井田内煤层赋存深，覆盖层厚度在 500 m 以上，表土含水丰富。第三系甘肃群下部的砂岩结构松软、含水丰富，井筒施工困难。

根据该矿自然条件，考虑技术经济合理性，对开采设计方案的主要原则性问题确定如下：该矿煤层赋存稳定，储量丰富，地质构造及水文地质条件相对比较简单，除了东部的向斜和中部的背斜外，井田内无大断层，具有采用机械化采煤的条件；煤层瓦斯含量低，煤质好，具有较好的铁路外运条件，有加大开发强度的必要。根据井田可采储量，遵照《煤炭工业矿井设计规范》的规定，将井型定为 4.00 Mt/a，经济上较为合理。考虑 1.4 的储量备用系数，矿井的服务年限为 99 a。

二、矿井开拓方案设计

1. 井筒的形式和井口位置

5 煤底板等高线为＋600～＋1 000 m，覆盖层厚，表土含水丰富，第三系甘肃群砂岩层强度低，富含水，厚度达 120 m 左右。排除使用斜井开拓方式，选用立井开拓方式。

关于井口和地面工业广场位置，井田东、北、西及中部地形起伏落差大，不便于布置工业广场及解决地面运输；在井田南部沕水河一带地势较为平坦，且便于与现有的准轨铁路接轨和取水方便；东南块段煤层条件好，是理想的首采区，因此把井筒和工业广场的位置设于井田南部较为适宜。井口和工业广场位置合适的地点有Ⅰ、Ⅱ、Ⅲ、Ⅳ四处场地可供选择。相比之下，场地Ⅲ偏离储量中心远，压煤量大，建工业广场还必须搬迁一个小村庄，故最后选定Ⅰ、Ⅱ、Ⅳ三个场地作为比较方案的井口和工业广场位置。

考虑到井田走向长度较长，井型又大，因此结合井下的开采部署，前期可采用中央并列式通风；矿井生产后期，在适当地点开凿分区进风井和回风井，采用分区式通风，以解决后期通风线路过长、通风费用过高的问题。

2. 开采水平数目和标高的位置

井田内主采 5 煤的含量约占井田全部含量的 97％，是开采水平服务的主要对象。设置水平时应以 5 煤为主,兼顾 3 煤开采。该井田煤层倾角一般为 6°～15°,倾斜长度在 1 400～4 400 m 之间。从矿井的实际出发,考虑到合理的采区上、下山长度和上、下山煤量的比例,全矿设置一个水平开采全井田。井田的东南部斜长较长,可根据开采部署增设辅助水平进行开采。为此,针对水平标高的确定,现提出三个可行方案:

方案甲:水平垂高定为+940 m。首采区上、下山长度分别为 1 700 m 和 1 580 m,能满足现有提升、运输和辅助运输设备的要求。全井田上山和下山储量分别为 258 Mt 和 278 Mt,上、下山储量比例适宜,但副井井底和井底车场连接处围岩条件差,断面大时施工困难,难度大。

方案乙:水平垂高定为+930 m。首采区上、下山长度分别为 1 560 m 和 1 720 m。全井田上山和下山储量分别为 282 Mt 和 255 Mt,上、下山长度和上、下山储量皆宜,但副井井底和井底车场连接处围岩条件好,也有利于车场和主要硐室布置。

方案丙:水平垂高定为+915 m。上、下山长度和上、下山储量都能满足生产和设备的要求,但井底围岩条件差,不利于车场和主要硐室的布置。

结合比较,确定使用方案乙+930 m 水平。

3. 开采水平的巷道布置

根据井田内煤层的赋存状况,水平大巷在西北部基本沿煤层走向布置,东南部大背斜水平大巷穿越背斜布置;井型大,生产集中,运输大巷采用带式输送机运输,轨道大巷采用电机车运输。根据以上考虑,拟定出三个矿井开拓方案。

4. 开拓方案概述

(1) 方案一

井口及工业广场选择在井田内场地,立井单水平开拓开发全矿井。主、副井井口标高+1 480 m,主、副井落底后下设+930 m 水平环形车场;+930 m 水平轨道大巷按 0.3% 流水坡度掘进,胶带大巷沿 5 煤底板掘进,回风大巷沿 5 煤中部布置,大巷与井底车场之间采用轨道石门、进风石门与上仓带式输送机巷连接。矿井初期采用中央并列式通风系统、抽出式通风方式,矿井后期采用分区式通风系统,即在井田北部再凿一对进、回风井;全井田共划分为 13 个采区,其中 5 煤 10 个,3 煤 3 个,矿井移交的首采区为东一、西一两个采区。井田开拓方案平、剖面图,如图 3-2、图 3-3 和图 3-4 所示。

(2) 方案二

井田及工业广场选择在井田外的场地,也称为立井单水平开拓。主、副井井口标高+1 150 m,井底设+930 m 水平环行井底车场。在井田中部背斜的西翼,基本沿煤层走向设+930 m 水平轨道大巷,沿 5 煤底板布置胶带大巷,沿 5 煤中部布置回风大巷。大巷的东侧,布置两条穿过背斜的东西向轨道石门,分别服务于北二、北四两采区,大巷与井底车场间采用轨道石门、进风石门和胶带石门联系。矿井生产初期采用中央并列式通风,后期采用中央边界式通风,即在井田的东、北部各开凿一个回风井回风。全井田共划分 15 个采区,其中 5 煤 11 个,3 煤 4 个,北一、北三为首采区。矿井开拓方案如图 3-5 所示。

(3) 方案三

井口及工业广场选择井田内在场地,采用立井开拓。主、副井井口标高+1 510 m,井底车场水平标高+1 030 m,设置环行井底车场。全矿采用+1 030 m 水平和+930 m 辅助水平开采。在井田中部背斜轴部附近,设南北向+1 030 m 水平轨道大巷,沿 5 煤底板设胶带

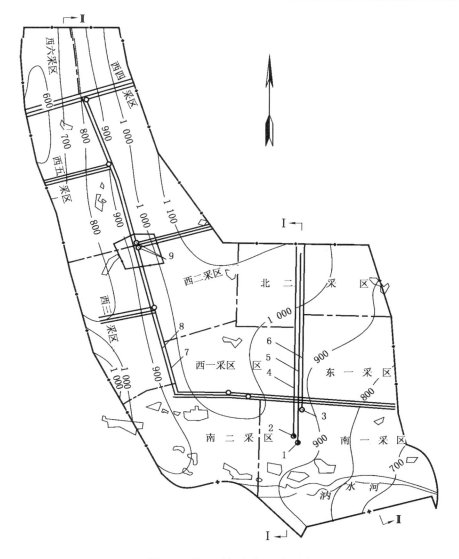

图 3-2　井田开拓方案一平面图

1——主立井；2——副立井；3——回风立井；4——+930 m 水平东部轨道大巷；5——东部带式输送机大巷；
6——东部回风大巷；7——+930 m 水平西部轨道大巷；8——西部带式输送机大巷；9——后期进、回风立井

大巷，沿 5 煤中部设回风大巷。在井田中部设置+930 m 辅助水平，主运输利用北四采区的集中胶带下山连接+930 m 和+1 030 m 水平，辅助运输以暗斜井连接。矿井初期采用中央并列式通风，后期在井田北部凿一对进、回风井，使用分区式通风系统。全矿井共划分为 15 个采区，5 煤 11 个，3 煤 4 个。开拓方案如图 3-6 所示。

三、开拓方案比较

1. 开拓方案技术比较

上述三个方案在技术上各有特点，现分析比较如下。

（1）压煤方面

方案一和方案三工业广场煤柱约 23 Mt，压煤量大；方案二工业广场不压煤，有利于提

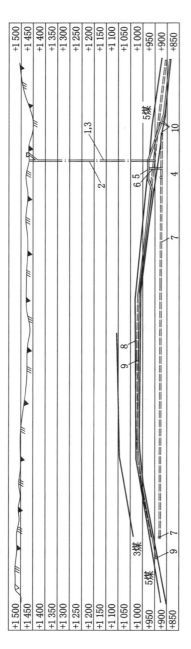

图 3-3 井田开拓方案—Ⅰ—Ⅰ剖面图

1——主立井；2——副立井；3——回风立井；4——井底煤仓；5——上仓带式输送机巷；6——分区煤仓；
7——+930 m 水平西部轨道大巷；8——+930 m 水平西部回风大巷；9——东部回风大巷；10——东部带式输送机大巷

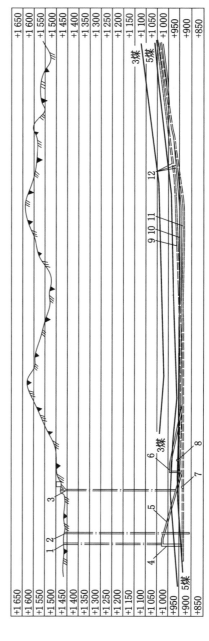

图 3-4 井田开拓方案—Ⅰ—Ⅰ剖面图

1——回风立井；2——东部回风大巷；3——上仓带式输送机巷；4——+930 m水平东部轨道大巷；5——东部带式输送机大巷；6——分区煤仓；
7——+930 m 水平西部轨道大巷；8——西部回风大巷；9——西部带区输送机大巷；10——东部带式输送机大巷；11——+930 m水平东部轨道大巷；12——东二采区上山

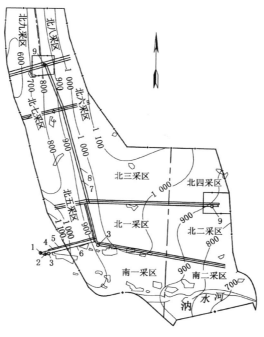

图 3-5　井田开拓方案二平面图

1——主立井;2——副立井;3——回风立井;4——+930 m 水平东部轨道大巷;

5——+930 m 水平井风石门;6——+930 m 水平带式输送机石门;7——+930 m 水平轨道大巷;

8——+930 m 水平带式输送机大巷;9——后期进、回风立井

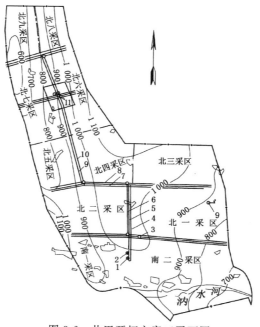

图 3-6　井田开拓方案三平面图

1——副立井;2——主立井;3——回风立井;4——回风大巷;5——+1 030 m 水平轨道大巷;

6——带式输送机大巷;7——+930 m 水平材料暗斜井;8——集中带式输送机下山;

9——+930 m 水平轨道大巷;10——北部带式输送机大巷;11——后期进、回风立井

高资源回收率。

（2）建井工期

方案一、方案三井巷贯通距离短，建井工期短，投产快。

（3）均衡生产

方案一首采区煤层条件好，能迅速达产，两翼同时生产保证生产稳产和高产；方案三后期为单翼生产，产量不均衡；方案二首采区煤层条件差，对达产不利。

（4）运输方面

方案一运输环节少，反向运输量小。方案二与方案三上、下山反向运输量大。方案二运输环节多。

（5）基建投资

方案一较方案二、方案三基建投资省。

（6）外部条件

方案一、方案三铁路进线短，方案二供水线路短。

2. 开拓方案经济比较

三个方案各有利弊，需进行经济比较才能确定优劣。

方案经济费用比较主要有基本建设费用和生产经营费用。其中，基本建设费用有井巷开凿费、建筑物及结构物修建费和一些特殊的设备费等；生产经营费用包括巷道维护费、提升费、运输费、排水费、通风费等。三个方案投资费用及经营费用比较见表3-1、表3-2。

表 3-1　　　　　　　　　　　　各方案工程量投资比较表

项 目		方案一		方案二		方案三	
		数量	投资/万元	数量	投资/万元	数量	投资/万元
井巷工程	主井/m	550	1 897.5	470	1 621.5	485	1 673.25
	副井/m	582	2 390	500	2 050	520	2 132
	风井/m	520	1 300	600	1 500	480	1 200
	井底车场投资/万元		2 200		2 200		2 200
	主要运输及回风道/m	2 300	1 748	6 400	4 864	800	2 128
	采区准备巷道/m	2 800	1 568	4 100	2 296	499	2 352
	井筒装备投资/万元		800		905		870
	合计投资/万元		11 903.5		15 436.5		12 555.25
工业广场运输工程	占地面积/km²	15	750	14	700	16	800
	土石方工程量/m³	110 000	44	120 000	48	130 000	52
	防洪排涝工程投资/万元		180		245		260
	铁路专用线总投资/万元		3 900		5 100		4 500
	场外公路总投资/万元		120		230		160
供电通信线路投资/万元			176		189		205
供水管路投资/万元			400		300		450
主、副井提升设备投资/万元			2 460		2 340		2 270
基建投资合计/万元			19 933.5		24 588.5		21 252.25

表 3-2 各方案投产 20 年内生产经营费比较表 单位:万元

项 目	方案一	方案二	方案三
矿井提升费	721.89	769.94	661.95
矿井带式输送机运营费	311.33	631.52	450.44
矿井辅助运输费	124.48	167.10	158.18
矿井主排水费	121.33	128.99	108.59
平面辅助排水费	20.57	30.17	45.24
矿井通风费	127.89	167.74	131.91
巷道维护费	371.14	501.23	423.45
合 计	1 797.60	2 396.74	1 979.80
吨煤生产运营费/元·t^{-1}	4.50	5.99	4.95

通过以上技术经济比较可以看出,方案一在基本建设费用、生产经营费用上都是有利的,故确定采用方案一。

本节是用方案比较法解决矿井开采设计的一个简化了的示例。对于一个具体的矿井,其客观条件是很复杂的,因此在研究开采设计方案时,应全面深入地研究各个方案的具体内容,进行详细而正确的计算,以使所研究的问题获得正确解决。

第二节 矿井开拓设计方案比较示例二

为了进一步说明矿井开拓设计方案的确定方法,现再举例说明如下。

一、井田概况

某矿位于平原地带,井田范围内地表标高为 +80～+90 m,表土及风化带厚度(垂高)一般为 50～60 m。表土中夹有厚度不一的流砂层,井田中部流砂层较薄,靠井田境界处较厚。

井田内煤层上以 +30 m,下以 −420 m 的煤层底板等高线为界,井田两侧系人为划定境界。井田走向长 9 000 m,倾斜长约 1 740 m。井田内共有 4 层可采煤层,倾角均为 15°左右。由上而下,各煤层的名称、厚度、间距及顶、底板情况见表 3-3。

表 3-3 煤层地质条件

煤层	厚度/m	顶板	底板
m_1	1.8	直接顶为厚 8 m 的页岩,基本顶为厚 4 m 的砂岩	直接底为厚 10 m 的页岩,下为 40 m 厚的砂岩
m_2	1.9	页岩、砂页岩、砂岩互层	
m_3	1.6	页岩、砂页岩、砂岩互层	
m_4	2.0	页岩、砂页岩、砂岩互层	
小计	7.3		

井田内各煤层成层平稳,地质构造简单,无大的断层;煤质中硬,属优质瘦贫煤;煤尘无

爆炸性危险,也无自燃倾向;平均容重(体积质量)为 1.32 t/m³。该矿煤岩层瓦斯涌出量大,涌水量较大,矿井正常涌水量为 380 m³/h。

井田内 m_4 煤层的底板等高线图及井田中部的地质剖面如图 3-7 和图 3-8 所示。

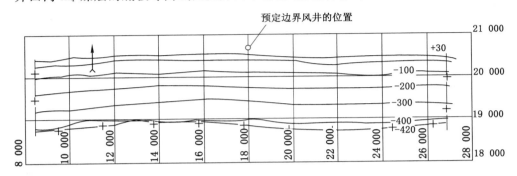

图 3-7　m_4 煤层底板等高线图

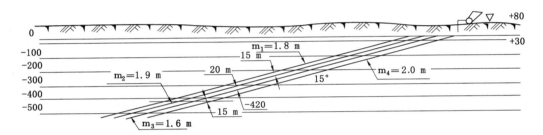

图 3-8　井田中部地质剖面

二、储量计算

1. 工业储量 Z_g

$$Z_g = 9\ 000 \times 1\ 740\ (1.8 + 1.9 + 1.6 + 2.0) \times 1.32 = 15\ 089.976\ 万\ t$$

2. 可采储量 Z_k

永久煤柱损失按工业储量的 5% 计算:

$$P = Z_g \times 5\% = 15\ 089.976 \times 5\% = 754.499\ 万\ t$$

$$Z_k = (Z_g - P) \times C = (15\ 089.976 - 754.499) \times 80\% = 11\ 468.4\ 万\ t$$

式中　P——永久煤柱损失;

　　　C——采区采出率,中厚煤层不小于 80%。

三、矿井设计生产能力和服务年限

按大型矿井服务年限的下限要求,T 取 60 a,储量备用系数 k 取 1.4,求矿井设计的生产能力 A。

$$A = \frac{Z_k}{T \times k} = \frac{11\ 468.4}{60 \times 1.4} = 136.5\ 万\ t/a$$

根据煤层赋存情况和矿井可采储量,按《煤炭工业矿井设计规范》的规定,将矿井设计生产能力 A 确定为 120 万 t/a,再计算矿井服务年限:

$$T = \frac{Z_k}{A \times k} = \frac{11\ 468.4}{120 \times 1.4} = 68.26\ a$$

在计算矿井服务年限时,考虑矿井投产后,可能由于地质损失增大、采出率降低和矿井增产的原因,而使得矿井服务年限缩短,设置了备用储量 Z_b,备用量为:

$$Z_b = \frac{Z_k}{1.4} \times 0.4 = \frac{11\ 468.4}{1.4} \times 0.4 = 3\ 276.69\ \text{万 t}$$

在备用储量中,估计约有50%为采出率过低和受未预知地质破坏影响所损失的储量。矿井开拓设计时认定的实际采出的储量约为:

$$11\ 468.4 - (3\ 276.69 \times 50\%) = 9\ 830.1\ \text{万 t}$$

四、开拓方案及技术比较

1. 井筒布置

由于该井田地形平坦,不存在平硐开拓条件,表土较厚且有流砂层,斜井施工困难,所以,确定采用立井开拓(主井装备箕斗提升煤炭),并按流砂层较薄、井下生产费用较低的原则,确定井筒位于井田走向中部流砂层较薄处。

为避免采用箕斗井回风时封闭井塔等困难和减少穿越流砂层开凿风井的数目,决定采用中央分列式通风方式,回风井布置在井田上部边界走向中部。

这样,井田需要开凿主立井、副立井和回风井三个井筒。

2. 阶段划分和开采水平设置

根据井田条件和《煤炭工业矿井设计规范》的有关规定,本井田可划分为2~3个阶段,设置1~3个开采水平。

阶段内采用采区式准备方式,每个阶段沿走向划分为6个走向长1 500 m的采区,采区划分为若干区段。在井田每翼布置一个生产采区,为减少初期工程量,缩短建井时间,采区间采用前进式开采顺序。

因井田内瓦斯和涌水量均较大,采用上、下山开采;下山部分在技术上困难较多,故决定阶段内均采用上山开采;由于井田斜长较大,倾角为15°左右,因此排除了单水平上、下山开采的开拓方案。

这样,阶段划分和开采水平设置有两个方案,一是井田划分为两个阶段,设置两个开采水平;二是井田划分为三个阶段,设置三个开采水平。

3. 阶段和开采水平参数

(1)水平垂高

① 两阶段、两水平:$870 \times \sin 15° = 225.1\ \text{m}$,可取整为225 m。

② 三阶段、三水平:$740 \times \sin 15° = 191.5\ \text{m}$,可取为190 m。

$$500 \times \sin 15° = 129.4\ \text{m},\text{可取为}130\ \text{m}。$$

(2)开采水平实际出煤量

① 两阶段、两水平方案

第一、第二阶段为:$9\ 830.1/2 = 4\ 915.05\ \text{万 t}$。

② 三阶段、三水平方案

第一阶段:$(9\ 830.1/1\ 740) \times 740 = 4\ 180.62\ \text{万 t}$。

第二、第三阶段:$(9\ 830.1/1\ 740) \times 500 = 2\ 824.74\ \text{万 t}$。

(3)水平服务年限

① 两阶段、两水平方案

第一、第二水平:68.26/2＝34.13 a。

② 三阶段、三水平方案

第一水平:(68.26/1 740)×740＝29 a。

第二、第三水平:(68.26/1 740)×500＝19.61 a。

（4）采区服务年限

开采水平内每翼一个采区生产,矿井由两个采区同采保证产量,考虑1 a的产量递增和递减期。

两阶段、两水平方案中的采区服务年限:(34.13/3)＋1＝(11.38＋1) a。

三阶段、三水平方案中的采区服务年限:

一水平采区:(29/3)＋1＝(9.7＋1) a。

二、三水平采区:(19.61/3)＋1＝(6.54＋1) a。

（5）区段数目及区段斜长

两阶段、两水平方案:每个阶段划分为5个区段,区段斜长为870/5＝174 m。

三阶段、三水平方案:一水平划分为4个区段,区段斜长为:740/4＝185 m;二、三水平划分为3个区段,区段斜长为:500/3＝167 m。

（6）区段采出煤量

① 两阶段、两水平方案

每个水平6个采区,每个采区5个区段,每个区段出煤量:

$$4\ 915.05÷6÷5＝163.84\ 万\ t$$

② 三阶段、三水平方案

一水平6个采区,每个采区4个区段,每个区段出煤量:

$$4\ 180.62÷6÷4＝174.19\ 万\ t$$

二水平6个采区,每个采区3个区段,每个区段出煤量:

$$2\ 824.74÷6÷3＝156.93\ 万\ t$$

井田内所划定阶段的主要参数见表3-4。

表 3-4　　　　　　　　　　　　　　　　　阶段主要参数

阶段划分数目	阶段斜长/m	水平垂高/m	水平实际出煤/万 t	服务年限/a 水平	服务年限/a 采区	区段数目/个	区段斜长/m	区段采出煤量/万 t
2	870	225	4 915.05	34.13	11.38＋1	5	174	6×163.84
3	740	190	4 180.62	29.00	9.7＋1	4	185	6×174.19
	500	130	2 824.74	19.61	6.54＋1	3	167	6×156.93
	500	130	2 824.74	19.61	6.54＋1	3	167	6×156.93
说明	在采出煤量计算中,把备用储量的一半划为地质损失,另一半划为用于矿井增产而开采的储量,把增产储量合并计入开采水平实际采出的煤量中。采区服务年限按设计平均服务年限加上一年的产量递增、递减期计算。							

4. 大巷布置

考虑到各煤层间距较小,宜采用集中大巷布置。为减少煤柱损失和保证大巷维护条件,

大巷布置于 m_4 煤层底板下垂距为 30 m 的厚层砂岩内。上阶段运输大巷留作下阶段回风大巷使用。

5. 上山布置

采区采用集中岩石上山联合准备,井田一翼的中央采区上山布置在距 m_4 煤层底板 30 m 以下的砂岩中,并在采后加以维护,留作下阶段的总回风通道及安全出口,其余采区上山位于距 m_4 煤层底板约 20 m 的砂岩中,并在这些采区采后加以报废。

6. 开拓延深方式

考虑两种井筒延深方案,一是直接延深,二是暗斜井延深。

根据前述各项决定,在技术上可行的开拓方案有下列四种,如图 3-9 所示。

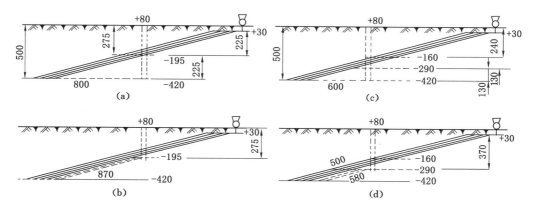

图 3-9　技术上可行的四种开拓方案(单位:m)
(a) 方案 1(立井两水平);(b) 方案 2(立井单水平加暗斜井);
(c) 方案 3(立井三水平);(d) 方案 4(立井两水平加暗斜井)

方案 1 和方案 2 的区别仅在于第二水平是用暗斜井延深还是直接延深立井。两方案的生产系统较简单可靠。

两方案对比,方案 1 需多开立井井筒(2×225 m)、阶段石门(800 m)和立井井底车场,并相应地增加了井筒和石门的运输、提升、排水费用。方案 2 则多开暗斜井井筒(倾角15°,2×870 m)和暗斜井的上、下部车场,并相应地增加了斜井的提升和排水费用。

对两方案的基建费和生产费粗略估算见表 3-5,粗略估算后认为:方案 1 和方案 2 的费用相差不大。考虑到方案 1 的提升、排水工作的环节少,人员上、下较方便,在方案 2 中未计入暗斜井上、下部车场的石门运输费用,以及方案 1 在通风方面优于方案 2,所以决定选用方案 1。

方案 3 和方案 4 的区别也仅在于第三水平是用立井直接延深还是采用暗斜井延深。粗略估算结果见表 3-6,方案 4 的总费用比方案 3 约高 3.5%。两者相差不到 10%,仍可视为近似相等。但方案 4 终究费用略高一些,再考虑到方案 3 的提升、排水等环节都比方案 4 更少,即生产系统更为简单可靠一些,所以决定采用方案 3。

余下的方案 1 和方案 3 相比,方案 3 的总费用、基建费和生产费都要比方案 1 低,两方案需要通过详细经济比较,才能确定其优劣。

表 3-5 方案 1 和方案 2 粗略估算费用 单位:万元

方案		方案 1		方案 2
基建费	立井开凿	$2\times225\times3\,000\times10^{-4}=135.0$	主暗斜井开凿	$870\times1\,050\times10^{-4}=91.35$
	石门开凿	$800\times800\times10^{-4}=64.0$	副暗斜井开凿	$870\times1\,150\times10^{-4}=100.05$
	井底车场	$1\,000\times900\times10^{-4}=90.0$	上、下斜井车场	$(300+500)\times900\times10^{-4}=72.00$
	小计	289.0	小计	263.4
生产费	立井提升	$1.2\times4\,915.05\times0.5\times0.85=2\,506.7$	暗斜井提升	$1.2\times4\,915.05\times0.87\times0.48=2\,463.0$
	石门运输	$1.2\times4\,915.05\times0.80\times0.381$ $=1\,797.7$	立井提升	$1.2\times4\,915.05\times0.275\times1.02$ $=1\,654.4$
	立井排水	$380\times24\times365\times34.13\times0.152\,5\times10^{-4}$ $=1\,732.6$	排水(斜、立井)	$380\times24\times365\times34.13\times(0.063+$ $0.127)\times10^{-4}=2\,158.6$
	小计	6 037.0	小计	6 276.0
总计	费用	6 326.0	费用	6 539.4
	百分率	100%	百分率	103.37%

表 3-6 方案 3 和方案 4 粗略估算费用 单位:万元

方案		方案 3		方案 4
基建费	立井开凿	$2\times130\times3\,000\times10^{-4}=78.0$	主暗斜井开凿	$580\times1\,050\times10^{-4}=60.9$
	石门开凿	$600\times800\times10^{-4}=48.0$	副暗斜井开凿	$500\times1\,150\times10^{-4}=57.5$
	井底车场	$1\,000\times900\times10^{-4}=90.0$	上、下斜井车场	$(300+500)\times900\times10^{-4}=72.00$
	小计	216.0	小计	190.4
生产费	立井提升	$1.2\times2\,824.74\times0.5\times0.85=1\,440.6$	暗斜井提升	$1.2\times2\,824.74\times0.58\times0.48=943.7$
	石门运输	$1.2\times2\,824.74\times0.60\times0.381=774.9$	立井提升	$1.2\times2\,824.74\times0.37\times0.92=1\,153.8$
	立井排水	$380\times24\times365\times19.61\times0.152\,5\times10^{-4}$ $=995.5$	排水(斜、立井)	$380\times24\times365\times19.61(0.053+0.14)\times$ $10^{-4}=1\,259.9$
	小计	3 211.0	小计	3 357.4
总计	费用	3 427.0	费用	3 547.8
	百分率	100%	百分率	103.5%

五、开拓方案经济比较

方案 1 和方案 2 有差别的建井工程量、生产经营工程量、基建费、生产经营费和经济比较结果,分别计算汇总于表 3-7～表 3-11,方案 1 和方案 3 初期和后期大巷工程量计算如图 3-10 所示。

表 3-7 开拓方案 1 和方案 3 的建井工程量

	项 目	方案 1	方案 3
初期	主井井筒/m	275+20	240+20
	副井井筒/m	275+5	240+5
	井底车场/m	1 000	1 000
	主石门/m	0	270
	运输大巷/m	1 700	1 700

续表 3-7

	项 目	方案 1	方案 3
后期	主井井筒/m	225	260
	副井井筒/m	225	260
	井底车场/m	1 000	1 000×2
	主石门/m	800	0+600
	运输大巷/m	6 000+7 700	6 000+7 700×2

表 3-8 **方案 1 和方案 3 生产经营工程量**

项 目	方案 1	项 目	方案 3
运输提升/万 t·km^{-1}	工程量	运输提升/万 t·km^{-1}	工程量
采区上山运输 一区段 二区段 三区段 四区段	2×1.2×983.04×4×0.174=1 642.07 2×1.2×983.04×3×0.174=1 231.55 2×1.2×983.04×2×0.174=821.04 2×1.2×983.04×1×0.174=410.52	采区上山运输 一水平： 一区段 二区段 三区段 二、三水平： 一区段 二区段	1.2×1 045.14×3×0.185=696.06 1.2×1 045.14×2×0.185=464.04 1.2×1 045.14×1×0.185=232.02 2×1.2×941.58×2×0.167=754.77 2×1.2×941.58×1×0.167=377.39
大巷及石门运输 一水平 二水平 立井提升 一水平 二水平	1.2×4 915.05×2.25=13 270.64 1.2×4 915.05×3.05=17 989.08 1.2×4 915.05×0.275=1 621.91 1.2×4 915.05×0.5=2 949.03	大巷及石门运输： 一水平 二水平 三水平 立井提升： 一水平 二水平 三水平	1.2×4 180.62×2.52=12 642.19 1.2×2 824.74×2.25=7 626.80 1.2×2 824.74×2.85=9 660.61 1.2×4 180.62×0.24=1 204.02 1.2×2 824.74×0.37=1 254.18 1.2×2 824.74×0.5=1 694.84
维护采区上山/万 m·a^{-1}	1.2×2×6×2×870×12.38×10^{-4} =31.02	维护采区上山/万 m·a^{-1} 一、二水平 三水平	1.2×6×2×740×10.7×10^{-4}=11.40 1.2×2×6×2×500×7.54×10^{-4} =10.86
排水/万 m^3·a^{-1} 一水平 二水平	380×24×365×34.13×10^{-4}=11 361.19 380×24×365×34.13×10^{-4}=11 361.19	排水/万 m^3·a^{-1} 一水平 二水平 三水平	380×24×365×29×10^{-4}=9 653.52 380×24×365×19.61×10^{-4}=6 527.8 380×24×365×19.61×10^{-4}=6 527.8

表 3-9 **方案 1 和方案 3 基建费**

项 目		方案 1			方案 3		
		工程量/m	单价/元·m^{-1}	费用/万元	工程量/m	单价/元·m^{-1}	费用/万元
初期	主井井筒	295	3 000	88.5	260	3 000	78.0
	副井井筒	280	3 000	84.0	245	3 000	73.5
	井底车场	1 000	900	90.0	1 000	900	90.0
	主石门	0	800	0.0	270	800	21.6
	运输大巷	1 700	800	136.0	1 700	800	136.0
	小计			398.5			399.1

项 目		方案 1			方案 3		
		工程量/m	单价/元·m⁻¹	费用/万元	工程量/m	单价/元·m⁻¹	费用/万元
后期	主井井筒	225	3 000	67.5	260	3 000	78.0
	副井井筒	225	3 000	67.5	260	3 000	78.0
	井底车场	1 000	900	90.0	2 000	900	180.0
	主石门	800	800	64.0	600	800	48.0
	运输大巷	1 3700	800	1 096.0	21 400	800	1 712.0
	小计			1 385.0			2 096.0
共计(初期+后期)			1 783.5				2 495.1

表 3-10　　　　　　　　　　　　方案 1 和方案 3 生产经营费

项 目		方案 1			方案 3		
		工程量/m	单价/元·m⁻¹	费用/万元	工程量/m	单价/元·m⁻¹	费用/万元
运输提升	采区上山:						
	一区段	1 642.07	0.508	834.17	696.06	0.669	465.66
	二区段	1 231.55	0.652	802.97	464.04	0.760	352.67
	三区段	821.04	0.759	623.17	232.02	0.834	193.50
	四区段	410.52	0.832	341.55			
	采区下山:						
	一区段				754.77	0.762	575.13
	二区段				377.39	0.835	315.12
	小计			2 601.86			1 902.08
	大巷及石门						
	一水平	13 270.64	0.392	5 202.09	12 642.19	0.385	4 867.24
	二水平	17 989.08	0.381	6 853.84	7 626.8	0.392	2 989.71
	三水平				9 660.61	0.381	3 680.69
	小计			12 055.93			11 537.64
	立井						
	一水平	1 621.97	1.32	2 141.00	1 204.02	1.35	1 625.43
	二水平	2 949.03	0.85	2 506.68	1 254.18	1.00	1 254.18
	三水平				1 694.84	0.85	1 440.61
	小计			4 647.68			4 320.22
运提费合计				19 305.47			17 759.94
采区上山维护费		31.02 万 m	35 元/m	1 085.70	22.26/万 m	35 元/m	779.10
排水费		万 m³	元/m³		万 m³	元/m³	
	一水平	11 361.19	0.083 9	953.2	9 653.52	0.073 2	706.64
	二水平	11 361.19	0.152 5	1 732.58	6 527.80	0.112 9	736.99
	三水平				6 527.80	0.152 5	995.49
	小计			2 685.78			2 439.12
合计				23 076.95			20 978.16

表 3-11   方案 1 和方案 3 经济比较

项 目		方案 1		方案 3	
		费用/万元	百分率/%	费用/万元	百分率/%
基建工程费	初期建井费	398.50	100	399.1	100.15
	后期基建费	1 385.00	100	2 096.0	151.34
	小计	1 783.5	100	2 495.1	139.90
生产经营费		23 076.95	110	20 978.16	100
总费用		24 860.45	105.91	23 473.26	100

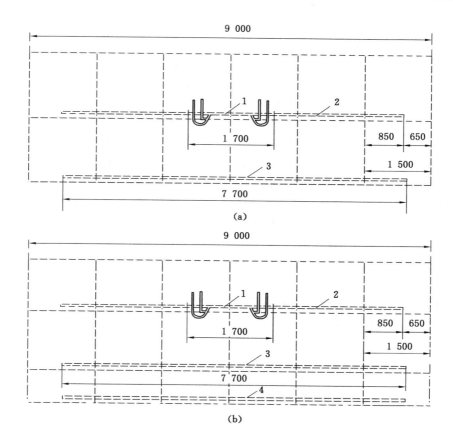

图 3-10   方案 1 和方案 3 大巷开掘的初期与后期工程量

(a) 两水平;(b) 三水平

1——初期大巷;2,3,4——不同水平后期大巷

在上述经济比较中需说明以下几点:

(1) 两方案的各采区均布置两条采区上山,且这些上山的开掘单价近似相同,考虑到全井田中采区上山的总开掘长度相同,即两方案的采区上山总开掘费近似相同,故未对比计算;另外,采区上部、中部和下部车场的数目在两方案中虽略有差别,但基建费的差别较小,故也未予计算。

(2) 在初期投资中,方案 3 可少掘运煤上山和轨道上山各 130 m,在比较中未列入。

（3）立井、大巷、石门及采区上山的辅助运输费用均按运输费用的20％估算。

（4）井筒、井底车场、主石门、阶段大巷及总回风巷等均布置于坚硬的岩层中，它们的维护费用低于5元/(a·m)，故比较中未对比其维护费用的差别。

（5）采区上、中和下部车场的维护费用均按采区上山维护费用的20％估算。采区上山的维护单价按受采动影响与未受采动影响的平均维护单价估算。

由对比结果可知，方案1和方案3的总费用近似相同，相差5.91％。所以，还需进一步进行综合评价优选。

六、综合比较

从前述技术经济比较结果来看，虽然方案1的生产费用比方案3高10％，但是其基建投资费用则明显低于方案3，低39.9％。由于基建费的计算误差一般比生产经营费的计算误差小得多，所以可以认为方案1相对较优。从建井工期来看，虽然方案1初期需多掘主、副井筒各35 m，运煤及轨道上山各130 m，但是可以少掘270 m的主石门。因此，方案1的建井工期仍大致与方案3相同。从开采水平接续来看，方案3需延深两次立井，方案1仅需延深一次立井，因此方案1对生产的影响少于方案3。

综上所述，可认为：方案1和方案3在技术和经济方面均不相上下，但方案1的基建投资较少，开拓延深对生产的影响期略少一些。所以决定采用方案1，即矿井采用立井两水平开拓：第一水平位于−195 m，第二水平位于−420 m，两水平均只采上山阶段；阶段内沿走向每1 500 m划分一个采区，阶段内划分6个采区。

本示例也可以通过综合评价优选的方法确定开拓方案，其具体步骤如下：

（1）建立评价指标体系。根据具体情况和侧重不同，开拓方案的综合评价指标主要有矿井生产能力、第一水平服务年限、初期基建投资、矿井总基建费用、建井工期、吨煤成本、资源采出率、矿井工艺系统可靠性、采掘机械化程度等。

（2）对上述评价指标进行量化和正规化。

（3）合理确定各评价指标的权重系数。

（4）求各方案的综合评价值，据此确定选用方案。

第四章　井底车场设计

第一节　窄轨线路

一、轨道与轨型

窄轨轨道运输是矿井运输的主要方式。矿井轨道由铺设在巷道底板上的道床、轨枕、钢轨和连接件等组成。

钢轨的型号，简称轨型，以每米长度的质量（kg/m）表示。矿用钢轨有 15 kg/m、22 kg/m、30 kg/m、38 kg/m 和 43 kg/m 等 5 种型号。窄轨铁路的中心距有 600 mm、762 mm 和 900 mm 等 3 种轨距。使用时应根据生产能力、运输设备、使用地点等考虑，具体可参照表 4-1 选用。

表 4-1　　　　　　　　　　　　　　　钢轨型号选择

使用地点	运输设备	钢轨型号/kg·m^{-1}
井底车场	10 t、14 t 电机车	43,38
	7.8 t 电机车	38,30
运输大巷	10 t、14 t 电机车	38,30
上、下山	1.0 t 矿车	30,22
平巷	1.5 t 矿车	20,15

二、轨距与线路中心距

轨距是指单轨线路上两条钢轨轨头内缘之间的距离。目前我国矿井采用的标准轨距为以 600 mm 和 900 mm 最为常见。1 t 固定式矿车、3 t 底卸式矿车及大巷采用带式输送机运输时的辅助运输矿车均采用 600 mm 轨距；3 t 固定式矿车和 5 t 底卸式矿车均采用 900 mm 轨距。

设计图中线路都采用单线表示，单轨线路用单线表示，双轨线路用两条单线表示。线路中心距是双轨线路中心线之间的距离，其值选取可参考表 4-2。

三、曲线线路外轨抬高和轨距加宽

车辆在弯道上运行时，应将曲线外轨抬高一个值，该值大小与曲线半径、轨距及车辆运行速度有关。一般 900 mm 轨距时在 10～35 mm 之间；600 mm 轨距时在 5～25 mm 之间。运行速度越大，曲线半径越小，则抬高值越大。另外曲线段轨距还应较直线段适当加宽，机车运输时，加宽值一般为 10～20 mm，曲线半径大时取下限；串车运输时，一般取 5～10 mm。

表 4-2　　　　　　　　　　　　　　　　　　线路中心距

设备类型及有关参数/mm			线路中心距/mm	
设备类型	轨距	车宽	直线段	曲线段
机车或底卸式矿车	600	1 060	1 300	1 600
	600	1 200	1 600	1 900
	900	1 360	1 600	1 900
1 t矿车、1.5 t矿车（人力、串车运输）	600	880	1 100	1 300
	600	970	1 200	1 400
1 t矿车、1.5 t矿车（无极绳运输）	600	880	1 200	1 300
	600	970	1 200	1 400

为了适应外轨抬高与轨距宽，在直线与曲线线路连接时，从直线段某一点开始，同时逐步进行抬高和加宽，到曲线起点处，使抬高和加宽值正好达到规定的数值，这段直线距离称为外轨抬高和轨距加宽的递增距离，一般取外轨台高值的 100～300 倍，即外轨抬高的坡度在 10‰～3.3‰ 之间。有时也可以在曲线起点开始抬高和加宽，逐渐达到规定的数值。

由于车辆在曲线上运行会发生外伸和内伸现象，巷道在曲线外需要加宽，机车运输的曲线巷道外侧加宽 200 mm，内侧加宽 100 mm。双轨线路，在机车运输时，线路中心距加宽值可取 300 mm；1 t 矿车串车或人力运输时，一般可取 200 mm。

第二节　井底车场设计类型及要求

一、立井井底车场的类型

立井井底车场的基本类型见表 4-3。表内所列井底车场形式为常见的基本型，在设计中由于各种条件的影响还有混合式车场，如主井折返式、副井环形式的井底车场。

表 4-3　　　　　　　　　　　　　　立井井底车场的基本类型

类型		图示	结构特点	优缺点	适用条件
环形式	立式		存车线和回车线与主要运输大巷垂直；主、副井距主要运输大巷较远，有足够的长度布置存车线	空、重车线基本位于直线上；有专用的回车线；调车作业方便；可两翼进车；弯道顶车；工程量大	0.90～1.50 Mt/a 的矿井；刀型车场适用于 0.60 Mt/a 的矿井，增加回车线能力可提高到 0.90～1.20 Mt/a
	斜式		存车线与主要运输大巷斜交；主要运输大巷可局部做回车线	可两翼进车；工程量小；存车线有效长度调整方便；弯道顶车；一翼调车方便，另一翼在大巷调车	适用于 0.60～0.90 Mt/a 的矿井；地面出车方向受限制的矿井

续表 4-3

类型		图　示	结构特点	优缺点	适用条件
环形式	卧式		存车线与主要运输大巷平行;主、副井距主要运输大巷较近	空、重车线位于直线上;工程量小;调车方便;可两翼进车;弯道顶车;巷道内坡度较大	适用于 0.60~0.90 Mt/a 的矿井
折返式	梭式		利用主要运输大巷做主井空、重车线、调车线和回车线	工程量小,交叉点少,弯道少;可两翼进车	利用大型底纵卸式、底侧卸式矿车可用于大型矿井
	尽头式		利用石门做主井空、重车线	工程量小;调车方便	利用大型底纵卸式、底侧卸式矿车可用于大型矿井
图注		1——主井;2——副井			

注:适用条件中除指明使用大型底纵卸式、底侧卸式矿车外,其余均指使用 1 t 矿车的情况,如采用大型矿车,能力可提高。

二、斜井井底车场的类型

斜井井底车场的基本类型见表 4-4。

表 4-4　　　　　　　　　斜井井底车场的基本类型

类型		图　示	结构特点	优缺点	适用条件
环形式	卧式		存车线和回车线与主要运输大巷平行;主、副井距主要运输大巷较近	空、重车线位于直线上;工程量小;调车作业方便;有专用的回车线;可两翼进车;弯道顶车	适用于单一水平的箕斗斜井或带式输送机斜井
	立式		存车线与主要运输大巷垂直;主、副井距主要运输大巷较远,有足够的长度布置存车线	空、重车线基本位于直线上;有专用的回车线;调车作业方便;可两翼进车;弯道顶车;工程量大	适用于单一水平的箕斗斜井或带式输送机斜井
折返式	折返式		主井空、重车线设于平行于大巷的顶板巷道内	可两翼进车;一翼在调车线上调车;弯道多,折返式的优点体现不出来	适用于单一水平的箕斗斜井
	甩车场		主井空、重车线设于大巷内	工程量小;可两翼进车;调车作业均在直线上进行	适用于多水平的箕斗斜井或带式输送机斜井
	尽头式		主井空、重车线设于井筒的一侧	可两翼进车;调车在调车线上进行	适用于多水平的串车斜井
图注		1——主井;2——副井			

三、大巷采用带式输送机运煤时井底车场的类型

大巷采用带式输送机运煤时,辅助运输井底车场有折返式、环形式及折返与环形相结合的形式。

1. 车场及硐室的组成

带式输送机车场及硐室一般由带式输送机的机硐室、驱动硐室、拉紧硐室、仓顶硐室,配煤机巷及硐室、机头硐室联络巷及相关的煤仓,给煤机硐室,装载输送机巷,机头变电所及电控硐室等以及为了通风、运输、行人、设备安装、抢修、供电等相互联系的巷道组成。

有的矿井只有一个方向来煤卸到一个井底煤仓中,则不需设配煤机巷及硐室。有两个或两个以上方向来煤卸到同一个煤仓中则不需要给煤机巷。两个或两个以上方向来煤卸到两个或两个以上的煤仓中,为了调节来煤的不均衡性,充分发挥井底煤仓的作用,需要增加配煤机巷。

2. 车场的布置方式

按照清理洒煤硐室(或装载硐室)与辅助井底车场的关系,车场可分为全上提式、半上提式和下放式三种方式。

(1)全上堤式:箕斗装载硐室在辅助井底车场水平以上,箕斗洒煤清理硐室与辅助井底车场在同一水平。全上提方式主要解决煤矿箕斗洒煤清理的老大难问题,同时减少了井筒深度,缩短井筒建设工期,相对增加了主井的提升能力。全上提式一般适用于井筒比较深,井筒底部受水威胁,井筒淋水比较大,煤泥水比较多,洒煤清理比较困难的矿井。

(2)半上提式:箕斗装载硐室或装载输送机巷与辅助井底车场同在一个水平,带式输送机的机头硐室等在辅助井底车场水平之上,箕斗洒煤清理硐室仍在辅助井底车场水平以下。半上提式适用于井筒底部受水威胁又不允许全上提的矿井。

(3)全下放式:箕斗装载硐室、装载输送机巷、井底煤仓均在辅助车场水平以下。带式输送机机头硐室等在辅助车场同一水平或基本在一个水平上。全下放式一般适用于井筒下部受水、软岩、构造等影响,井筒淋水比较小,煤泥水不多,洒煤清理不太困难,井筒不是太深,井底车场水平以下煤量比较多,减少井筒深度对矿井建设工期影响不大的矿井。

3. 带式输送机车场与辅助井底车场的联络方式

大巷采用带式输送机的矿井,一般情况下,围绕副井形成辅助运输井底车场硐室,车场巷道比较简单;围绕主井形成带式输送机井底车场及硐室,两个井底车场不可分割,互相联系,组成整个矿井的井底车场。

为了解决带式输送机车场的通风、运输、供电、行人及设备的安装、检修等问题,全上提或半上提式带式输送机车场与辅助井底车场之间一般用斜巷联系,有的用副井井筒联系。全下放式一般用平巷联系。

(1)斜巷联系方式:这是全上提或半上提带式输送机车场与辅助井底车场之间常用的联络方式。为了便于设备的安装、检修和更换,斜巷中一般都铺设轨道,上部安设有提升绞车,在斜巷的适当位置可通装载输送机巷和装载硐室。斜巷的角度一般以不超过 25° 为宜。由于全上提抬高的距离比较大,一般情况下用一条联络斜巷。半上提式由于抬高的距离比较小,根据带式输送机来煤的方向数及其他情况,经分析比较,联络斜巷也可是两条或多条。

(2)副井井筒联络方式:若带式输送机机头抬得比较高,为了节省工程量及考虑人员、设备升降方便,利用副井井筒进行联系。

（3）平巷联络方式：全下放式由于带式输送机的机头硐室和井底车场同在一个水平，很自然地用平巷进行联络。但装载输送机巷、装载硐室仍采用斜巷联络。

四、井底车场设计要求

（1）井底车场富裕通过能力，应大于矿井设计生产能力的30%。当有带式输送机和矿车两种运煤设备向一个井底车场运煤时，矿车运输部分井底车场富裕通过能力，应大于矿车运输部分设计生产能力的30%。

（2）井底车场设计时，应考虑增产的可能性。

（3）尽可能地提高井底车场的机械化水平，简化调车作业，提高井底车场通过能力。

（4）在开拓方案设计阶段，应考虑井底车场的合理形式，特别要注意井筒之间的合理布置，避免井筒间距过小而使井筒和巷道难于维护、地面绞车房布置困难。

（5）应考虑主、副井之间施工时便于贯通。

（6）在初步设计时，井底车场需考虑线路纵断面闭合问题，以免施工图设计时坡度补偿困难。

（7）在确定井筒位置和水平标高时，要注意井底车场巷道和硐室所处位置的围岩情况及岩层的含水情况。井底车场巷道和硐室应选择在稳定坚硬的岩层中，避开较大断层、强含水层、松软岩层和有煤与瓦斯突出煤层。如为不稳定岩层，则井底车场主要巷道应按正交于岩层走向，并且与岩层主节理组的扩展方向呈30°～70°的交角设计。在此情况下，巷道与井筒相接的马头门应布置在较为稳定的岩层内。

（8）井底车场长度较大的直线巷道之间应保持一定的距离，避免相互之间的不利影响。深井中相连接的巷道必须具有不小于45°的交角。

（9）对于大型矿井或高瓦斯矿井，在确定井底车场形式时，应尽量减少交叉点的数量和减小跨度。

（10）井底车场线路布置应结构简单，运行及操作系统安全可靠，管理使用方便，并注意节省工程量，便于施工和维护。

（11）井筒与大巷距离近、入井风量大的矿井，如果有条件应尽量与大巷结合在一起布置井底车场，以便缩短运距、减少调车时间、减少井巷工程。

（12）为了保护井底车场的巷道和硐室，在其所在处范围内应留有煤柱。

第三节　井底车场硐室设计

一、硐室布置原则

（1）符合《煤矿安全规程》及《煤炭工业矿井设计规范》的规定。

（2）硐室的布置一般随井底车场形式的不同而变化。

（3）硐室布置要考虑其用途、地质条件、设备安装尺寸、检修和设备更换等因素。

（4）尽量减少硐室外的工程量。

（5）硐室布置必须满足技术经济合理的要求。

二、主井系统硐室

主井系统硐室有推车机及翻车机硐室、底卸式矿车卸载站硐室、井底煤仓及箕斗带式输送机装载硐室、清理洒煤硐室及水窝泵房等。

上述硐室布置主要取决于地质及水文地质条件。确定井筒位置时,要注意将箕斗装载硐室布置在坚硬稳定的岩层中,大型矿井大巷采用带式输送机运输时,可考虑箕斗装载硐室上提或半上提方式。清理井底洒煤斜巷的出口要尽量布置在主井的重车线侧。

三、副井系统硐室

副井系统硐室有副井井筒与井底车场连接处、主排水泵硐室、主变电所硐室、副井井底换车设备硐室及等候硐室等。主排水泵硐室和主变电所应靠近敷设排水管路的井筒,一般布置在副井井筒与井底连接处附近。水仓入口一般布置在空车线一侧井底车场高程最低点。确定水仓入口时,注意使水仓能装满水。当副井井底较深时,一般采用泄水巷至主井清理井底洒煤斜巷排水。副井井底较浅时,可设水窝泵房单独排水。

四、其他硐室

其他硐室有调度室、急救站、架线电机车库及修理间、蓄电池电机车库及充电硐室、防水闸门硐室、井下爆破材料库、消防材料库、人车站等。其位置应根据线路布置及各自的要求确定。

第四节　井底车场设计实例

本节实例有两个,第一个为晋煤集团的寺河煤矿,该矿采用双斜井开拓形式,大巷采用带式输送机运煤,无轨胶轮车辅助运输,如图 4-1 所示;第二个实例为兖矿集团济三煤矿,该矿井采用立井开拓,运输方式与寺河矿相同,井底车场布置如图 4-2 所示。

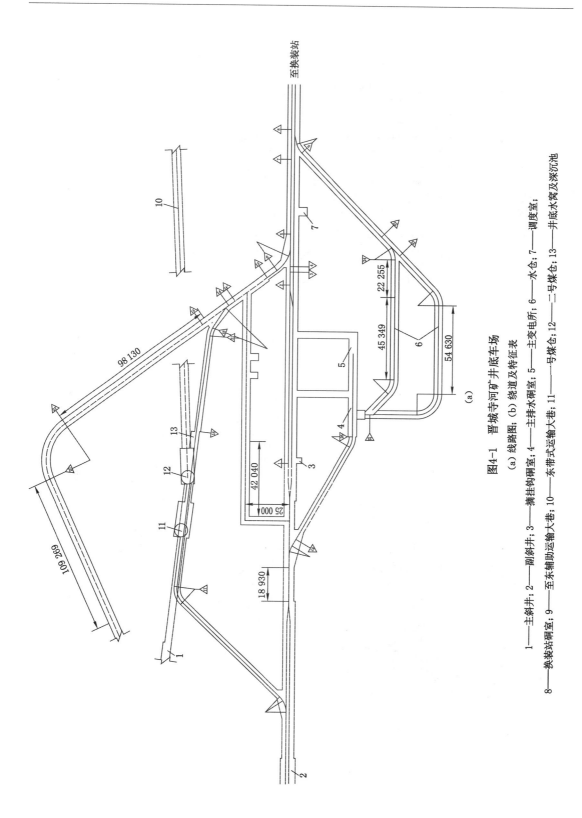

图4-1　晋城寺河矿井底车场
(a) 线路图；(b) 绕道及特征表

1——主斜井；2——副斜井；3——摘挂钩硐室；4——主排水硐室；5——主变电所；6——水仓；7——调度室；
8——换装站硐室；9——至东辅助运输大巷；10——东带式运输大巷；11——一号煤仓；12——二号煤仓；13——井底水窝及深沉池

副井车线线路及坡度

标桩号	距离/m	支护材料	净断面/m²
1-4, 11-14, 15-27, 20-17	402 100	锚喷	17.8
6-13, 16-21	13 900	锚喷	13.90
9-22	127 610	锚喷	10.4
2-3, 10-11	50 380	锚喷	10.4/18.9
27-20	50 380	锚喷	12
10-30-31	22 950	锚喷	22.95
35-36-37	22 950	锚喷	22.95
32-33-34	18 010	锚喷	18.01
49-50-48	17 890	锚喷	17.89
46-47-45	17 890	锚喷	17.89
42-43-44	14 250	锚喷	14.25
31-32, 34-35 43-50, 44-45	21 500	锚喷	21.50
33-36	24 000	锚喷	24.00
38-39	92 260	锚喷	20.60
40-41-42	92 260	锚喷	20.60
39-40	70 000	锚喷	37.60
30-49, 48-46	74 610	锚喷	20.50

井底车场特征表

矿井名称	山西晋城寺河矿
井底车场名称	寺河矿井底车场
矿井设计生产能力	6.0 Mt/a
井底车场通过能力	—
富裕系数	—
主提升容器	带式输送机
辅助提升容器	矿车
井底煤仓容量	—
大巷运输方式	带式输送机
辅助运输方式	无轨胶轮车
列车矿车数（辆）	—
轨距	900 mm

续图4-1　晋城寺河矿井底车场

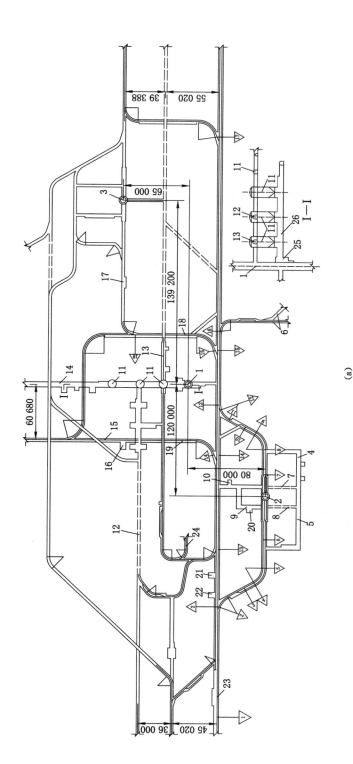

(a)

图4-2　兖州济宁三号井井底车场

(a) 线路图；(b) 特征表

1——主井；2——副井；3——风井；4——主排水硐室；5——主变电所；6——水仓；7——管子道；8——电缆道；9——等候室；10——工具备品保管室；11——无轨胶轮车存放硐室；12——井底煤仓；13——东部带式输送机巷；14——北部带式输送机巷；15——无轨胶轮车存放硐室；16——转向硐室；17——无轨胶轮车检修加油硐室；18——北部材料换装站；19——消防材料库；20——急救站；22——东部无轨胶轮车存放硐室；23——西部材料换装站；24——主井清理撒煤斜巷；25——箕斗装载硐室；26——装载带式输送机巷

副井空车线线路及坡度

标桩号	距离	坡度/‰
1-2	120 108	3
2-3	36 728	4.33
3-4	11 662	7
4-5	20 994	8
5-6	24 394	8
6-7	69 607	
7-8	30 782	6
8-9	20 944	7
9-10	11 394	6
10-11	20 000	0
11-12	16 996	3

辅助大巷线路及坡度

标桩号	距离	坡度/‰
2-13	62 685	7
13-14	101 336	7
14-12	53 366	6.93
12-15	57 434	0
15-16	20 530	0
16-17	198 795	6.72

井底车场特征表

矿井名称		山东兖州济宁三号井
井底车场名称		济宁三号井井底车场
矿井设计生产能力		5.0 Mt/a
计算通过能力		4.796 Mt/a
富裕系数		1.60
开拓方式		立井
提升方式	主井	箕斗
	副井	一对1.5 t双层四车标准罐笼和一个带平衡锤的加宽罐笼
井底煤仓数量、容量及形式		3 000 t（3×D10）
大巷运输	运煤方式	带式输送机
	机车羁重	—
	辅助运输	3 t无轨胶轮车
	列车矿车数	—
	轨距	—
调车方式		—
支护材料		锚喷及料石
工程量（长度/掘进体积）		—
备注		—

(b)

续图4-2 兖州济宁三号井井底车场

第五章 准备方式设计

第一节 准备方式类型

采区的准备方式种类很多,根据煤层的赋存条件,可分为采区式、盘区式与带区式;根据开采方式,可分为上山采(盘)区与下山采(盘)区准备;根据采区上(下)山的布置,可分为单翼采区与双翼采区;按煤层群开采时的联系,可分为单层布置准备与联合准备。如图 5-1所示。

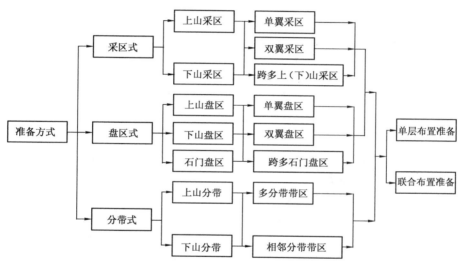

图 5-1 准备方式分类

一、采区式、盘区式与带区式准备方式

除近水平煤层以外,井田一般按一定标高划分成若干个阶段。阶段内可有采区式、分段式及带区式三种准备方式。分段式准备只用于走向尺寸很小的井田;我国大多采用采区式准备,即在阶段内沿走向划分成若干生产系统相互独立的采区;倾角在 12°以下的煤层可采用在大巷两侧直接布置工作面的带区式准备。带区式准备时,可以是相邻两个分带组成一个采准系统,合用一个煤仓,也可由相邻的多个分带组成一个采准系统,开掘为多分带服务的准备巷道。

在近水平煤层中,由于倾角很小,且常有波状起伏,井田很难沿一定走向划分阶段,因而将井田直接划分为盘区(或带区)。盘区内的准备也有其一定特点,可有上(下)山盘区与石门盘区等不同准备方式。

石门盘区准备方式的主要特点是倾角很小时,可以将盘区运输上山改为盘区运输石门,机车直接进入盘区石门进行装车,取消了上山带式输送机运煤的运输环节,简化了生产系统。近水平煤层井田直接划分为带区时,其准备方式与阶段内带区式准备基本相同。

二、上山采(盘)区与下山采(盘)区准备

按开采方式的不同,采区准备方式有上山采(盘)区与下山采(盘)区准备两种方式。

当煤层倾角较小(一般小于 16°)时,可利用开采水平大巷来分别开采上、下山采区。开采水平标高以下的采区称下山采区,采区内布置采区下山准备巷道,采出的煤通过下山运至开采水平;反之称为上山开采。当煤层倾角较大时宜采用下山开采。掘进、运输、通风、排水等困难较大时,一般只开采上山采区。

近水平煤层条件下,大巷布置在井田中部,向两侧发展布置盘区。按煤层倾向,分别划分为上山盘区或下山盘区。

同样,带区式准备时,开采水平可分别开采上山式带区及下山式带区。

三、单翼采区与双翼采区

双翼采区是应用最广泛的一种准备方式。其特点是采区上(下)山布置在采区中部,为采区两翼服务,相对减少了上山及车场的掘进工程量。

当采区受自然条件(如断层)及开采条件(如留有保护地面设施的煤柱)影响,走向长度较短时,可将上(下)山布置在采区一侧边界,此时采区只有一翼,称为单翼采区。上(下)山布置在采区近井田边界方向一侧称前上(下)山单翼采区,反之称后上(下)山单翼采区。采用前上(下)山时,煤炭运输有折返现象,增加了运输工作量。如何选择要根据具体情况来定,如采区一侧边界为保护煤柱,则可将上(下)山布置在煤柱内,以减少煤炭损失。

同样,石门盘区准备时,也有双翼盘区和单翼盘区之分,但更多的是采用双翼盘区。

四、单层准备与联合准备

单层准备即各煤层独立布置自己的准备巷道,生产系统不互相依赖。联合准备即几个煤层组成一个统一的采准系统;准备巷道一般为几个煤层共用,集中成为一个采区。

联合准备又可分为集中上山联合准备和集中平巷联合准备两种基本形式。

集中平巷联合准备方式与厚煤层采用分层同采集中平巷布置方式基本相同,只不过前者是近距离各煤层的集中布置,后者是厚煤层各分层的集中布置。

煤层群相邻分带带区式准备,同样也可有分带单层准备与分带集中斜巷联合准备。

综上所述,准备方式分类如图 5-1 所示。按其不同组合,可有数十种准备方式。

第二节　采区设计的依据及内容

采区是煤矿煤炭开采活动集中的地段,采区布置就是在采区范围之内开掘一系列巷道,建立完整的采掘、运输、通风、供电和排水系统以保证正常的矿井生产。采区布置方式是一个复杂的综合性技术经济问题,一般要通过技术经济多方案比较才能确定。

一、采区设计依据

要做好采区设计,必须有正确的设计指导思想和充分可靠的设计依据。必须贯彻执行《煤炭工业技术政策》《煤矿安全规程》和《煤炭工业矿井设计规范》,以及党和国家对煤炭工业的技术发展方向和政策要求等。

采区是组成矿井生产的基本单位。采区设计被批准后,在采区的施工生产过程中,不能

随意改变。因此,采区设计要为矿井合理集中生产和持续稳产、高产创造条件;尽量简化巷道系统,减少巷道掘进和维护工程量;有利于采用新技术,发展机械化和自动化;使煤炭损失少,安全条件好。采区设计主要依据地质资料、设计资料和邻近矿井或条件类似矿井的生产情况等。

1. 地质资料

地质资料包括采区内可采煤层层数、厚度、倾角、层间距、顶底板岩性及厚度;煤的牌号、煤质及用途,储量及分布规律,煤层对比情况;对开采有一定影响的地质构造、陷落柱和岩浆侵入煤体情况;水文地质特征、煤层顶底板含水性、涌水量;第四系冲积层厚度、含水情况、有无隔水层及隔水性能、含水层同煤系地层的水力联系;煤层露头、风氧化带界线、小窑开采边界、局部可采煤层的分布;瓦斯等级、是否有煤与瓦斯突出危险、自然发火情况及发火期;地形图、煤层底板等高线图、勘探线剖面图、钻孔柱状图、水文地质图;等等。

2. 设计资料

设计资料主要包括矿井年生产能力、技术装备要求、开拓方式及开采计划图、通风方式、运输及回风水平位置、大巷运输方式、防水煤柱图、工业广场和风井煤柱等。

3. 邻近矿井或条件类似矿井的生产情况

主要包括采煤方法,采(盘)区巷道方式,瓦斯涌出量,工作面和采区生产能力及有关经济技术指标,建筑物下、水体下、铁路下的开采方法和有关参数,以及有关矿压测定资料和正在施工的矿井所揭露的地质情况。

改扩建矿井采区设计时更应该详细了解、掌握现有生产采区的上述资料,同时应注意新采区布置与原有生产系统等的适应和协调合理。

二、采区设计的步骤

采区设计一般按照下列步骤进行:

(1)认真学习有关煤矿生产、建设的政策法规,收集有关地质和开采技术的资料,掌握上级管理部门对采区设计的具体规定。

要按照具体条件,因地制宜创造条件提高采、掘、运机械化水平,提高采煤工作面单产;积极推广无煤柱护巷技术及巷旁支护技术,降低掘进率和减少煤炭损失;实现合理集中生产,提高劳动生产率。

(2)明确设计任务,掌握设计依据,根据矿井生产技术发展及生产衔接的需要,明确采区设计中重大问题的设计任务,如采准巷道布置及采煤工艺的改革、采区生产能力的确定等。矿井地质部门应提供采区的地质说明书及附图,并应有分煤层和分等级的储量计算图。必要时设计人员需对储量进行核算。

(3)深入现场,调查研究。根据采区设计所需要解决的问题,确定调查的课题、内容、范围和方法。例如,调查原有采区的部署、巷道布置及生产系统、车场形式等,作为巷道布置方案设计时的借鉴;调查采煤、掘进、运输、提升等的能力,煤仓容量等数据,作为设备选型的参考;搜集巷道掘进、运输、提升、排水、通风和维护等方面的技术经济指标,以便进行不同方案的技术经济比较。也就是充分掌握第一手资料,使设计建立在客观实际的基础上。

(4)研究方案,编制设计。在进行实际调查研究的过程中,首先要注意汇集有关单位对设计的具体要求及设想,根据设计条件提出几个可行方案,广泛征求意见,认真研究、修改和充实设计方案内容,在此基础上集中为两三个较合理的方案,进行技术经济比较,确定出采用的方案,正式编制设计。

（5）审批方案设计。将已完成的方案设计经有关单位会同审查后,交由有关上级部门批准。

（6）进行施工图设计。根据已批准的方案设计,进行各单位工程的施工图设计。

三、采区设计内容

采区设计编制的内容,包括采区设计说明书和采区设计图纸。

1. 采区设计说明书

（1）采区设计说明书应说明采区位置、境界、开采范围及与邻近采区的关系;可采煤层埋藏的最大垂深,有无小煤窑和采空区积水;与邻近采区有无压茬关系;等等。

（2）说明下列情况:

① 采区所采煤层的走向、倾向、倾角及其变化规律,煤层厚度、层数、层间距离、夹矸层厚度及其分布,顶底板岩性及厚度等赋存情况及煤质。

② 瓦斯涌出情况及其变化规律;煤尘爆炸性,煤层自然发火性及其发火期;地温情况;等等。

③ 水文地质:井上、下水文地质条件;含水层、隔水层及发育情况、变化规律;矿井突水情况、静止水位和含水层水位变化;断层导水性;现生产区域最大及正常涌水量,邻近采区周围小煤窑涌水和积水情况。

④ 煤层及其顶底板的物理、力学性质等。

⑤ 对地质资料进行审查的结果,包括资料的可靠性及存在的问题。

（3）确定采区生产能力,计算采区储量(工业储量、可采储量)和高级储量所占的比例,计算采区服务年限并确定同时生产的工作面数目。

（4）确定采区准备方式:区段和工作面划分、开采顺序,采掘工作面安排及其生产系统(包括运煤、运料、通风、供电、排水、压气、充填和灌浆等)的确定。当有几个不同的采区巷道准备方案可供选择时,应该进行技术经济分析比较,择优选用。

（5）选择采煤方法。

（6）进行采区所需机电设备的选型计算,确定所需设备型号及数量,采区信号、通信与照明等。

（7）洒水、掘进供水、压气、充填和灌浆等管道的选择及其布置。

（8）采区风量的计算与分配。

（9）安全技术及组织措施:对预防水、火、瓦斯、煤尘及穿过较大断层等地质复杂地区提出原则意见,指导编制采煤与掘进工作面作业规程,并在施工中采取相应的措施。

（10）计算采区巷道掘进工程量。

（11）编制采区设计的主要技术经济指标:采区走向长度和倾斜长度、区段数目、可采煤层数目及煤层总厚度、煤层倾角、煤的密度、采煤方法、主采煤层顶板管理方法、采区工业储量和可采储量、机械化程度、采区生产能力、采区服务年限、采区采出率和掘进率、巷道总工程量、投产前的工程量。

2. 采区设计图纸

采区设计图纸一般包括地质柱状图、采区井上下对照图、煤层底板等高线图、储量计算图及剖面图等。作为完整采区设计,还必须有以下图纸:

（1）采区巷道布置平面及剖面图（比例为1∶1 000或1∶2 000）。

（2）采区采掘机械配备平面图（比例为1∶1 000或1∶2 000）。

（3）采煤工作面布置图（比例为1∶50或1∶200）。

（4）采区通风系统（最大、最小负压）示意图。

（5）瓦斯抽放系统图（低瓦斯矿井不需要）。

（6）采区管线布置图（包括防尘、洒水、灌浆管路布置等）。

（7）采区轨道运输系统图（比例为1∶1 000或1∶2 000）。

（8）采区供电系统图（比例为1∶1 000或1∶2 000）。

（9）避灾路线图。

（10）采区车场图（比例为1∶200或1∶500）。

（11）采区巷道断面图（比例为1∶50或1∶20）。

（12）采区巷道交叉点图（比例为1∶50或1∶100）。

（13）采区硐室布置图（比例为1∶200）。

前9张图是方案设计附图，后4张是施工图。具体设计时应根据情况适当增删。

采区设计的编制和实施是矿井生产技术管理工作的一项重要内容，一般由矿总工程师负责组织地质、采煤、掘进、通风、安全、机电、劳资、财务等部门共同完成。

四、采区设计程序

采区设计一般是根据矿井设计和矿井改扩建设计以及生产技术要求，由矿主管单位提出设计任务书，报集团公司批准，而后由矿或集团公司的有关部门、单位根据批准的设计任务书进行设计。

采区设计通常分为两个阶段进行，即确定采区主要技术特征的采区方案设计和根据批准的方案设计而进行的采区单项工程施工图设计。

采区方案设计除了需要阐述采区范围、地质条件、煤层赋存状况、采区生产能力、采区储量及服务年限等基本情况外，应着重论证和确定以下问题：采准巷道的布置方式及生产系统、采煤方法选择、采掘工作面的工艺及装备、采区参数、采掘接替及采区年产量、采区机电设备的选型与布置、安全技术措施等。

在进行具体方案设计时，应根据《煤炭工业技术政策》、地质和生产技术条件、设备供应状况，拟定数个技术上可行的方案，然后计算各方案相应的技术经济指标，通过对这些方案进行技术经济比较，选择出技术上可行和经济上合理的方案，为进一步进行采区施工图设计打下基础。

采区施工图设计是在采区方案设计被批准后进行的。在施工图设计中，主要是根据采区方案设计的要求，对某些单项工程，如采区巷道断面，采区上、中、下部车场，巷道交叉点及采区硐室等进行具体的设计，求出有关尺寸、工程量和材料消耗量，绘制出图纸和表格，以便进行施工前的准备工作及施工。

应该指出，采区方案设计和施工图设计是紧密联系的整体和局部的关系。采区方案设计中技术方案要通过单项工程来实现，在进行采区方案设计时应考虑施工图设计的可能性和合理性。施工图设计要以批准方案为依据，体现方案设计的技术要求。必要时，应根据实际情况的变化和施工的具体要求，本着实事求是的精神，进行适当修改，并报上级批准，使设计更加完善、更加符合施工和生产的要求。

第三节　准备巷道布置方案分析

一、采区上山布置

1. 采区上山的位置

(1) 煤层上山

采区上山沿煤层布置,掘进容易、费用低、速度快、联络巷道工程量少。其主要问题是煤层上山受工作面采动影响较大,生产期间上山的维护比较困难,特别是在缺乏先进支护手段的情况下。虽然用加大煤柱尺寸可以改善上山维护,但会增加煤炭损失。因此,一般只在下列条件下考虑布置煤层上山:

① 开采薄或中厚煤层的单一煤层采区,采区服务年限短。

② 开采只有两个分层的单一厚煤层采区,煤层顶底板岩石比较稳固,上山不难维护。

③ 煤层群联合准备的采区,下部有维护条件较好的薄及中厚煤层。

④ 为部分煤层服务的、维护期限不长的专用于通风或运煤的上山。

(2) 岩石上山

对单一厚煤层采区和联合准备采区,为改善维护条件,目前多将上山布置在煤层底板岩石中,其技术经济效果比较显著。岩石上山与煤层上山相比,维护状况好,维护费用低,受采动影响小。

(3) 上山的层位与坡度

联合布置的采区集中上山通常都布置在下部煤层或其底板岩石中,其主要考虑因素是适应煤层下行开采顺序,减少煤柱损失和便于维护。否则,为保护上山巷道,必须在其下部的煤层中留设宽度较大的煤柱,并且距上山愈远的下部煤层中,所要保留的煤柱尺寸愈大。

在下部煤层的底板岩层距涌水量特别大的岩层很近,不能布置巷道时,可将采区上山布置在煤层群的中部。

采区上山的倾角一般与煤层倾角一致。当煤层沿倾斜方向倾角有变化时,为便于使用,应使上山尽可能保持适当的固定坡度。另外在岩石中开掘的上山,有时为了适应带式输送机运煤($\leqslant 15°$)或自溜运输的需要,亦可采取穿层布置。

2. 采区上山数目及布置方式

(1) 采区上山条数

采区上山至少要有两条,即一条运输上山,一条轨道上山。随着生产的需要或地质条件的变化可根据需要增加上山数目。

(2) 采区上山布置方式

按采区上山在煤层或岩石中的布置情况及数目,上山布置方式见表5-1。

(3) 采区上山的相互位置关系

采区上山之间在层面上需要保持一定的距离。当采用两条岩石上山布置时,其间距一般取 $20\sim25$ m。采用三条岩石上山布置时,其间距可缩小到 $10\sim15$ m。上山间距过大,使上山间联络巷长度增大,若是煤层上山,还要相应地增大煤柱宽度。若上山间距过小,则不利于保证施工质量和上山维护,也不便于利用上山间的联络巷作采区机电硐室,使中部车场的布置也会遇到困难。

表 5-1　　　　　　　　　　　　　　　　上山布置方式

布置方式	图示	适用条件
两条岩石上山	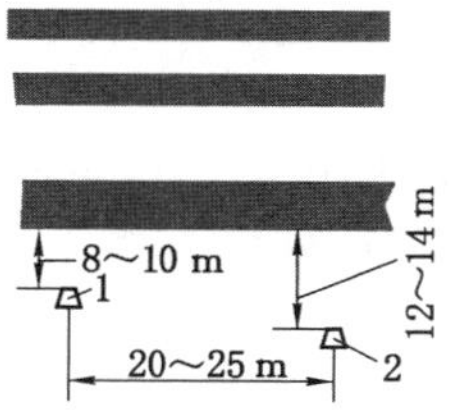	煤层群最下一层为厚煤层或开采单一厚煤层的采区
一煤一岩上山	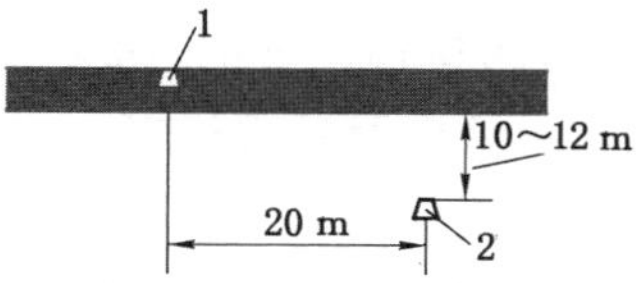	煤层群最下一层为维护条件较好的薄及中厚煤层或产量不大、服务年限不长的采区
两条煤层上山	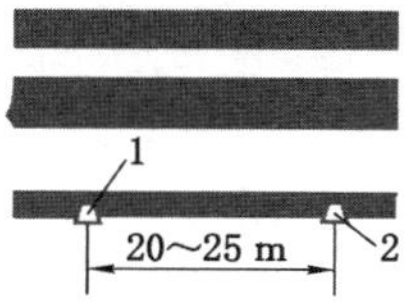	单一薄及中厚煤层,煤层群最下一层为薄煤层或产量不大、服务年限不长的采区
一煤二岩上山	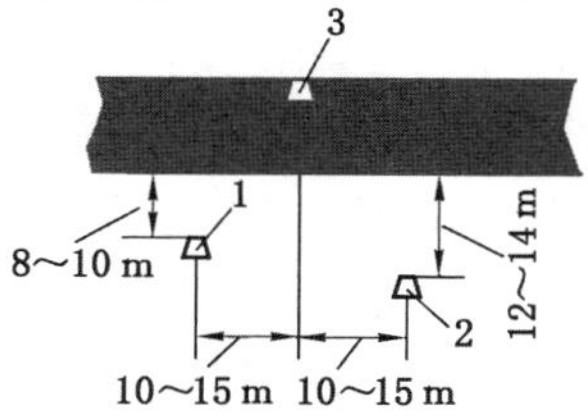	地质构造和煤层情况需进一步弄清或需在煤层中布置一条通风行人上山为两条岩石上山导向的采区
三条岩石上山	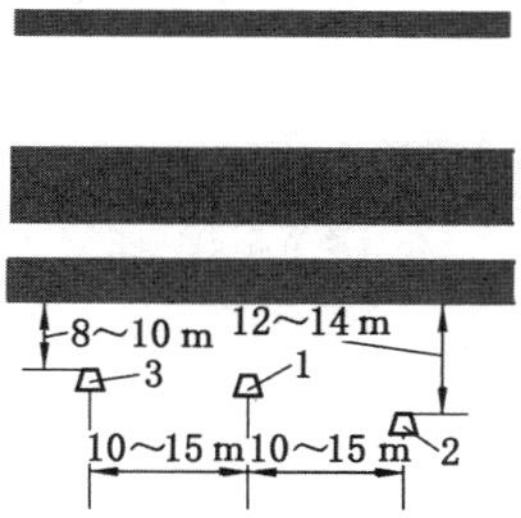	联合的煤层层数较多,厚度大,产量大,储量丰富,服务年限长,瓦斯涌出量大,通风复杂的采区
图注	1——轨道上山;2——运输上山;3——通风、行人上山	

采区上山之间在立面上的相互位置,可以在同一层位上,也可使两条上山之间在层位上保持一定高差。为便于运煤,可把运输上山设在比轨道上山层位低 3～5 m 处;如果采区涌水量较大,为使运输上山不流水,同时也便于布置中部车场,可将轨道上山布置在低于运输上山层位的位置;若适于布置上山的稳固岩层厚度小,使两条上山保持一定高差就会造成其中的一条处于软弱破碎的岩层中,则需采用在同一层位布置上山方式;当两条上山都布置在同一煤层中,而煤层倾角又大于上山断面坡度时,一般将轨道上山沿煤层顶板、运输上山沿煤层底板布置,以便于处理区段平巷与上山的交叉关系。

（4）设置采区边界上山

有的双翼采区除在中部设置一组上山外,还在采区两翼的边界设置1~2条边界上山。设置采区边界上山的主要作用是:

① 当采区瓦斯涌出量大,采煤工作面采用Z形、Y形等通风方式时,两翼各需设一条边界回风上山。

② 当采用往复式开采又无条件应用沿空留巷时,则可采用区段有煤柱护巷的往复式开采,这种情况下一般要求在采区一翼开掘两条上山,工程量较大。

3. 采区上(下)山运输

采区运输上(下)山是为采区内工作面出煤服务的。其设备的生产能力应大于同时生产的工作面生产能力总和。在设计选择采区上(下)山的运输设备时,机采按工作面的设备能力计算,炮采按采区日产量乘以1.5的运输不均衡系数以及每班运煤时间为5~6 h计算。

开采缓倾斜及倾斜煤层的矿井,其上(下)山的运输设备应根据采区运输量、上(下)山角度及运输设备的性能,选用带式输送机(常用吊挂式)、刮板输送机、自溜运输、绞车或无极绳运输。

二、煤层群区段集中平巷及层间联络巷布置方式

1. 机轨分煤岩布置

这种布置方式是将运输集中平巷布置在煤层底板岩石内,轨道集中平巷布置在煤层内,如图5-2所示。这种方式比双岩巷布置少掘一条岩石平巷,掘进速度较快,可缩短区段准备时间。轨道集中平巷沿煤层超前掘进,可以探明煤层的变化情况,为掘进岩石运输集中平巷时取直、定向创造了条件,在下区段投产时,还可以利用轨道集中平巷回风,便于上、下区段同时回采。设置轨道集中平巷后,各煤层区段平巷超前掘进以及回采期间运送材料设备都比较方便。在煤层顶板含水较大的情况下,轨道集中平巷还可作为泄水巷,不影响煤的运输。轨道集中平巷布置在煤层中,易受采动影响,维护比较困难,因此,可将其布置在围岩较好的薄及中厚煤层中。

图5-2 机轨分煤岩布置

1——运输上山;2——轨道上山;3——岩石运输集中平巷;4——煤层轨道集中平巷;5——层间运输联络石门(斜巷);6——层间轨道联络石门(斜巷);7——上区段上煤层超前运输平巷;8——下区段上煤层超前回风平巷;9——层间溜煤眼;10——区段轨道石门(斜巷);11——区段溜煤眼;12——中部车场

区段集中巷与超前平巷间的联系方式,根据煤层倾角的大小有石门、斜巷和立眼三种。若煤层倾角比较大,常用石门联系;斜巷适于煤层倾角较小,用石门联系过长的条件时,斜巷倾角一般为20°~25°。

2. 机轨合一巷布置

这种布置方式是将带式输送机运输和轨道运输集中在一条断面较大的岩石巷道内,如图5-3所示。

机轨合一巷布置减少了一条巷道和一部分联系巷道,掘进和维护工作量较少;巷道选在

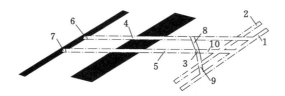

图 5-3 机轨合一岩巷布置

1——运输上山；2——轨道上山；3——岩石运输集中平巷；4——层间运输联络石门；

5——层间轨道联络石门；6——上区段上煤层超前运输平巷；7——下区段上煤层超前回风平巷；

8——层间溜煤眼；9——区段溜煤眼；10——中部车场

适宜的位置，可以免受采动影响，节省维护费用；设备集中布置在一条巷道中，可以充分利用巷道断面；带式输送机的安装和拆卸可以利用同一巷道中的轨道运输，比较方便。但机轨合一巷的跨度和断面大，一般净断面面积为 9 m^2 左右或以上，没有煤巷定向，巷道掘进层位不好控制，因此施工相对比较困难，进度较慢；当上、下区段需要同时回采时，通风问题较难解决；机轨合一巷与采区上山的连接处，以及与通往煤层超前平巷的联络巷道连接处，有输送机和轨道交叉的问题。

3. 机轨双煤巷布置

这种方式是将运输集中平巷和轨道集中平巷都布置在煤层中，如图 5-4 所示。机轨双煤巷布置，岩石工程量小、巷道掘进容易、速度快、费用低，可以缩短采区准备时间。同时，双巷布置有利于上、下区段同时回采，扩大采区生产能力。但在煤层内布置集中平巷，受采动影响大，特别是煤层（或分层）数目多，间距又较小时，集中平巷将受多次采动影响，加上集中平巷的服务期较长，维护工程大，严重时会影响生产。在联合布置的采区内，靠最下部有围岩较好的薄及中厚煤层，可以考虑采用双煤巷布量。

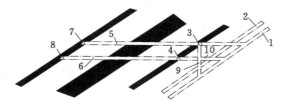

图 5-4 机轨双煤巷布置

1——运输上山；2——轨道上山；3——煤层运输集中平巷；4——煤层轨道集中平巷；

5——层间运输联络石门；6——层间轨道联络石门；7——上区段上煤层超前运输平巷；

8——下区段上煤层超前回风平巷；9——区段溜煤眼；10——中部车场

第四节 采区主要参数

一、采区倾斜长度

采区沿倾斜划分成若干区段进行回采，划分区段时要合理地确定区段斜长和区段数目。区段内安排一个走向长壁工作面，区段斜长等于一个采煤工作面长度加上、下区段平巷宽度和护巷煤柱的宽度。一般地，工作面长度取 10 m 的整数倍。在我国目前开采技术条件下，综采工作面的长度不宜小于 160 m；普通机械化采煤工作面长度对于中厚及以上煤层不宜小于 140 m，薄煤层时不宜小于 120 m；炮采工作面长度可取 80～120 m。受断层切割影响时，可适当加长或缩短工作面长度。

实际上，工作面长度和区段斜长在不同区段常常不是一固定数值。当遇到煤层倾角从某部分开始有较大的变化，或遇到有落差较大的走向断层时，区段划分应考虑以地质变化或地质构造作为区段边界，以免影响工作面的正常生产。我国矿井实际的采区倾斜长度多为 600～1 000 m，近水平煤层盘区的倾斜长度较大，可达 1 500 m 左右。

二、采区走向长度

1. 地质因素

煤层的地质因素，如断层、褶曲以及煤层倾角或厚度的急剧变化等，对采区走向长度有重要影响。工作面通过这些地带，既困难又不安全。对于落差较大的断层，不仅工作面无法通过，而且还要留有一定尺寸的保护煤柱，因此可利用这些地带作为采区边界，以减少回采工作的困难及煤柱的损失。地质构造对采区走向长度往往起决定性的作用。

当由于构造、留设保护煤柱等原因，采区走向长度较短时，为了保持工作面有一定的连续推进长度，可在采区一侧布置上山，成为单翼采区。

2. 技术因素

技术上的因素主要考虑区段巷道的运输、掘进和供电等问题。

以往，区段平巷铺设刮板输送机，采区走向长度受串联输送机台数的限制，一般为 800～1 000 m，一翼约为 500 m。随着带式输送机的改进和广泛应用，区段平巷多铺设带式输送机，由于一台带式输送机长度可达 500～1 000 m，所以采区走向长度每翼可以达到 500～1 000 m，双翼采区的走向长度可达 1 000～2 000 m。

区段平巷采用单巷掘进时，受掘进通风影响，采区一翼长度不宜超过 1 000 m。

采区变电所通常设置在采区上（下）山附近，因此确定采区走向长度时，必须考虑供电线路的长短。采区走向长度太大，将使供电距离增加，电压降加大，会影响到工作面机电设备的启动。当供电电压为 660 V 时，采区一翼走向长度可达 700 m。

综合机械化开采时，为适应加大工作面推进方向长度的要求，平巷内设置可伸缩带式输送机，供电采用移动变电站，采区一翼长度不宜小于 1 000 m，有条件时可达到 2 000 m 以上。

3. 经济因素

在经济上，采区走向长度的变化将引起掘进费、维护费和运输费的变化。采区上（下）山、采区车场、硐室的掘进费和相应的机电设备安装费将随采区走向长度的增大而减少；区段平巷的维护费用和运输费将随采区走向长度的增加而增大；而区段平巷的掘进费则与采区走向长度的变化无关。因此，在客观上必然存在着一个在经济上合理的采区走向长度。

目前，根据我国现场的实际情况及缓倾斜、倾斜煤层采区走向长度，双翼采区一般不宜小 1 000～1 500 m；采区综合机械化采煤的采区一翼走向长度不宜小于 1 000 m。

近年来，由于综合机械化采煤速度加快，采区生产能力逐渐增加，相应要求增大采区走向长度，扩大采区储量，以保证必要的采区服务年限。

合理的采区走向长度，不但要求在技术上切实可行，而且要在经济上合理，使吨煤费用降低。为此，可以通过与采区走向长度有关的巷道掘进、维护、运输等费用的计算，选取经济上费用最低的采区走向长度。

可以采用数学分析法计算采区在经济上合理的走向长度,下面以图 5-5 所示的单一煤层采区为例加以说明。设采区走向长度为 $x(\mathrm{m})$,斜长 $h(\mathrm{m})$,煤层生产率 $P(\mathrm{t}/\mathrm{m}^2)$,采区采出率 C,则采区可采储量为 $x \cdot h \cdot P \cdot C$。

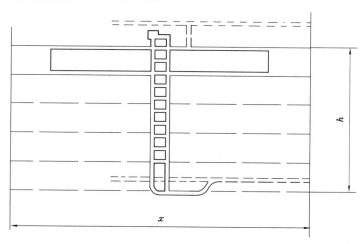

图 5-5　采区走向长度计算示意图

随着 x 增加而减少的费用有:

① 采区石门、上山、车场、硐室等的掘进费及其设备安装费 $\sum K_j$。

② 采煤工作面搬移费用,包括开切眼掘进费和设备拆装费,每个工作面为 K_h,全采区为 $\sum K_h$。

随着 x 增加而增加的费用有:

① 区段平巷的维护费用,按每一翼一条区段平巷的维护长度 $\frac{x}{2}$、平均维护时间 $\frac{1}{2} \cdot \frac{x}{2v}$、维护费单价 w 相乘计算:

在掘进期间为 $2 \cdot \frac{x}{2} \cdot \frac{x}{4v_1} \cdot w_1$($v_1$ 为巷道掘进速度,m/a)。

在回采期间为 $2 \cdot \frac{x}{2} \cdot \frac{x}{4v_2} \cdot w_2$($v_2$ 为工作面推进速度,m/a)。

整个采区的区段平巷维护费用为 $\sum \frac{w_1}{4v_1}x^2 + \sum \frac{w_2}{4v_2}x^2$。

② 区段平巷的运输费用,按每翼的平均运输距离 $\frac{1}{2} \cdot \frac{x}{2}$ 乘以采区可采储量和运输费单价 Y(Y 为运输单价中与运距无关的部分)计算为 $\frac{x}{4} \cdot x \cdot h \cdot P \cdot C \cdot Y$。

则与 x 有关的总费用为:

$$\sum K_j + \sum K_h + \frac{1}{4}\sum \frac{w_1}{v_1} \cdot x^2 + \frac{1}{4}\sum \frac{w_2}{v_2} \cdot x^2 + \frac{1}{4} \cdot h \cdot P \cdot C \cdot Y \cdot x^2 \quad (5\text{-}1)$$

分摊到每一吨煤的费用则为:

$$f(x) = \frac{\sum K_j + \sum K_h}{x \cdot h \cdot P \cdot C} + \frac{x}{4h \cdot P \cdot C}\left(\sum \frac{w_1}{v} + \sum \frac{w_2}{v_2}\right) + \frac{x}{4} \cdot Y \qquad (5-2)$$

令 $f'(x) = 0$，即可求得使吨煤费用最小的 x 值，令其为 x_0，则：

$$x_0 = \sqrt{\frac{4\left(\sum K_j + \sum K_h\right)}{\sum \frac{w_1}{v_1} + \sum \frac{w_2}{v_2} + h \cdot P \cdot C \cdot Y}} = 2 \times \sqrt{\frac{\sum K_j + \sum K_h}{\sum \frac{w_1}{v_1} + \sum \frac{w_2}{v_2} + h \cdot P \cdot C \cdot Y}}$$

$$(5-3)$$

上述公式是从吨煤费用最低的观点出发的,反映了采区走向长度与各项费用之间的关系。应该指出,采用的方案不同,计算的内容也就不同。例如,当采用区段岩石集中巷时,巷道维护费计算中的维护长度和时间就会不同。因此,首先应研究提出合理的巷道布置方案;其次,对同一方案只需计算主要的费用,没有必要罗列各项有关费用,因此决定计算哪些项目也很重要,比如上述公式没有计算采区的辅助运输费用和通风费用,如果计算就要改变公式内的项目。由于某些参数(如费用单价)与采区走向长度有关,而寻求其确切关系又很困难,于是只能取近似值,或取近似条件的生产采区统计分析资料,对设计采区不一定完全合适。因此,计算出的 x_0 值,不能作为一个点对待,应该当作一个合理的范围使用。

对地质构造复杂的矿井,采区划分受地质条件的限制较大,例如有落差较大的断层,煤层倾角沿走向变化很大时,常依据此确定采区走向长度。

三、采区生产能力

计算采区生产能力的基础是采煤工作面生产能力。采煤工作面的产量取决于煤层厚度、工作面长度及推进度。

1. 采煤工作面生产能力

一个采煤工作面生产能力 A_0 为：

$$A_0 = L \cdot v_0 \cdot m \cdot \gamma \cdot C_0 \qquad (5-4)$$

式中　L——采煤工作面长度,m;

　　　v_0——工作面年推进度,m/a;

　　　m——工作面采高(放顶煤工作面包括顶煤厚度),m;

　　　γ——煤的密度,t/m³;

　　　C_0——工作面采出率。

采煤工作面的年推进度,综采工作面一般可达 1 000 ~ 1 200 m/a;普采工作面 ≥ 700 m/a;炮采工作面 420 ~ 540 m/a。

2. 采区生产能力

采区的生产能力与采区内同采工作面的个数有关。采区中同时生产的工作面个数一般为 1~2 个。综采时宜为一个,普采时宜为两个,炮采时可达 2~3 个。

采区生产能力 A_B 为：

$$A_B = k_1 \cdot k_2 \cdot \sum_{i=1}^{n} A_i \qquad (5-5)$$

式中　n——同时生产的工作面数,个;

　　　k_1——掘进出煤系数,一般取 1.1;

　　　k_2——工作面之间出煤系数,$n=1$ 或 2 时可取 0.95,$n=3$ 时可取 0.9。

3. 采区生产能力的验算

对 A_B 需按各环节通过能力进行验算。A_B 应由必要的采区上（下）山运输设备生产能力来保证,即:

$$A_B \leqslant \frac{T \eta_0}{K} A_n \cdot 300 \tag{5-6}$$

式中　A_n——设备能力,t/h;

　　　K——产量不均衡系数,可取 1.2～1.3;

　　　T——日工作（出煤）时间,h;

　　　η_0——运输设备正常工作系数,可取 0.7～0.9。

A_B 还应满足采区通风能力、风量和风速限制的要求,即:

$$A_B \leqslant \frac{300 \cdot 24 \cdot 60 \cdot v \cdot S}{c \cdot c_1} A_n \tag{5-7}$$

式中　S——巷道净断面,m²;

　　　v——巷道内允许的最大风速,m/s;

　　　c——产煤 1 t 需供风,m³/min;

　　　c_1——风量备用系数（产量及瓦斯涌出的不均衡性）。

采区车场的通过能力,一般不会限制采区生产能力。

四、采区采出率及采区煤柱尺寸

1. 采区采出率

采区（煤炭）采出率是指采区储量中所能采出的储量占采区含煤量的比重。

采区开采过程中的煤炭损失主要有:工作面落煤损失,约占 3％～7％（厚煤层留煤皮或放顶煤开采时另行计算）;采区区段煤柱、上（下）山煤柱、采区隔离煤柱等各项煤柱损失（根据煤柱尺寸不同及考虑煤柱的回收状况分别加以计算）。

为了提高采出率,在采区巷道布置中,应力求减少煤柱损失。首先是合理确定煤柱尺寸或采取措施取消区段煤柱或上（下）山煤柱;其次是在必须留设煤柱时,尽量提高煤柱的采出率;再就是适当加大采区尺寸,相对减小采区隔离煤柱及上（下）山煤柱损失所占的比例。

2. 采区煤柱尺寸

采区煤柱尺寸与煤柱承受的矿山压力大小和煤体本身的强度有关。煤柱所受的矿山压力愈大,采区煤柱的尺寸就应该愈大;反之,采区煤柱尺寸应该减小。

上（下）山开掘在煤层底板岩石中,只要有一定的岩柱厚度,其上部煤层就不必留保护煤柱。如在煤层中开掘时,对薄及中厚煤层,上山一侧或两上山之间留设煤柱宽度 20 m 左右,对厚煤层采区上山一侧,留设煤柱宽 30～40 m,两上山间留煤柱宽 20～25 m。

在区段运输平巷和轨道平巷之间留设区段煤柱,对于一般煤质和围岩条件的近水平、缓倾斜及倾斜煤层,薄及中厚煤层不小于 8～15 m,厚煤层不小于 15～20 m。

采区边界煤柱的作用是:将两个相邻采区隔开,防止万一发生火灾、水害和瓦斯涌出时相互蔓延;避免从采空区大量漏风,影响生产采区的风量。采区边界煤柱一般宽 10 m 左右。

断层煤柱的尺寸大小取决于断层的断距、性质、含水情况,落差很大断层,断层一侧的煤柱宽度不小于 30 m;落差较大的断层,断层一侧煤柱宽度一般为 10～15 m;落差较小的煤层通常可以不留设断层煤柱。

第六章　准备方式方案选择示例

第一节　采区巷道布置方案选择示例

一、采区概况

1. 采区位置

设计采区位于某矿一水平右翼,东以矿井边界为界,西与七采区相邻,南以±0 m 等高线为界,走向平均长度 1 230 m,采区平均倾斜长 560 m(北＋107 m 以上为煤层风化带),采区面积为 688 800 m²,如图 6-1 所示。

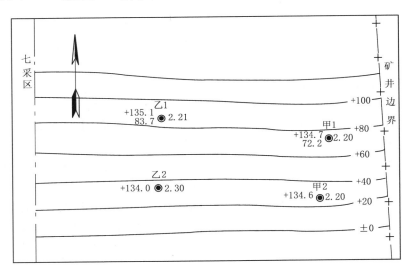

图 6-1　采区境界 m₁ 煤层底板等高线图

采区内有 m₁、m₂ 两层可采煤层,煤层赋存稳定,煤层平均倾角 11°,东部边界附近的煤层倾角略有变化。

2. 采区内地质构造

本采区根据勘探和邻近采区揭露的资料看,构造尚属简单。

3. 煤层要素及顶底板特征

m₁ 煤层:平均厚度 2.21 m,煤的密度为 1.42 t/m³,为稳定煤层,含有 0.1 m 夹矸,煤质中硬,节理较为发育,低瓦斯。

m₂ 煤层:平均厚度 2.0 m,煤的密度为 1.43 t/m³,为稳定煤层,结构简单,煤质中硬,节理发育,低瓦斯。m₁ 煤层距 m₂ 煤层 8 m。

m₁ 煤层伪顶厚 0.1 m,为泥岩;直接顶厚 4 m,为砂质泥岩;基本顶为中粒砂岩,底板为粉砂岩,底板上有 0.3 m 厚泥质页岩,较松软。

m₂ 煤层伪顶厚 0.4 m,为泥页岩,底板为细砂岩或粉砂岩,无突水危险。

4．采区储量

采区地质储量为 571.6 万 t,可采储量为 408.3 万 t。

5．采煤方法及采区生产能力

根据煤层赋存条件,在 m₁ 及 m₂ 煤层中要用走向长壁普通机械化采煤法回采。采区日产量 1 607 t,月产 4.82 万 t,服务年限为 7.7 a。

二、采区巷道布置方案设计

1．采区形式

采用普通机械化采煤法的采区,要求有一最小的走向长度,采区上部走向长度 1 200 m,下部走向长度 1 250 m,平均走向长度 1 230 m,采用双翼采区布置,每翼走向长度 600 m,已满足高档普采工作面走向长度的要求,故采区形式采用双翼采区布置形式。

2．采区上山及设计方案

根据采区煤层赋存稳定、采区地质构造简单的条件,采区上山可以提出三种布置方案。

方案一:采区上山联合布置,在距 m₂ 煤层 12 m 的底板岩层中布置两条上山,上山位于采区走向中央,通过石门与煤层联系。两条上山相距 20 m。

方案二:采区上山联合布置,在 m₂ 煤层中布置两条上山,间距 20 m,上山位于采区走向中央。

方案三:采区上山联合布置,其中一条布置在采区中央的 m₂ 煤层中,另一条布置在 m₂ 煤层底板岩层,距 m₂ 煤层 10 m。煤层上山为输送机上山,岩层上山为轨道上山。

3．区 段 巷 道

因 m₁ 及 m₂ 煤层均为中厚煤层,可一次采全高,根据本采区煤层的条件,决定采用留 2 m 小煤柱的沿空掘巷,区段巷道单巷布置方式。

4．联络巷道

由于本采区采用上山联合布置,在联络巷道的布置上,采用区段石门-溜煤眼结合的联系方式。第一方案中的溜煤眼分煤层设置,即 m₁、m₂ 煤层均在本煤层的区段运煤平巷中设溜煤眼与采区运输上山联系。第二、三方案中输送机上山均布置在煤层中,故仅 m₁ 煤层区段运输平巷用溜煤眼与运输上山联系。各方案的轨道上山均采用石门与煤层区段轨道平巷相联系。

各方案采区巷道布置图如图 6-2、图 6-3、图 6-4 所示。

三、采区设计方案比较

根据已提出的方案及方案比较的原则,三个方案中相同的部分可不参加比较,故区段巷道布置方案不参加比较,仅就采区上山及联络巷道进行比较。方案的技术比较见表 6-1。由比较可看出,方案三实际为方案一与方案二结合的结果,较方案一与方案二并无明显的特点,故该方案不参加经济比较。通过经济技术比较可以得出,方案二相对较省(初期投资少 3.2%,总投资少 5.8%左右),工程量小,施工容易,投产期短,沿煤层布置上山有利于进一步探查煤层赋存情况。故选用方案二。

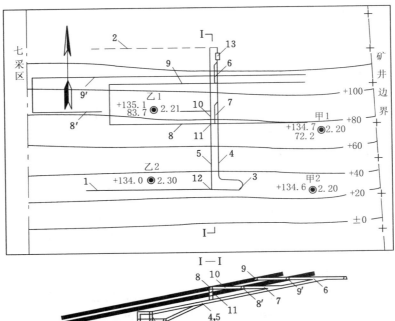

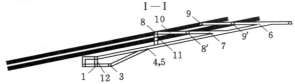

图 6-2　方案一采区巷道布置图

1——运输大巷；2——回风大巷；3——采区下部车场；4——采区轨道上山；5——采区运输上山；

6——采区上部车场；7——采区中部车场；8,8'——m₁、m₂煤层区段运输平巷；

9,9'——m₁、m₂煤层区段回风平巷；10——联络巷；11——区段溜煤眼；12——采区煤仓；13——采区绞车房

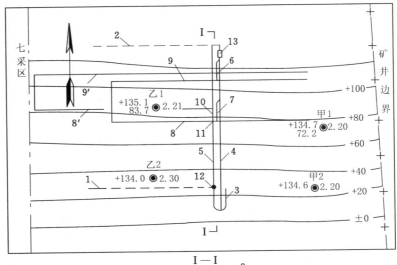

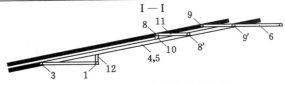

图 6-3　方案二采区巷道布置图

（巷道标注与图 6-2 相同）

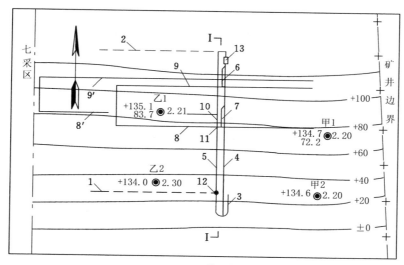

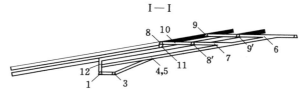

图 6-4　方案三采区巷道布置图

（巷道标注与图 6-2 相同）

表 6-1 采区方案技术比较表

项　　目	方案一：双岩上山	方案二：双煤上山	方案三：一煤一岩上山
1. 掘进工程量	工程量大。因两上山均在岩层中，故要多掘进 252 m 石门和 60 m 溜煤眼	工程量小	工程量较大，比第二方案多掘 170 m 石门
2. 工程难度	困难。一是岩巷施工；二是巷道连接复杂	较容易	困难
3. 通风距离	长。每区段要增加 130 m 的通风距离	短	较长。每区段增加 60 m 的通风距离
4. 管理环节	管理环节多。一是溜煤眼多；二是漏风地点多	少	多（同方案一）
5. 巷道维护	维护工程量少，维护费用低	煤层上山，梯形金属支架受采动影响大，维护工程量大，维护费用高	第一条煤层上山，维护工程量较大，费用较高
6. 支架回收	无法回收	可以回收，70% 可以复用	煤层上山支架可以回收复用
7. 工程期	岩石上山掘进速度慢，约需 14 个月才能投产	煤层上山掘进快，约 10 个月可投产	同方案一

第二节　盘区巷道布置方案选择示例

一、盘区概况

某盘区走向长度为 1 200 m,倾斜长度为 600 m,面积为 0.72 km²。盘区内主要可采煤层有 3 层,分别为 3#、5# 和 7# 煤层,倾角为 6°,煤层为单斜构造,赋存稳定,煤层特征见表 6-2。盘区内地质构造较简单,未发现较大的地质破坏,水文地质条件简单,矿井为低瓦斯矿井,煤层有自然发火危险,煤尘有爆炸危险。

表 6-2　　　　　　　　　　　煤层特征表

煤层编号	煤层厚度/m	稳定程度	顶板岩石性质	底板岩石性质	煤层间距/m
3#	1.8	稳定	泥岩、泥质页岩	砂页岩	8
5#	2.0	稳定	砂页岩	泥岩、粉砂岩	12
7#	2.2	稳定	粉砂岩	泥质页岩	

盘区工业储量 648 万 t,可采储量为 564.3 万 t,生产能力为 60 万 t/a,服务年限为 9.4 a。

二、盘区巷道布置方案

根据盘区的地质和煤层赋存条件,可提出走向长壁采煤法和倾斜长壁采煤法两种采准巷道布置方案,即上山盘区巷道布置与石门盘区巷道布置。

由于盘区内 3#、5# 和 7# 煤层间距较小,故将盘区巷道进行联合布置。盘区走向长度为 1 200 m,双翼开采。倾斜长度为 600 m,划分为 4 个区段。

1. 方案一:上山盘区巷道布置

盘区巷道布置的特点是水平运输大巷布置在 7# 煤层底板岩石中,距煤层底板 20 m;盘区上山沿煤层布置,盘区运输上山布置在 7# 煤层,轨道上山分别布置在 3#、5# 和 7# 煤层中作回风、运料用,区段煤层平巷为双巷布置,上、下区段工作面实行对拉布置但不同采,盘区运输上山与区段运输平巷以溜煤眼和斜巷相联系,与运输大巷用盘区煤仓和进风行人斜巷相联系。运输大巷与盘区轨道上山之间开掘一条盘区材料斜巷,供辅助运输用。盘区轨道上山与总回风巷直接相连,如图 6-5 所示。各生产系统如下:

① 运煤系统:自采采工作面采出的煤炭,由 3# 煤层区段运输平巷 10,经溜煤眼 9,到运输上山 8,运至盘区煤仓 6,在运输大巷装车外运。

② 通风系统:由岩石运输大巷 1 来的新鲜风流,经盘区运输上山 8 进入区段进风行人斜巷 11,再经区段运输平巷 10 冲洗工作面。由工作面出来的乏风,由区段轨道平巷 12 经盘区轨道上山 7,通过总回风巷排出地面。

盘区内掘进工作面所需的风流,由局部通风机供给。

盘区材料斜巷绞车房直接由盘区材料斜巷供给少量新风,经调节风门排至总回风巷。

2. 方案二:石门盘区巷道布置

盘区巷道布置的特点是:水平运输大巷仍布置在沿煤层底板岩石中,距煤层底板 20 m。在盘区中部沿 7# 煤层底板岩石布置石门(按 3‰～5‰ 坡度掘进),为了便于煤的运输,在盘区石门内布置两个溜煤眼。盘区轨道上山分别沿 3#、5# 和 7# 煤层布置,用作盘区运料和回

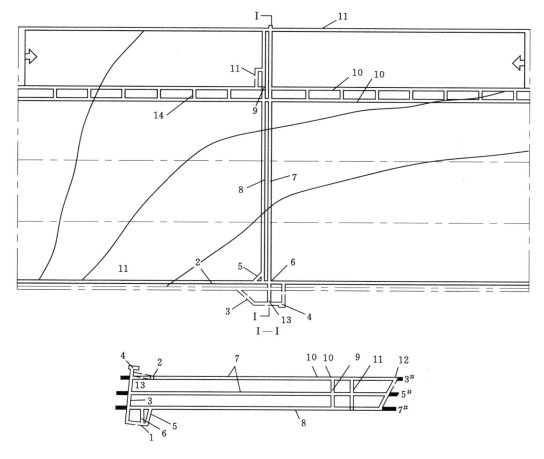

图 6-5　上山盘区巷道布置方案图

1——岩石运输大巷；2——总回风巷；3——材料斜巷；4——材料斜巷绞车房；5——进风行人斜巷；
6——盘区煤仓；7——盘区轨道上山；8——盘区运输上山；9——溜煤眼；10——区段运输平巷；
11——区段进风行人斜巷；12——区段轨道平巷；13——无极绳绞车房；14——横贯

风。区段平巷布置同前述上山盘区。盘区石门与区段运输平巷以溜煤眼和进风行人斜巷连通。盘区石门与盘区轨道上山以盘区石门尽头回风斜巷联系。水平大巷与盘区轨道上山之间开拓一条盘区材料斜巷，用于材料、设备运输。盘区轨道上山与总回风巷直接相连，以利盘区进行回风，如图 6-6 所示。

① 运煤系统：采煤工作面的煤→区段运输平巷 7→煤仓 9→盘区石门 4→装车外运。

② 通风系统：新鲜风流由岩石运输大巷 1→盘区石门 4→进风行人斜巷 8→区段运输平巷 7，冲洗采煤工作面；其乏风经区段轨道平巷 6→轨道上山 5→总回风巷 2→排出地面。

掘进工作面、绞车房的通风方式同方案一。

③ 运料系统：运输大巷 1→材料斜巷 3→轨道上山 5→区段轨道平巷 6→采煤工作面。

3. 方案三：倾斜长壁巷道布置方案

盘区巷道布置的特点是：水平运输大巷仍布置在 7# 煤层底板岩石中，距煤层底板 20 m。总回风巷布置在 3# 煤层中。分带煤层斜巷仍为双巷布置，由运输大巷沿煤层倾斜掘进，分带

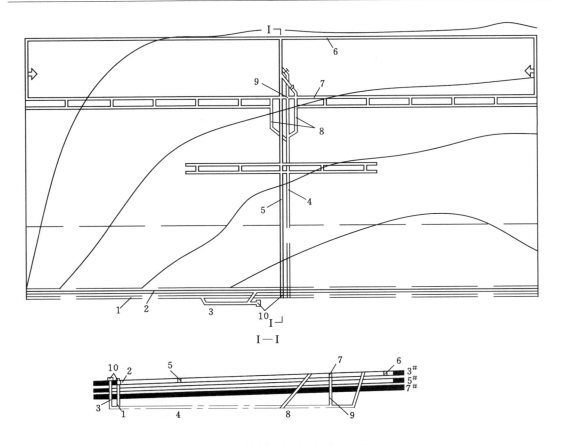

图 6-6　石门盘区巷道布置方案图

1——岩石运输大巷；2——总回风巷；3——材料斜巷；4——盘区石门；5——轨道上山；
6——区段轨道平巷；7——区段运输平巷；8——进风行人斜巷；9——煤仓；10——绞车房

运输斜巷通过煤仓和进风斜巷与运输大巷相连,条带轨道斜巷直接(或通过联络巷)与总回风巷相通。运输大巷与总回风巷之间开掘一条材料斜巷,用于辅助运输,如图 6-7 所示。

① 运煤系统:采煤工作面的煤→分带运输斜巷 6→煤仓,由大巷装车外运。

② 通风系统:新鲜风流由岩石运输大巷 1→进风行人斜巷 4→分带运输斜巷 6,冲洗采煤工作面;其乏风经分带轨道斜巷 7→总回风巷 2,排出地面。

掘进工作面、绞车房的通风方式同方案一。

③ 运料系统:运输大巷 1→材料斜巷 3→总回风巷 2→分带轨道斜巷 7→采煤工作面。

三、盘区巷道布置方案比较

方案一与方案二相比较具有下列主要优点:由于盘区主要上山均布置在煤层中,巷道掘进速度快,准备时间短,掘进费用低。

方案一主要缺点为:

① 盘区运输上山选用带式输送机运输,设备初期投资较大。

② 盘区上山均布置在煤层中,巷道维护困难,且维护费用高。

由于存在上述问题,故考虑方案二。方案二较方案一有如下优点:

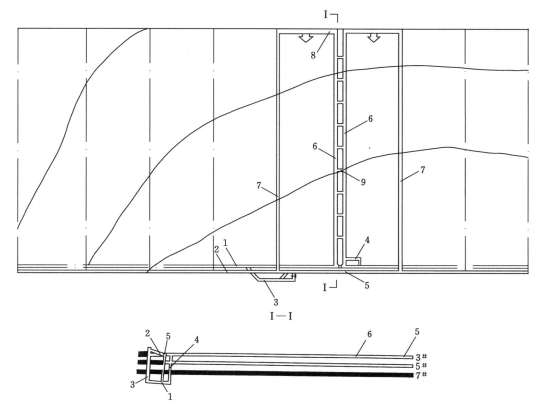

图 6-7 倾斜长壁巷道布置方案图

1——岩石运输大巷;2——总回风巷;3——材料斜巷;4——进风行人斜巷;5——煤仓;
6——分带运输斜巷;7——分带轨道斜巷;8——开切眼;9——横贯

① 将盘区上山的倾斜巷道变为盘区石门的水平巷道,电机车可通过水平运输大巷直接进入盘区石门,从而优化了运煤系统,减少了运输环节,运输能力也比较大,运输费用低。

② 盘区石门巷道维护工作量小,维护费用低,有利于生产条件改善和降低煤柱损失。

但是方案二也存在下列缺点:岩石掘进工程量大,掘进速度慢,掘进费用高,盘区准备时间较长。

方案三与方案一、二相比具有以下主要优点:

① 巷道掘进量少,投产时间早。倾斜长壁采煤法采煤工作面两端的巷道直接与运输大巷和总回风相连,取消了盘区上山或石门等巷道的掘进,可节省巷道 15%～20%。因此,不但降低了煤的生产成本,而且缩短了采煤工作面的准备时间,有利于采掘接续。

② 系统简单,占用设备少,运输效率较高,运输费用较低。

③ 通风系统简单,成本低。

由于有上述优点,方案三大量减少了生产前准备工作量和所需人员及设备,减少了生产过程中的辅助人员。

方案三的缺点是:工作面两端巷道均为倾斜巷道,掘进需要提升设备;如有淋水,需增加掘进排水设备,因而影响掘进速度;轨道斜巷运送材料有一定困难。

通过上述技术分析,上述三个方案各有利弊,尚难决定取舍,因此,需进行经济比较,具体比较的项目如下:① 盘区巷道工程量和费用;② 盘区巷道运煤费用;③ 盘区巷道维护费用。

将上述各项工程量和费用计算列于表 6-3、表 6-4 和表 6-5 中,从表中可知,方案一、方案二与方案三相比,均超过 10%。因此,最后确定方案三——倾斜长壁巷道布置方案。

表 6-3   **上山盘区巷道布置方案费用计算表**

工程项目		总工程量	单 价	费用/万元	备注
掘进费用	运输上山	600 m	557.5 元/m	33.8	
	轨道上山	1 800 m	595.9 元/m	107.3	
	运输平巷	4 800 m	363.9 元/m	174.7	
	轨道平巷	4 800 m	402.2 元/m	193	
	材料斜巷	60 m	521.3 元/m	3.1	
	联络斜巷	120 m	482.5 元/m	5.8	
	溜煤眼	125 m³	77.54 元/m³	0.97	
	小计			518.67	
运输费用	运输平巷	1 692 900 t·km	0.89 元/(t·km)	150.6	
	盘区上山	1 410 000 t·km	0.48 元/(t·km)	67.7	
	小计			218.3	
巷道维护费用	盘区上山	14 400 m	31.47 元/m	45.3	
	运输平巷	3 600 m	46 元/m	16.6	
	轨道平巷	6 000 m	49.28 元/m	29.6	
	材料斜巷	720 m	32.05 元/m	2.3	
	联络斜巷	1 080 m	23.65 元/m	2.5	
	小计			96.3	
全部费用总和				833.3	
总费用相对百分率				128.6%	

表 6-4   **盘区石门巷道布置方案费用计算表**

工程项目		总工程量	单 价	费用/万元	备注
掘进费用	运输上山	550 m	969.5 元/m	53.3	
	轨道上山	1 800 m	569.5 元/m	107.3	
	运输平巷	4 800 m	363.9 元/m	174.7	
	轨道平巷	4 800 m	402.2 元/m	193	
	材料斜巷	60 m	521.3 元/m	3.1	
	联络斜巷	200 m	482.5 元/m	9.6	
	溜煤眼	251.2 m³	77.54 元/m³	1.9	
	小计			542.9	

续表 6-4

工程项目		总工程量	单　价	费用/万元	备注
运输费用	运输平巷	1 692 900 t·km	0.89 元/(t·km)	150.6	
	盘区上山	1 410 000 t·km	0.34 元/(t·km)	48	
	小计			198.6	
巷道维护费用	盘区上山	3 600 m	31.47 元/m	11.3	
	盘区石门	3 000 m	21.66 元/m	6.5	
	材料斜巷	720 m	32.05 元/m	2.3	
	联络斜巷	1 100 m	23.65 元/m	2.6	
	运输平巷	3 600 m	46 元/m	16.6	
	轨道平巷	6 000 m	49.28 元/m	29.6	
	小计			68.6	
全部费用总和				810.1	
总费用相对百分率				125.0%	

表 6-5　　　　　倾斜长壁巷道布置方案费用计算表

工程项目		总工程量	单　价	费用/万元	备注
掘进费用	分带运输斜巷	4 800 m	380.6 元/m	182.6	
	分带轨道斜巷	4 800 m	418.99 元/m	201.1	
	材料斜巷	60 m	521.3 元/m	3.1	
	联络斜巷	440 m	482.5 元/m	21.2	
	溜煤眼	502.4 m³	77.54 元/m³	3.8	
	小计			411.8	
	分带运输斜巷	1 692 900 t·km	0.81 元/(t·km)	137.1	
巷道维护费用	分带运输斜巷	3 600 m	47.84 元/m	17.2	
	分带回风斜巷	6 000 m	51.25 元/m	30.7	
	联络斜巷	220 m	23.65 元/m	0.5	
	材料斜巷	720 m	32.05 元/m	50.7	
	小计			99.1	
全部费用总和				648	
总费用相对百分率				100%	

第七章 采区车场设计

采区上(下)山和区段平巷或阶段大巷连接处的一组巷道和硐室称为采区车场。采区车场按地点分为上部车场、中部车场和下部车场。采区车场施工设计,最主要的是车场内轨道线路设计。轨道设计必须与采区运输方式和生产能力相适应,必须保证采区调车方便、可靠,操作简单,安全,提高效率,并应尽可能减少车场的开掘及维护工作量。

采区车场线路由甩车场(或平车场)线路、装车站和绕道线路所组成。在设计线路时,首先进行线路总布置,绘出草图,然后计算各线段和各连接点的尺寸,最后计算线路布置的总尺寸,作出线路布置的平、剖面图。

第一节 采区车场设计依据与要求

一、采区车场设计依据

1. 地质资料

采区车场设计需要的地质资料有:

(1)采区上(下)山附近的地质剖面图和钻孔柱状图。

(2)采区车场围岩及煤层地质资料。

(3)采区瓦斯、煤尘及水文地质资料。

(4)采区上部车场附近的煤层露头、风氧化带、防水煤岩柱及相邻煤矿巷道开采边界等资料。

2. 设计资料

进行采区车场设计需要的设计资料有:

(1)采区巷道布置及机械配备图。

(2)采区生产能力及服务年限。

(3)采区上(下)山条数及其相互关系位置和巷道断面图。

(4)轨道上(下)山提升任务,提升设备型号、主要技术特征,提升最大件外形尺寸,提升一钩最多串车数。

(5)大巷运输方式、矿车类型、轨距、列车组成。

(6)采区辅助运输方式及牵引设备选型。

(7)采区上(下)山人员运送方式及设备主要技术参数。

(8)井底车场布置图及卸载站调车方式。

二、采区车场设计要求

采区车场设计的要求主要有以下内容:

(1)采区车场设计必须符合国家现行有关规程、规范的规定。

(2)采区车场应满足采区安全生产、通风、运输、排水、行人、供电及管线敷设等各方面要求。

（3）采区车场布置应紧凑合理、操作安全、行车顺畅、效率高、工程量省、方便施工。

（4）采区车场装车设备和调车、摘钩应尽量采用机械和电气操作。

第二节　采区上部车场线路设计

一、采区上部车场概述

1. 采区上部车场形式

采区上部车场基本形式有平车场、甩车场和转盘车场三类。上部平车场又分为顺向平车场和逆向平车场。本节主要介绍上部平车场，其基本形式见表 7-1。

表 7-1 　　　　　　　　　　　**采区上部平车场基本形式**

项　　目	顺向平车场	逆向平车场
图示	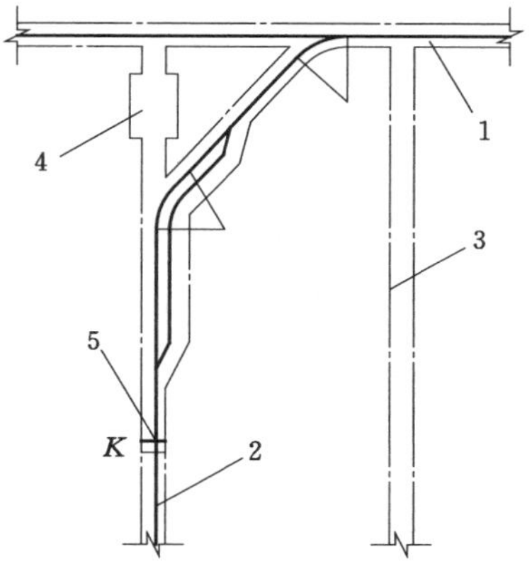	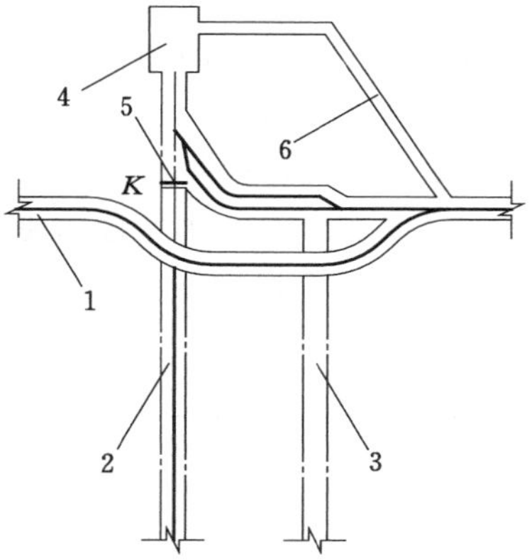
图注	1——总回风巷；2——轨道上山；3——运输上山；4——绞车房；5——阻车器；6——回风巷；K——变坡点	
优缺点	车辆运输顺当；调车方便；回风巷短；通过能力较大；车场巷道断面大	摘挂钩操作方便安全；车辆需反向运行；车辆运行时间长；运输能力较小
适用条件	绞车房位置选择受到限制时或绞车房距总回风巷较近时采用	煤层群联合布置的采区，具有采区回风石门与煤层小阶段平巷相连时采用

采区上部平车场多用于采区上部是采空区或为松软的风化带，及在煤层群联合布置时，回风石门较长，为便于与回风石门联系时亦可采用。若轨道上山位于煤层中，为减少岩石工程量，可采用甩车场，甩车场的线路设计见"采区中部车场线路设计"部分。

2. 采区上部车场线路布置和线路坡度

（1）上部车场线路布置

① 采区上部车场的线路布置可采取单道变坡方式。当采区生产能力大，采区上山作主提升，下山采区的上部车场和接力车场的第二车场运输量大，车辆来往频繁时，也可采取双道变坡的线路布置方式。

② 采区上部平车场曲线半径和道岔应按表 7-2 的规定选择。

表 7-2 　　　　　　　　　　　　上部车场曲线半径和道岔选择

名　　　称		非综采采区	综采采区
曲线半径 /m	平曲线	6～12	12～20
	竖曲线	9～15	
道　　　岔		根据提升量大小选用 4 号或 5 号道岔	

③ 存车线有效长度：采区上部车场进、出车采用小型电机车牵引时存车线为 1 列车长；其他牵引方式为 2 钩串车长。下山采区上部车场为 1 列车长加 5 m；年生产能力在 0.9 Mt 及以上的综采采区上部车场为 1.5 列车长。

（2）上部平车场线路坡度

① 上部平车场线路坡度确定：单道变坡和不设高低道的双道变坡轨道坡度应以 3‰～5‰向绞车房方向下坡；上山采区上部车场水沟坡度以 3‰～4‰向上山方向下坡；下山采区上部车场以 3‰～5‰向运输大巷方向下坡。

② 设高低道的双道变坡轨道坡度：高道坡度为 9‰～11‰；低道坡度为 7‰；高、低道最大高差不宜大于 0.6 m。

二、上部车场线路计算

单道变坡采区上部平车场的线路尺寸见表 7-3，双道变坡平车场的参数与表 7-3 基本相同，若设高低道，可根据有关规定结合具体设计条件进行设计。

表 7-3 　　　　　　　　　　　　采区上部平车场线路尺寸

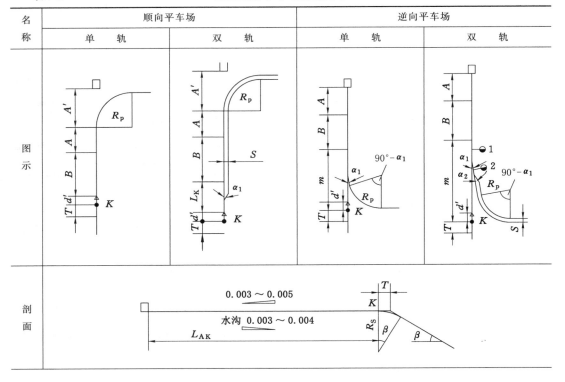

名称	顺向平车场		逆向平车场	
	单　轨	双　轨	单　轨	双　轨

续表 7-3

名称	顺向平车场		逆向平车场	
	单　轨	双　轨	单　轨	双　轨
图注	A'——平曲线起点至绞车房外壁距离,m; B——一钩串车长,m; R_p——竖曲线半径,m; L_K——单开道岔平行线路连接长,m; S——双轨轨道中心距,m; A——过卷距离,m;		T——竖曲线切线长,m; R_S——平曲线半径,m; K——变坡点; β——上山角度,(°); d'——变坡点至阻车器挡面间距,m; L_{AK}——变坡点到采区绞车房外壁距离,m	
A'	10～30 m	10～30 m		
A	5 m	5 m	5～10 m	5～10 m
B	一钩串车长	一钩串车长	一钩串车长	一钩串车长
T		$R_S \tan \dfrac{\beta}{2}$	$R_S \tan \dfrac{\beta}{2}$	$R_S \tan \dfrac{\beta}{2}$
R_p	非综采采区 6～12 m,综采采区 12～20 m			
R_S	非综采采区 9～15 m,综采采区 12～20 m			
L_K		$a + S\cot \alpha_1 + R_p \tan \dfrac{\alpha_1}{2}$		
d'	1.5～2.0 m			
m_1			$a + b\cos \alpha_1 + R_p - R_p \tan \dfrac{\alpha_1}{2}$	
m_2		$a_1 + \left[b_1 + a_2 + S\cot \alpha_2 + R_p \tan \dfrac{\alpha_2}{2} + d + (R_p + S)\tan \dfrac{90° - \alpha_1}{2} \right] \cos \alpha_1$		
L_{AK}	$d' + B + A + A'$	$d' + L_K + B + A + A'$	$m_1 + B + A$	$m_2 + B + A$

变坡点与采区绞车房的关系主要决定于上山绞车允许的偏角(1°13′)、提升过卷距离和串车总长。变坡点至采区绞车房外壁最小距离根据绞车的型号而有所不同,一般为 12～35 m。

第三节　采区中部车场线路设计

一、采区中部车场基本形式

采区中部车场基本形式有甩车场、吊桥式车场和甩车道吊桥式车场三类。吊桥式车场和甩车道吊桥式车场适用于上(下)山倾角大于 25° 的情况。本节主要介绍甩车场,其基本形式见表 7-4。

二、采区中部车场线路布置

(1) 甩车场的线路布置分单道起坡和双道起坡两种,一般情况下,宜采用双道起坡。

(2) 双道起坡甩车场的道岔布置,可采用甩车道岔和分车道岔直接相连接。

(3) 甩车场平、竖曲线位置有以下三种布置方式,一般情况下宜采用前两种布置方式:

① 先转弯后变平,即先在斜面上进行平行线路连接,再接竖曲线变平。平、竖曲线间应插入不少于矿车轴距1.5~2.0倍的直线段,起坡点在连接点曲线之后。

② 先变平后转弯,即在分车道岔后直接布置竖曲线变平,然后再在平面上进行线路连接,起坡点在连接点曲线之前。

③ 边转弯边变平,平、竖曲线部分重合布置。

表 7-4   采区中部甩车场基本形式

项 目	单侧甩车场	双侧甩车场
图示	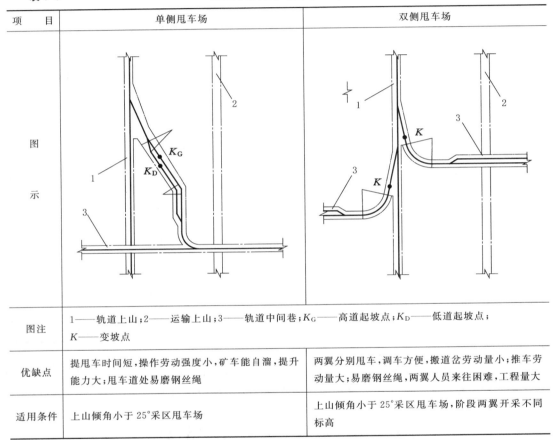	
图注	1——轨道上山;2——运输上山;3——轨道中间巷;K_G——高道起坡点;K_D——低道起坡点; K——变坡点	
优缺点	提甩车时间短,操作劳动强度小,矿车能自溜,提升能力大;甩车道处易磨钢丝绳	两翼分别甩车,调车方便,搬道岔劳动量小;推车劳动量大;易磨钢丝绳,两翼人员来往困难,工程量大
适用条件	上山倾角小于25°采区甩车场	上山倾角小于25°采区甩车场,阶段两翼开采不同标高

第四节　采区下部车场线路设计

一、采区下部车场形式

采区下部车场包括采区装车站和轨道上山下部车场两部分,其相对位置根据采区巷道布置及调车方式确定。当轨道上山作主提升或运输大巷用带式输送机运煤时,都不设采区装车站。因此,这两种情况只有轨道上山下部车场。

采区下部车场的基本形式,根据装车地点的不同可分为大巷装车式、石门装车式、绕道装车式及轨道上山作主提升的下部车场。采区下部车场的基本形式见表7-5。

表 7-5   **采区下部车场基本形式**

车场形式		图示	图注	优缺点	适用条件
大巷装车式	轨道上山跨越运输大巷 · 立式绕道	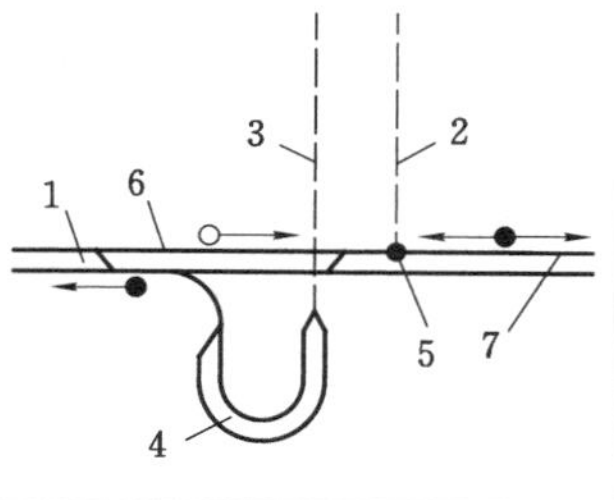		下部车场布置紧凑,工程量省,调车方便;绕道维护条件较差	煤层倾角大于12°,运输大巷距上山落平点较远,且顶板围岩条件较好时采用
	卧式绕道	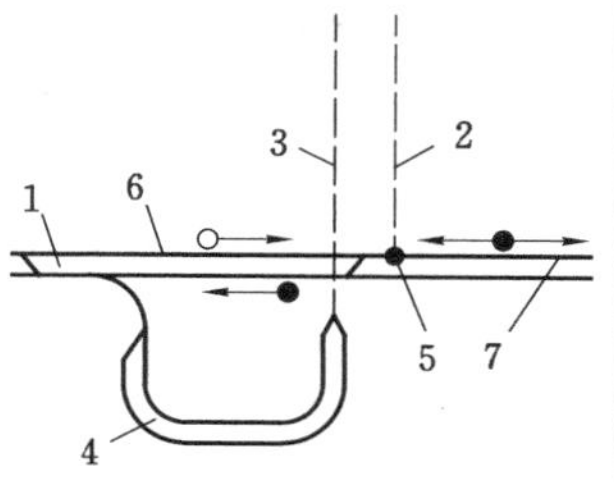		调车方便;工程量较大	煤层倾角大于12°,运输大巷距上山落平点较远,且顶板围岩条件较好,存车线长时采用
	斜式绕道	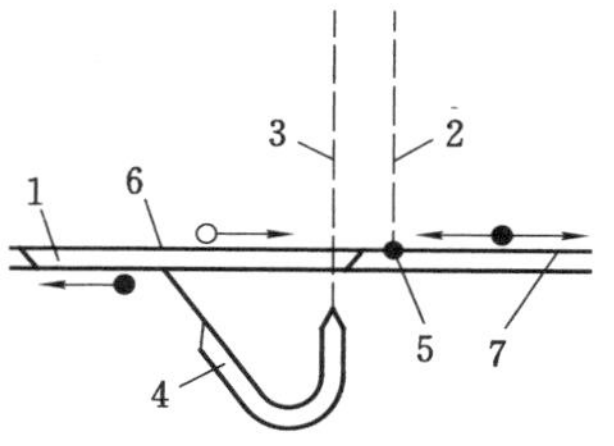	1——运输大巷; 2——运输上山; 3——轨道上山; 4——下部车场绕道; 5——采区煤仓; 6——空车存车线; 7——重车存车线	工程量较省,调车方便;绕道维护条件较差	煤层倾角大于12°,存车线较长,立式布置不下,而卧式布置工程量太大时采用
	立式绕道	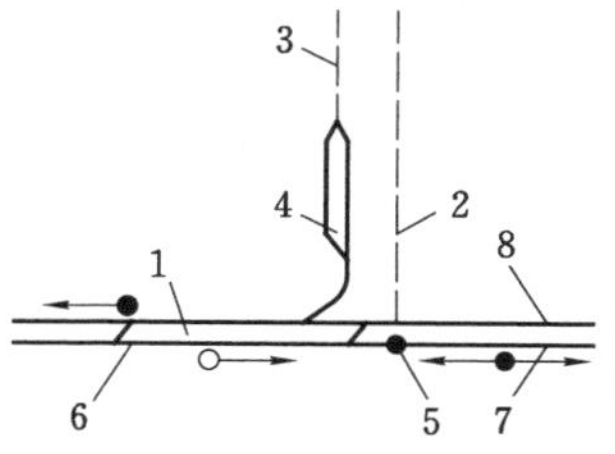		工程量省,弯道省,绕道维护条件较好;绕道出口交叉点距装车站近,车场绕道受影响,煤仓维护较困难	煤层倾角小于12°,轨道上山提前下扎,使其起坡角达15°~25°,上山落平点距运输大巷较远时采用
	卧式绕道	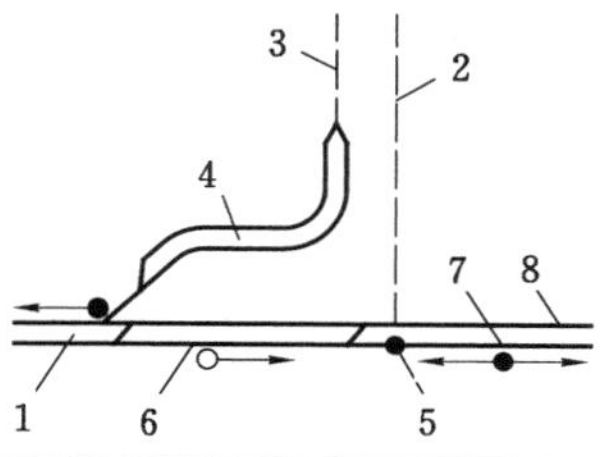		调车方便,线路布置容易;煤仓维护较困难	煤层倾角小于12°,轨道上山提前下扎,使其起坡角达20°~25°,上山落平点距运输大巷较近、存车线长时采用
	斜式绕道	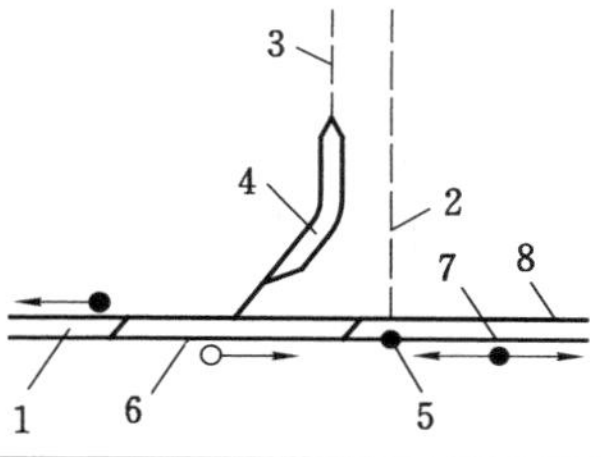		调车方便,线路布置容易;工程量较大,煤仓维护较困难	煤层(上山)倾角小于12°,轨道上山提前下扎,使其起坡角达20°~25°,存车线较长用立式布置不下,而用卧式布置工程量又太大时采用

续表 7-5

车场形式			图示	图注	优缺点	适用条件
石门装车式		环形绕道	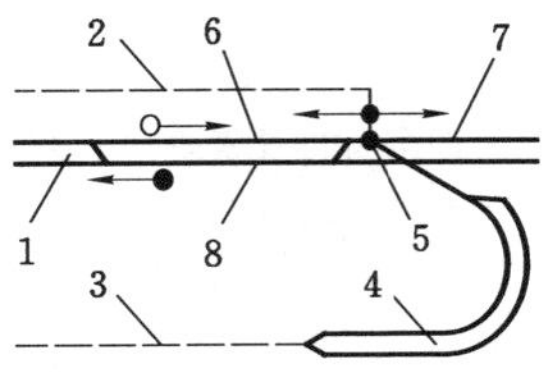	1——采区石门； 2——运输上山； 3——轨道上山； 4——下部车场绕道； 5——采区煤仓； 6——空车存车线； 7——重车存车线； 8——通过线	绕道弯道长，上山护巷煤柱多	煤层群联合布置或分组布置的采区，当轨道上山距采区石门较远时采用
石门装车式		卧式绕道	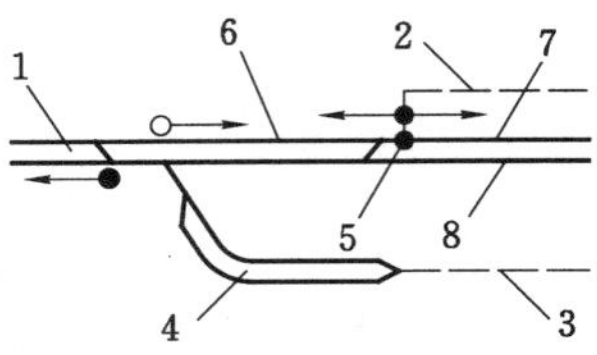		绕道布置紧凑，工程量小	当轨道上山距采区石较近时采用
绕道式	底板绕道	单向绕道	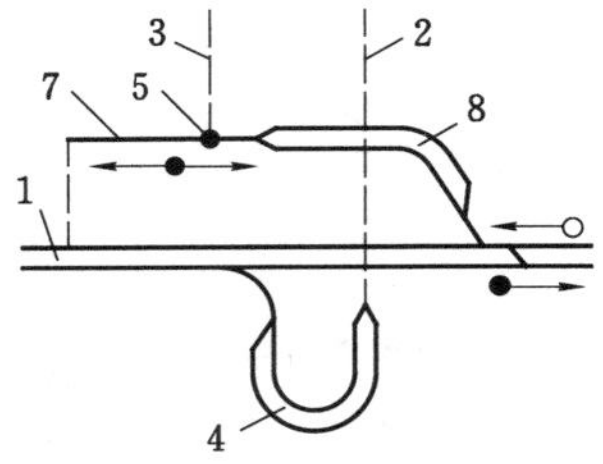	1——运输大巷； 2——运输上山； 3——轨道上山； 4——下部车场绕道； 5——采区煤仓； 6——空车存车线； 7——重车存车线； 8——通过线； 9——空列车折返线	不影响大巷运输能力；工程量较大	煤层倾角大于 12°，大型矿井大巷运输能力或石门长度受限制，或底卸式矿车运输井底车场为折返式时采用
绕道式	底板绕道	三角岔单向绕道	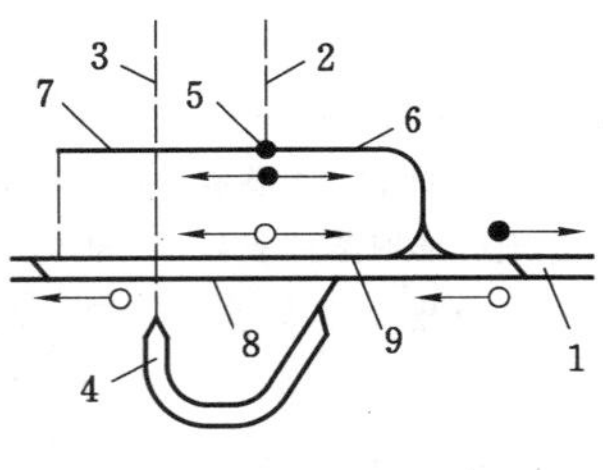		对大巷运输影响较小，装车站调车比下列环形绕道形式好；工程量较大	煤层倾角大于 12°，大型矿井底卸式矿车运输井底车场为环形式时采用
绕道式	底板绕道	环形绕道	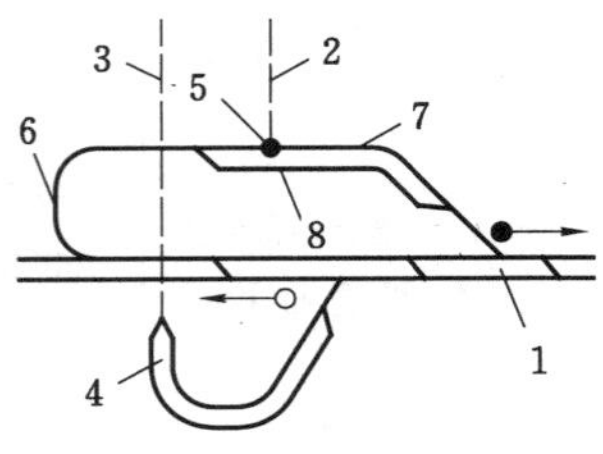		对大巷运输影响较小；装车站调车不如三角岔单向绕道，工程量大	煤层倾角大于 12°，大型矿井底卸式矿车运输井底车场为环形时采用
绕道式	顶板绕道	单向绕道	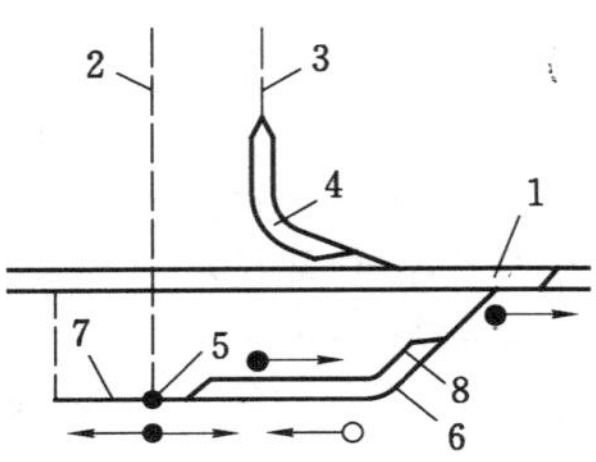		不影响大巷运输能力；工程量较大	煤层倾角小于 12°，大型矿井大巷运输能力受限制，底卸式矿车运输井底车场为折返式时采用

二、采区装车站设计

1. 采区装车站线路设计

采区装车站的线路布置主要取决于装车站所在位置（大巷、石门、绕道）、装车站的调车方式、底卸式矿车运输的井底车场形式以及有无矸石仓、煤仓个数等因素。采区装车站线路设计应符合下列规定：

（1）大巷采用固定式矿车列车运输时，装车站空、重车线存车线有效长度各1.25列车长，调车宜采用机械作业（调度绞车或推车机）。

（2）大中型矿井采用调度绞车运输提升时，调车作业的装车站应集中操作，调度绞车宜设在煤仓中心线出车侧2～3 m的硐室中。壁龛尺寸可根据设备外形尺寸和便于人员操作确定。当巷道一侧能安设绞车时，可不设壁龛。

（3）当采用底卸式矿车列车运输时，装车站的布置形式应与井底车场的布置形式相协调，即井底车场的矿车卸煤线路是环形式，则采区装车站也应设环形绕道；井底车场采用折返式，则采区装车站也应采用折返式的。其空、重车线存车线有效长度各为1列车长加5 m。

2. 采区装车站线坡度

装车站线路坡度确定应符合下列规定：

（1）采用调度绞车或电机车调车时，装车站线路的坡度可与所在巷道的轨道线路的坡度一致。

（2）采用自动滑行的装车站，矿车自动滑行的方向朝向井底车场，装车站各段线路坡度应符合下列规定：

① 调车线、通过线线路坡度同大巷坡度。

② 顶车线线路坡度不应大于5‰，由闭合计算确定。

③ 空车存车线线路坡度取9‰～11‰。

④ 装车点至阻车器段坡度取9‰～11‰。

⑤ 重车存车线坡度取7‰～9‰。

（3）空车线自滑坡度终点应设置制动装置。

3. 采区装车站线长度

采区装车站长度L系指从空车存车线端至重车存车线端（包括两端线路连接道岔长度）之间线路长度的总和。

第八章　采区硐室设计

采区的硐室主要有采区煤仓、采区变电所、采区绞车房和采区水泵房等。

第一节　采区煤仓设计

大巷采用非连续运输方式时,设置一定容量的煤仓可保证采掘工作面发挥正常生产和高产、高效的能力,发挥运输系统的潜力,保证连续均衡生产。

根据煤炭存储的形式的不同,采区煤仓有井巷式与机械式两种。

一、井巷式采区煤仓的形式

井巷式煤仓的形式有垂直式、倾斜式及混合式三种,见表8-1。煤仓断面多为圆形或拱形,也有少数采用矩形的。

表 8-1　　　　　　　　　　　　　井巷式采区煤仓的基本形式

项目	垂直式	倾斜式	混合式
图示	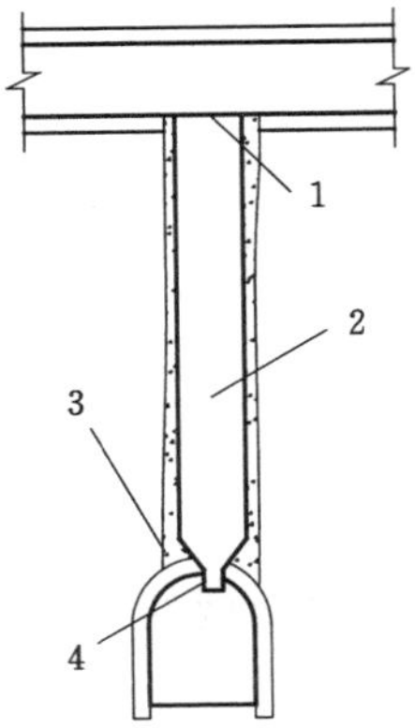	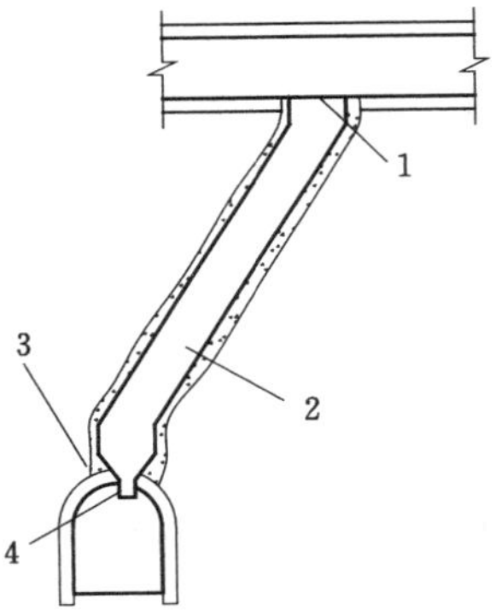	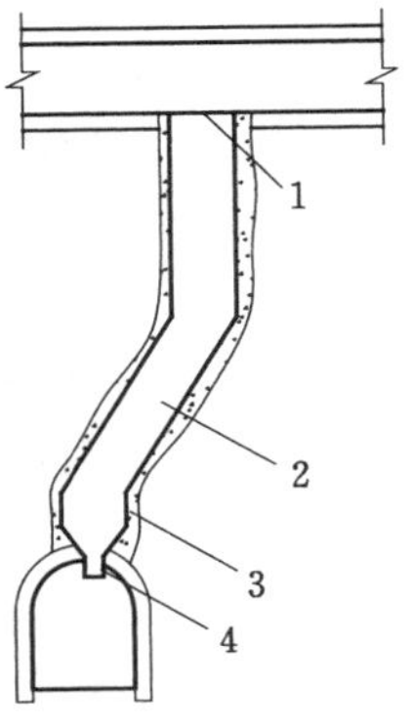
图注	1——上部收口;2——仓身;3——下口漏斗及溜口闸门基础;4——溜口及闸门		
断面形状	一般为圆形	多为圆形和拱形	圆形或其他形状
优缺点	圆形断面利用率高,不易发生堵塞现象,便于维护,施工速度快	可适当增加煤仓的长度和容积,仓口简单,可减少煤炭的破碎度。煤仓倾斜角度一般为60°~70°	适应性强
缺点	使用受条件限制	承压性差,铺底量大,施工不便	曲折多,施工不便
适用条件	煤仓上、下口在同一垂线上	煤仓上、下口不在同一垂线上	煤仓上、下口不在同一垂线上
几何参数	直径一般取 2~5 m,高度不超过 30 m	拱形断面宽度、高度均以大于 2 m 为宜	

二、井巷式采区煤仓容量的确定

采区煤仓容量取决于采区生产能力、装车站的通过能力及大巷的运输能力等因素。煤仓的容量目前一般为 50～500 t。煤仓容量与采区生产能力的关系见表 8-2。

表 8-2　　　　　　　　　　　　　　煤仓容量与采区生产能力的关系

采区生产能力/Mt·a^{-1}	0.30 以下	0.30～0.45	0.45～0.60	0.60～1.00	1.00 以上
采区煤仓容量/t	50～100	100～200	200～300	300～500	大于 500

采区煤仓的实际容量应该在保证正常生产和运输的前提下,工程量越小越好。根据采区生产能力和大巷运输能力,以保证采区正常生产为原则,确定采区煤仓容量的计算方法有以下三种方法。

1. 按采煤机连续作业割一刀煤的产量计算

$$Q = Q_0 + Lmb\gamma C_0 k_t \tag{8-1}$$

式中　Q——采区煤仓容量,t;

$\quad\quad Q_0$——防空仓漏风留煤量,一般取 5～10 t;

$\quad\quad L$——工作面长度,m;

$\quad\quad m$——采高,m;

$\quad\quad b$——进刀深度,m;

$\quad\quad \gamma$——煤的容重,t/m³;

$\quad\quad C_0$——工作面采出率;

$\quad\quad k_t$——同时生产工作面系数,综采时 $k_t = 1$,普采时 $k_t = 1 + 0.25n$,其中 n 为采区内同时生产的工作面数目。

2. 按运输大巷列车间隔时间内采区高峰产量计算

$$Q = Q_0 + Q_h t_i a_d \tag{8-2}$$

式中　Q_h——采区高峰生产能力(高峰期的小时产量一般为平均产量的 1.5～2.0 倍),t/h;

$\quad\quad t_i$——列车进入采区装车站的间隔时间,一般取高限约 20～30 min,即 $\frac{1}{3} \sim \frac{1}{2}$ h;

$\quad\quad a_d$——不均衡系数,综采、普采取 1.15～1.20,炮采取 1.5。

3. 按采区高峰生产延续时间计算

$$Q = Q_0 + (Q_h - Q_t)t_{hc}a_d \tag{8-3}$$

式中　Q_t——采区装车站通过能力(通过能力一般为平均产量的 1.0～1.3 倍),t/h;

$\quad\quad t_{hc}$——采区高峰生产延续时间,综采、普采取 1.0～1.5 h,炮采取 1.5～2.0 h。

当采区上(下)山和大巷均采用带式输送机运输时,采区煤仓容量可按 1～2 h 采区高峰产量确定。目前有少数矿井采取可靠度高、稳定的大功率输送机,使采区上(下)山布置的带式输送机与大巷中的带式输送机直接搭接,从而省去开凿采区煤仓的工程费用与生产环节。

三、井巷式采区煤仓尺寸的确定

下面以使用最多的圆形垂直式煤仓说明煤仓尺寸的确定方式。为便于布置和防止堵塞,圆形垂直式煤仓以短而粗为好,但如果断面过大反而会使施工困难且降低有效的煤仓容积。圆形断面直径取 2～5 m,以 4～5 m 为最佳。煤仓过高易使煤压实而形成拱形结构,其高度一般不超过 30 m,通常取 20 m。

煤仓的有效容积(见图 8-1)为 $V_1 + V_2 + V_3$。无效容积 V_0 与直径 D 成三次方关系。从减少煤仓无效容积来看,随着断面加大,必须有相应煤仓高度。煤仓高度越大,无效容积相对越小,如果以煤仓的有效容积不小于 90% 计算,则煤仓高度不应小于直径的 3.5 倍。

无效容积的大小取决于输送机面头与煤仓的位置、松散煤层的自然安息角等。图 8-1 所示为机头位于煤仓中心位置,此时无效容积最小,煤仓利用率最高。

图 8-1　圆形煤仓容积

四、井巷式煤仓的结构及支护

煤仓的结构包括煤仓上部收口、仓身、下口漏斗及溜口基础、溜口和闸门装置等,见表 8-1。

1. 上部收口

煤仓上口的结构形式,当直径小于 3 m 时,与仓体断面一致;直径大于 3 m 时,为了保证仓口安全与改善煤仓上口的受力情况,需要以混凝土收口,筑成圆台体,并用旧钢轨或工字钢做成铁箅,算孔大小约 300 mm,以防止大块煤、矸石或其他杂物进入煤仓。也可根据需要设置破碎机破碎大块煤或将煤仓上口高出巷道底板,防止水注入仓内。

2. 仓身

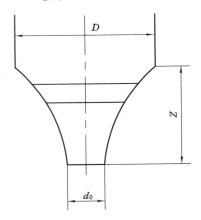

图 8-2　双曲线斗仓
D——煤仓直径;Z——斗仓高度;
d_0——斗口下口直径

当煤仓设在稳定坚固的岩层($f > 6$)中时,仓身可不支护。在中硬以上的岩层中,仓身采用锚喷支护。其余岩层中,煤仓仓身一般砌碹支护,壁厚 300～400 mm。

3. 下口漏斗与闸门基础

煤仓下口需用混凝土砌筑成圆台体进行收口,收口斗仓可选择圆锥形、四角锥形或双曲线形。其中双曲线形斗仓可实现内部煤岩均匀连续流动而且经久耐用,如图 8-2 所示。

4. 溜口及闸门装置

煤仓的溜口一般做成四角锥形,在溜口处安设可以启闭的闸门。

根据溜口的方向与矿车行进的方向是否一致,溜口方向有顺向、侧向和垂直三种。多采用与矿车行进方向一致的顺向溜口。

另外,煤仓与大巷的连接处必须加强支护以保证大巷安全。支护方式为在煤仓下部收口处四周铺设数根钢梁,灌入混凝土,并与大巷支护连为一体。

煤仓溜口闸门处的有效尺寸一般有 500 mm×500 mm,700 mm×700 mm 和 800 mm×800 mm 等几种规格。生产能力大的采区可设置双放煤口或大型闸门,与装车速度或带式运输相适应,并安装给煤机以便连续均匀装煤。

五、井巷式防止煤仓事故措施

煤仓在使用过程中经常会发生堵仓、黏仓、溃仓等事故,必须采用科学方法进行设计、施工及管理。

1．设计和施工

（1）在保证系统合理的前提下，煤仓应选择在围岩稳定，岩层中硬以上，不穿越含水层的地方。

（2）提高施工质量，保证仓壁光滑、耐磨损、耐冲击。

（3）煤仓下部设计成双曲线形仓斗有助于煤岩整体下流，减少堵塞事故。

（4）煤仓下口设置排水孔。

（5）煤仓应在适当部位设置观察孔，以便于发现并处理堵塞事故。

（6）煤仓上部注意通风，防止瓦斯积聚。

2．煤仓使用

（1）在上部仓口安装防止大块煤、杂物落入的设施。

（2）制定防止水进入煤仓的措施。

（3）煤仓内存煤不宜过长，停产两天以上应放空煤仓，防止煤炭黏仓。

（4）定期清理煤仓，保证仓底、仓壁光滑。

（5）处理堵仓事故的空气炮、水炮要定期检验，经常保证设备完好。

（6）煤仓底部留 5～10 t 煤作为仓底，防止落煤砸坏放煤闸门并防止漏风。

六、机械式水平煤仓

机械式水平煤仓不需专门开凿井巷，可以拆装移设、重复安装使用，安全、可靠、经济，易于实现自动化监控，近年来国内在新设计的矿井中开始采用。机械式煤仓有如下四种。

1．列车式水平煤仓

列车式水平煤仓由可沿轨道移动的箱体、牵引设备和装卸设备组成。箱体是由多个带车轮的车箱连接成的一组列车，底部有一条由若干密集滚轮托住的无动力带式输送机，它可随煤仓的移动而移动。列车煤仓的每一节车箱长 3 m，宽、高尺寸根据容量不同而变化。不同容量的煤仓车箱容量和节数不同，一般容量为 200～600 t。列车每节车辆装 4 个车轮，车轮为双轮缘，骑在 24 kg/m 的轨道上；轨道用鱼尾板连接，并用槽钢轨枕稳固地装设在石子道床上。为防止漏煤，在车箱与底部带式输送机之间装有非金属材料的密封条，车箱节与节之间也装有这种密封。在带式输送机头尾卷筒下面和轴面上都装有清扫器。带式输送机尾部卷筒还装有张紧装置。列车车箱两端由无极绳绞车钢丝绳牵引移动，列车行走时底部带式输送机同步随动，使胶带围绕尾卷筒运行并保持承载箱内存储的煤炭。煤仓装、卸设备悬吊在巷道顶板下面，列车上面设给煤输送机，列车煤仓下面巷道底板上安装有输出输送机。这两台输送机与列车煤仓都设有固定连接，其间留有必要的间隙，使列车煤仓可以在其间自由运动。变化列车前后移动方向，就可实现煤仓的装载和卸载。

列车煤仓的装载与卸载原理如图 8-3 所示。当给煤机和输送机同时工作时［图 8-3（a）］，煤仓不动，来自给煤输送机的煤，经漏斗直接装在输出输送机上转载运走；当给煤能力大于输送能力或输出输送机停止工作时［图 8-3（b）］，列车就向右牵引，将输入的多余部分煤储入煤仓；当输出输送机恢复运转时，列车煤仓就停止移动，给煤输送机的煤直接装在输出输送机上转载运走；若给煤输送机停止工作，而输出输送机运行时［图 8-3（c）］，列车向左移动，从而把所存的煤卸到输出输送机上。调整列车移动的速度即可调整煤仓吞吐煤流的速率。这种列车煤仓可手动、就地或远距离控制，也可装上各种传感器进行全自动化控制。

在自动控制时,煤仓的存储和卸载可根据给煤和输出输送机的运行情况和煤仓内存煤量多少来控制。当出现任何传感器或给煤机构失效的事故时,控制系统也能检测出来,使煤仓安全运行,不致造成煤仓过满溢煤。列车煤仓的优点是维护量小、操作方便和易于自动化、节省人力。其缺点是所需巷道断面较大,巷道维护困难,基本建设投资较高。

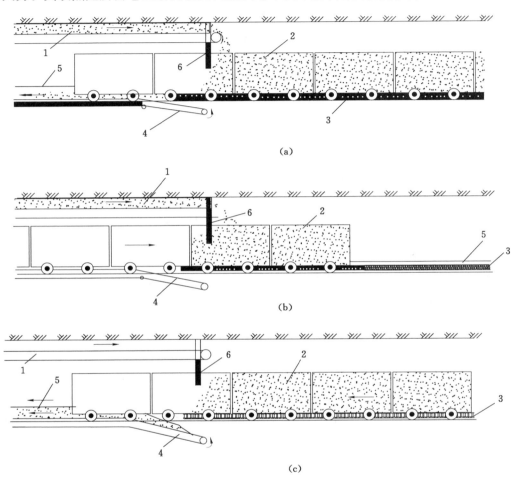

(a)

(b)

(c)

图 8-3　列车式水平煤仓示意图

(a) 输入、输出输送机同时工作;(b) 输入输送机工作,输出输送机停止;(c) 输出输送机工作,输入输送机停止
1——给煤输送机;2——可移动的仓体;3——底部从动胶带托辊;4——输出输送机;5——牵引钢丝绳;6——探棒

2. 底部移动式水平煤仓

其煤仓顶部有给煤输送机,底部装有两套并列的刮板输送机(图 8-4),煤仓的装载与卸载原理如图 8-3 所示。当给煤输送机和输出输送机同时工作时仓底刮板输送机停止不动,输入的煤直接从卸载漏斗向输出输送机转载;当输出输送机停止工作,或者给煤输送机能力大于输出输送机时,煤仓底部输送机开动,按图 8-3 所示向右运行,将煤储入煤仓;当输出输送机工作而给煤输送机停止工作,或给煤输送工作而给煤输送机停止工作,或给煤输送机的能力小于输出输送机能力时,煤仓底部输送机开动按图 8-3 所示向左运行,将煤仓的煤卸入输出输送机上运走。底部移动式水平煤仓为装配式,运输维护都比较方便,且易实现自动控

制。但钢材消耗量大，装备费用较高。由于技术比较成熟，其应用较广泛。

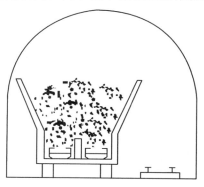

图 8-4　底部移动式煤仓示意图

3. 静储式水平煤仓

静储式水平煤仓如图 8-5 所示，其结构特点是沿巷道装设钢制桁架仓体，上部有一条给煤输送机，可以是带式输送机，也可以是槽板上带若干 10 cm 圆孔的刮板输送机。煤仓底板呈 V 形，一侧装设可开闭的闸板门。闸板门由液压缸操作开闭进行调节控制，煤流从仓中靠重力溜下，通过闸板门卸入仓下的带式输送机或刮板输送机运走。这种煤仓由于存煤重载不压在运输移动部件上，故储存容量可以很大。当给煤输送机采用刮板输送机时，煤通过槽板的小孔卸入煤仓中，装满后煤堵住小孔，自动向前一仓卸装，直到装满整个煤仓。用带式输送机时需用卸煤犁及传感器，当煤仓某一仓装满，煤位升高碰到传感器后，传感器发出信号使下一仓格液压闸门关闭，卸煤犁向前移动卸煤。煤仓卸载时，启动下部运煤输送机，打开最后一个闸门卸煤，卸空后传感器发出信号，卸煤犁后退并打开后一个闸门卸煤。如此循环直到全部卸完。静储式水平煤仓运动部件维护量较小，寿命较长；易于实现自动化；仓上给煤输送机和仓下输送机均易靠近，易维修。

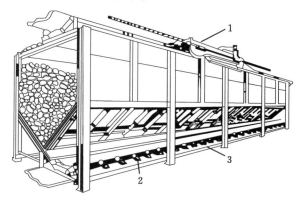

图 8-5　静储式水平煤仓

1——给煤带式输送机及卸煤犁；2——液压闸门；3——输出带式输送机

4. 巷道式水平煤仓

巷道式水平煤仓是利用旧巷道或新掘巷道，在其内安装输入、输出设备而形成的。巷道上部装设给煤带式输送机并带卸煤犁，或用槽板带孔的刮板输送机，可以在煤仓巷道内任一点卸煤,煤仓下面装设一台或两台刮板输送机。煤仓向输出输送机装载有两种方式,其中一种是在巷道底部一侧装设一台大动量刮板输送机,其上有一台单滚筒采煤机改装而成的装煤机。改装时将滚筒加长,滚筒一端固定在采煤机上,另一端在巷道一侧铺设于底板的一根轨上滑行,滚筒上焊接有螺旋形的装置。采煤机向前运行时,螺旋滚筒将煤装入刮板输送机上,将煤仓的煤输出,如图8-6所示,而在巷道底两侧各装设一台输出刮板输送机,存储的煤炭沿煤仓两侧钢板自溜入这两台输送机中。两侧钢板的斜角和距下边的间隙,应保证输送机可以充满又不致过量溢煤和压死。可以通过对输送机链速的无级调节来控制,调节输出煤量。为提高煤仓的自动化程度,可通过微机处理编制的程序,分别对需要启动的输送机、卸煤犁和装载滚筒的移动进行控制。由装在煤仓内及移动机件上的各种传感器监测各种动作和参数,如装卸载模式、开停机状态、存储煤量和装卸煤率等,并传输到地面调度室,进行图像和数字显示及数据处理、存储、打印。巷道式水平煤仓与静储式水平煤仓相比没有活动的液压闸门等部件,构造简单,有的还不用装载机具,维修量小,运行可靠;结构框架基本上不承载;安装工作量小;每米长度巷道利用率高。

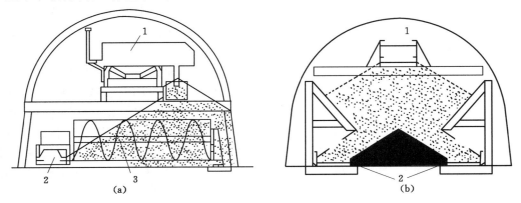

图 8-6　巷道式水平煤仓

(a) 使用装煤机;(b) 无装煤机

1——给煤带式输送机;2——输出刮板输送机;3——螺旋滚筒装煤机

第二节　采区变电所设计

一、采区变电所的位置

(1)采区变电所应布置在采区用电负荷的中心,使各翼的供电距离基本相等。

(2)变电所的位置应设在铺设轨道的巷道附近,以便于设备的运输。

(3)变电所应设置在采区上山或石门附近的稳定围岩中,所选地点应易于搬迁变压器等电气设备和无淋水、矿压小、易于维护的岩层中。

(4)如果实际条件允许,可利用原有变电所,尽量减少变电所的迁移次数。

(5)一个采区尽量由一个采区变电所向采区全部采掘工作面电气设备供电。

(6)实际生产中,采区变电所多位于运输上山与轨道上山之间或上(下)山与运输大巷交叉点附近。

(7)变电所的地面应高出邻近巷道200~300 mm,且应有3‰的坡度。

二、采区变电所的布置形式

采区变电所的布置形式与它所在位置的巷道布置有关,当其设在两条上山之间时,一般呈"一"字形布置,如图 8-7(a)所示;当其设置在巷道交叉处,一般呈"L"字形布置,如图 8-7(b)所示;当其设在巷道的一侧时,一般呈"Π"字形布置,如图 8-7(c)所示。

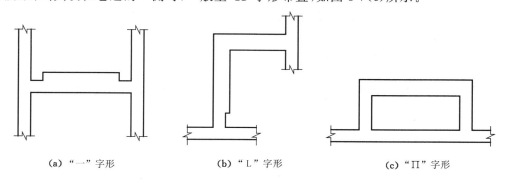

(a)"一"字形　　　　　　(b)"L"字形　　　　　　(c)"Π"字形

图 8-7 采区变电所布置形式

三、采区变电所的尺寸确定

采区变电所的尺寸应根据变电所内设备布置、设备的外形尺寸、设备的维修和行人的安全间隙来确定。

1. 变电所长度

变电所内布置两排设备时,变电所长度 L 可由下式求得:

$$L = \sum l + (n-1)t + 2b \tag{8-4}$$

式中　L—— 变电所长度,m;

$\sum l$—— 高、低压设备分别布置在硐室两侧,高压或低压设备宽度的总和,m;

n—— 变电所内高、低压设备的数目,台;

t—— 设备之间间隙,需侧面检修时留设 0.8 m,不需要检修时留 0.1 ～ 0.3 m;

b—— 硐室两端设备距墙壁之距离,需侧面检修时留设 0.5 m,不需检修时留设 0.1 ～ 0.3 m。

采区变电所的高度一般为 2.5～3.5 m。

2. 变电所宽度

布置两排设备时,变电所宽度 B 为:

$$B = 2c + A + D + d \tag{8-5}$$

式中　B——变电所宽度,m;

c——设备与墙壁之间间隙,需检修时取 0.5 m,不需检修时取 0.1～0.3 m;

A——高压设备中最大设备的宽度,m;

D——低压设备中最大设备的宽度,m;

d——中部人行道宽度,1.2 m。

四、采区变电所的支护

采区变电所应采用不燃性材料支护。一般情况下采用拱形石材砌碹,服务年限短的可采用装配式混凝土支架,尽量采用锚喷支护。采用石料支护时,强度等级不小于 MU30。采用混凝土拱时混凝土等级不低于 C15。铺底可用 C10 混凝土。

变电所硐室长度超过 6 m 时,必须在硐室两端各设一个出口。其通道在 5 m 范围内应采用不可燃材料支护。不运输设备的一个出口,断面可略小。硐室与通道的连接处,设防火栅栏两用门。防火栅栏两用门的挡墙可用 C10 混凝土砌筑。采区变电所设有两个通风道的,一个用于进风,一个用于回风。通道宽度以能通过最大件设备及安装标准防火栅栏门为原则。

五、采区变电所实例

图 8-8 为采区变电所的一般布置图。

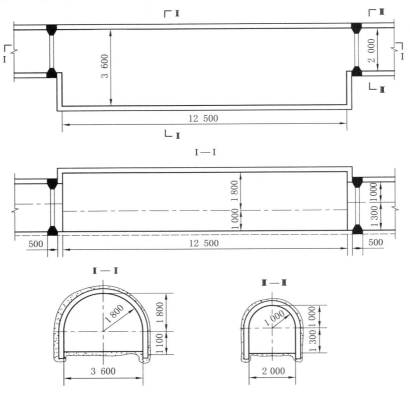

图 8-8 采区变电所布置图

第三节 采区绞车房设计

采区绞车房主要依据绞车的型号及规格、基础尺寸、绞车房的服务年限和所处围岩性质等进行设计。

一、绞车房的位置

绞车房的位置应选择围岩稳定、无淋水、矿压小和易维护的地点;在满足绞车房施工、机械安装和提升运输要求的前提下,绞车房应尽量靠近变坡点,以减少巷道工程量;绞车房与邻近巷道间应有足够的岩柱,一般情况下不小于 10 m,以利绞车房的维护。

二、绞车房的通道

绞车房应有两个安全出口,即钢丝绳通道及风道。绳道的位置应使绳道中心与上山轨道中心线重合。根据绞车最大件的运输要求,宽度一般为 2 000～2 500 mm,长度不应小于 5 m,绳道断面可与连接的巷道断面一致,以便于施工。尽量使绳道中的人行道位置与轨道上山保持一致。按风道与绞车相对位置,风道有右侧、左侧及后方等布置方式,如图 8-9(a)所示。

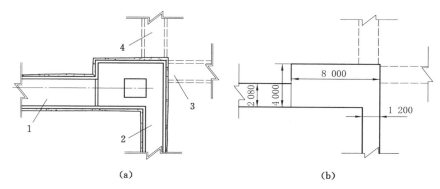

图 8-9　绞车房
(a)绞车房风道示意图;(b)JTB1.6×1.2 型绞车房尺寸
1——钢丝绳通道;2——左侧风道;3——后方风道;4——右侧风道

三、绞车房的平面布置及尺寸

绞车房内的布置原则是在保证安全生产和易于检修的条件下尽可能紧凑,以减少硐室工程量。绞车房的平面尺寸一般根据绞车基础尺寸和与四周硐壁的距离决定。绞车基础前面和右侧(司机操作台的右侧)与硐壁的距离要考虑能进出电动机;后面应能布置部分电气设备后尚能适应司机活动,并能从后面行人;左侧只考虑行人方便与安全。一般为 600～1 000 mm。采区绞车房硐室断面主要尺寸见表 8-3。

表 8-3　　　　　　　　　　　　采区绞车房断面主要尺寸　　　　　　　　　　　　单位:mm

绞车型号	宽　　度			高　　度			长　　度			断面
	人行道宽		净宽	自地面起墙高	拱高	净高	人行道宽		净长	
	左侧	右侧					前	后		
JTB1.6×1.2	700	1 020	8 000	1 150	4 000	5 150	1 200	1 000	7 800	半圆拱
JTB1.6×1.5	700	1 020	8 000	1 150	4 000	5 150	1 300	900	7 800	
JTY1.2×1.0B	1 150	1 050	5 000	1 500	2 500	4 000	970	1 600	7 300	
JTB1.6×1.2	1 800	1 700	5 700	1 450	2 850	4 300	1 000	800	9 000	

四、绞车房的高度、形状及支护

绞车房的高度的确定与绞车型号及安装要求有关。绞车的安装方法有两种,一种设吊装梁,另一种是以三脚架进行安装。其设计一般在 3～4.5 m 左右。绞车房断面一般设计成半圆拱形,用全料石或混凝土拱料面墙砌筑,或用锚喷支护。

五、绞车房布置实例

图 8-9(b)为 JTB1.6×1.2 型绞车的绞车房尺寸及风道布置图。

第四节　采区水泵房设计

一、水泵房尺寸

1. 水泵房长度

水泵房的长度与其内部布置的设备型号、数量及有关间隙有关。

$$L = nb + a(n+1) \tag{8-6}$$

式中　L——水泵房长度，m；

　　　n——水泵台数，台；

　　　b——水泵及电动机的基础总长度，m；

　　　a——各基础之间的距离，可取 1.5～2 m，最外侧基础至墙应适当加大到 2.5～3 m。

2. 水泵房宽度

水泵房的宽度由泵房基础宽度与水泵基础与墙间距离之和构成。

$$B = B_1 + B_2 + B_3 \tag{8-7}$$

式中　B——水泵房宽度，m；

　　　B_1——水泵房基础宽度，m；

　　　B_2——吸水井一侧水泵基础至墙的距离，一般为 0.8～1 m；

　　　B_3——有轨道一侧水泵基础至墙的距离，一般为 1.5～2 m。

3. 水泵房高度

水泵房的高度根据水泵的外形尺寸、排水管的悬吊高度及起重梁的高度而定，净高为 3～4.5 m。水泵房地面标高应高出车场轨面 0.5 m，并应向吸水小井设 1% 的下坡。

4. 吸水小井

吸水小井有两种形式，一种是设两个独立的吸水小井，另一种是设配水巷。吸水小井的形状可采用方形或圆形，深度一般为 4.0～5.5 m。有独立吸水小井的水仓不需砌碹，不需设闸门，施工简单方便。

二、水仓

水仓一般由两个断面相同、间隔 15～20 m 的巷道组成，其中一条正常使用，另一条用于清理或维护。

1. 水仓设计要求

（1）水仓的有效容量应能容纳 4 h 的采区正常涌水量。

（2）水仓向吸水小井方向应有 1‰～2‰ 的上坡，以便沉淀泥沙、清理时方便矿车行驶。

（3）为便于维护和清理水仓，一般采用单轨巷道的断面，并铺设轨道。水仓净断面，一般为 5～7 m²。

（4）水仓与吸水小井连接处的水仓底板标高应比泵房底板标高低 4.5～5.0 m，否则，水泵将因吸水高度的限制而无法抽出水仓内的全部积水。

（5）水仓在清理斜巷的标高最低处，其顶板标高必须较水仓入口处水沟的沟底为低，否则将影响水仓容积。

2. 水仓总长度

水仓的总长度 L 可由下式求得：

$$L=V/S \tag{8-8}$$

式中　L——水仓的总长度，m；

　　　V——水仓的有效容积，m³；

　　　S——水仓的净断面积，m²。

三、清理斜巷

清理斜巷是水仓与车场巷道之间的一段巷道，既是清理斜巷又是水仓的一部分。因此，计算水仓长度是以清理斜巷的起点为起点，以水仓与配水井的连接处为其终点。

一般清理斜巷的设计应达到如下要求：

（1）倾角 $\alpha \leqslant 20°$，以保证装满煤泥的矿车提升时不泼洒，一般可取 20°。

（2）保证水仓最高水位应低于泵房地面 1～2 m，水仓顶必须低于附近巷道最低点的水沟底。

四、水泵房布置实例

图 8-10 为一具体的水泵房布置形式图。

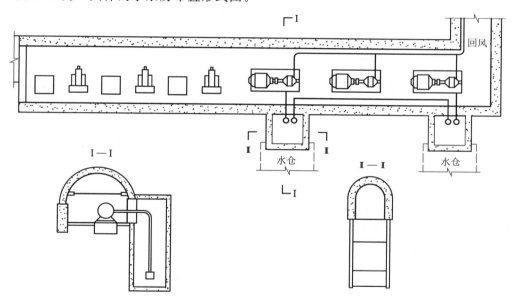

图 8-10　水泵房布置图

第九章　采煤方法设计

第一节　回采巷道布置

回采巷道的布置方式与采煤工作面使用采煤工艺和煤层的倾角、厚度、层数、层间距等因素有关。

一、薄及中厚煤层炮采、普通机械化采煤

薄及中厚煤层炮采、普采回采巷道布置如图 9-1 所示。

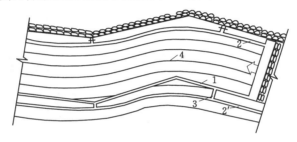

图 9-1　薄及中厚煤层炮采、普采时回采巷道的布置方式

1——工作面运输平巷；2(2′)——工作面回风平巷；3——联络巷；4——煤层底板等高线

二、综合机械化采煤

综采(放)工作面或大采高综采工作面的回采巷道布置方式,根据矿井采煤、掘进的机械化程度,煤层巷道的维护条件,煤层瓦斯涌出量的大小以及工作面安全的需要,工作面回采巷道布置有单巷、双巷和多巷等三种方式,见表 9-1。

表 9-1　　　　　　　　　　综合机械化工作面回采巷道布置方式

方　式		图示	优缺点及适用条件
单巷式			巷道掘进工程量省,掘进率低,维护量小,系统简单,管理方便,可实现无煤柱布置,提高煤炭回收率,防止煤层自然发火;运输巷靠近工作面一侧材料、设备运输不便。适用于综采、综放或大采高面采煤工作面
双巷式	下侧双巷		工作面一侧布置双巷,通风方式为两进一回,靠工作面一侧为带式输送机运输巷,外侧可布置泵站、移动站等电气设备。适用于大断面回采巷道维护较困难时

续表 9-1

方　式		图　示	优缺点及适用条件
双巷式	上侧双巷		工作面一侧布置双巷,通风方式为一进两回,工作面运输巷兼作进风巷,紧靠工作面回风巷为辅助运输巷,另一条为工作面瓦斯排放巷,常布置在工作面回风巷一侧的顶煤中
	两侧双巷		工作面布置四条巷道,通风方式为两进两回,双巷布置有利于煤层起伏较大的工作面排水、巷道掘进及工作面的回风等情况;该方式巷道掘进率高,维护工作量大。适用于瓦斯含量高的矿井
多巷式	三进两回		工作面布置五条巷道,通风方式为三进两回,靠近工作面的一条铺设输送机运煤,另一条辅助运输兼进风,其余均进风和备用,上侧平巷一般作为回风用;掘进及回采期间进风容易,工作面快速推进时能防止瓦斯聚集
	三进三回		工作面布置六条巷道,通风方式为三进三回,工作面通风容易,单巷风阻低且能保证工作面有足够的风量。特别适用于瓦斯含量高的矿井,且工作面平巷多采用连续采煤机掘进时
图　　注		1——工作面运输平巷;2——工作面回风平巷;3——开切眼	

多条巷道布置方式多用于高瓦斯的矿井或工作面,具体的巷道布置方式还有二进三回、四巷布置等方式,选择时可根据具体条件设置回采巷道的数目及其承担的运输、进(回)风或辅助备用等任务。

三、煤层群或厚煤层分层采煤

煤层群或厚煤层分层开采时,区段平巷的布置方式见表 9-2。

表 9-2　　　　　　　　　煤层群或厚煤层分层开采时区段平巷布置方式

方式	图　示	优缺点	适用条件
重叠式		优点:当开采厚煤层时,下分层巷道沿假顶掘进,方向易掌握,顶压较小,维护条件好;各分层工作面长度基本相同,有利于采区(盘区)均衡生产 缺点:对上分层巷道处的假顶铺设质量要求严格,否则下分层巷道不好掘进和维护;分层间采用竖直眼联系时,掘进和运料不方便	近水平煤层或倾角小于 10° 的缓倾斜煤层

方式		图示	优缺点	适用条件
倾斜式	内错式	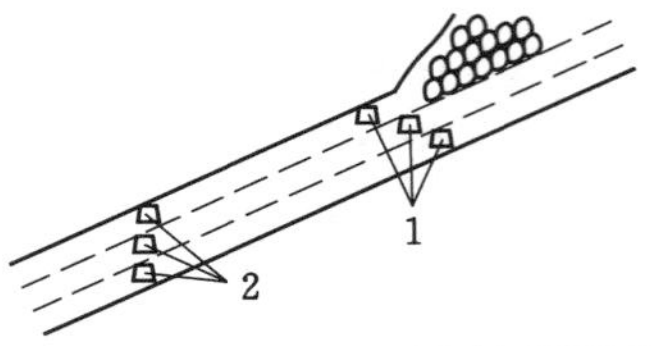	优点:巷道维护条件好;下分层巷道在假顶下掘进易于掌握方向 缺点:分阶段煤柱较大,特别是当分层数目多时	近水平煤层或倾角小于 15°的缓倾斜煤层
	外错式	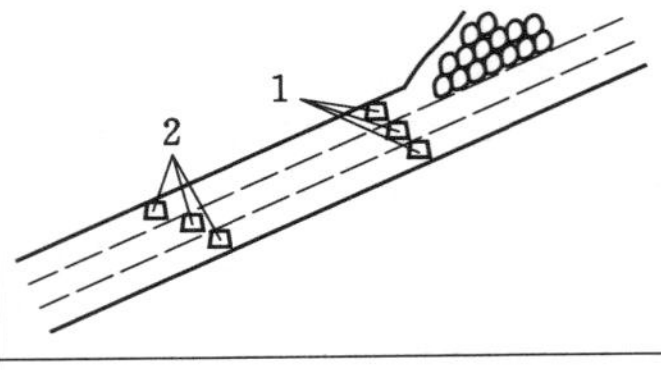	优点:煤炭损失少,巷道顶板为原始顶板 缺点:下分层巷道处于固定支承压力范围处,维护困难;在下分层工作面的上、下出口处没有人工假顶;采煤和支护均较复杂;煤柱尺寸较大	
水平式		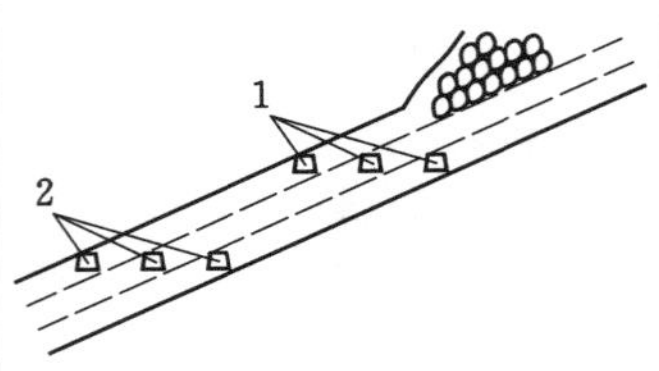	优点:各分层工作面长度基本保持不变;避免污风下行;减少辅助运输环节,运输及行人方便 缺点:运送煤炭的联络煤门或石门内需要铺设输送机,增加运输环节	煤层倾角大于 15°,由于无下行风,也适用于开采瓦斯大的煤层
混合式	水平与倾斜	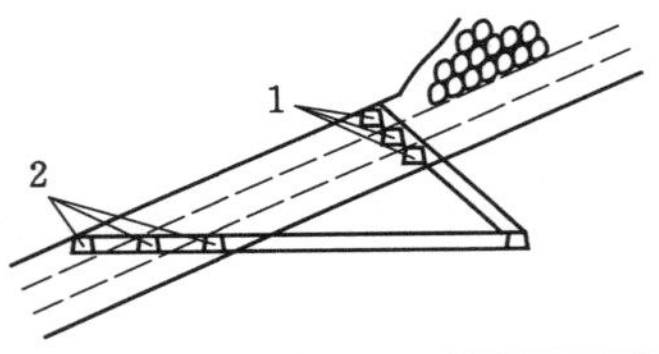	煤炭可自溜,材料可水平运送	布置方式较多,根据具体的地质条件,分阶段集中平巷的使用以及其他有关问题通盘考虑选取
	内错与外错	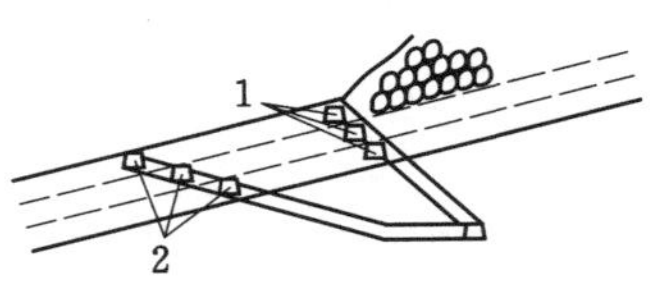	煤炭可自溜,材料需要提升	
	倾斜与重叠	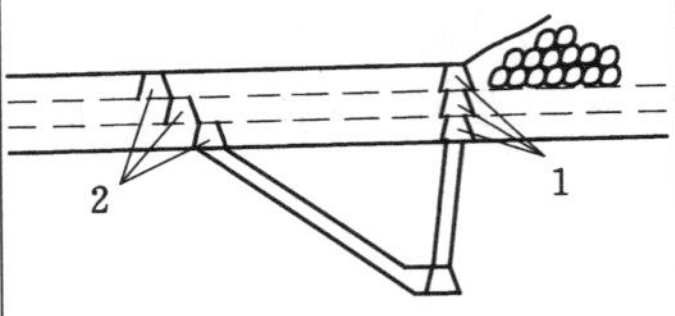	区段运输平巷多采用重叠式,可实现煤炭自溜;区段回风平巷多采用外错式,巷道顶板易维护	根据具体地质条件灵活选择
图 注		1——区段运输平巷;2——区段回风平巷		

第二节　采煤工艺设计

一、采煤工作面长度设计

1. 地质因素

煤层地质条件是影响工作面长度的重要因素之一。凡在工作面长度方向有较大的地质变化(如断层、褶曲、煤层厚度、倾角等)的应以此为界限划分工作面。

当有下列情况时,工作面长度不宜过长:采用单体支柱,采高大于 2.5 m;煤层倾角大于

25°时；工作面顶板破碎难以维护时。

工作面瓦斯涌出量决定着通风能力。低瓦斯矿井一般不受限制，但高瓦斯矿井，通风能力则是限制工作面长度的重要因素。工作面长度按下式验算：

$$L = \frac{60vMl_{\min}C_{f}}{q_{b}BPn} \tag{9-1}$$

式中　v——工作面允许的最大风速，4 m/s；

　　　M——采高，m；

　　　$l_{\min}$——工作面最小控顶距，m；

　　　C_{f}——风流收缩系数，可取 0.9～0.95；

　　　q_{b}——单位产量所需风量，m³/t；

　　　B——循环进尺，m；

　　　P——煤层生产率，即单位面积出煤量，t/m³，$P = M \cdot \gamma \times 10^{-1}$，其中 γ 为煤的容重（体积力），kN/m³；

　　　n——昼夜循环数。

2. 技术因素

当地质条件一定时，工作面设备是影响长度的主要因素。炮采时，由于支护、放顶工作量大，推进速度慢，可使工作面长度短些；高档普采时，机组割煤，工作面可适当加长；综采实现了全部工序机械化，为充分发挥设备效能，工作面长度可再加大。在工作面设备中输送机在很大程度上限制着工作面长度。国产刮板输送机大都按 150～200 m 的铺设长度设计，所以工作面长度在 150～180 m 左右。

3. 经济因素

从经济角度考虑，工作面存在一个产量和效率最高、效益最好的长度。根据工作面产量和长度关系应用数学分析法，给出经济上的最佳长度。

单向割煤，往返进一刀所需时间 t_{L} 为：

$$t_{L} = (L - L_{1})\left(\frac{1}{v_{c}} + \frac{1}{v_{k}}\right) + t_{1} \tag{9-2}$$

双向割煤，往返进两刀所需时间 t_{L} 为：

$$t_{L} = (L - L_{1})\frac{1}{v_{c}} + t_{1} \tag{9-3}$$

式中　L——工作面长度，m；

　　　L_{1}——工作面端部采煤机斜切刀长度，m；

　　　v_{c}——采煤机割煤时牵引速度，m/min；

　　　v_{k}——采煤机反向空牵引或清浮煤、割煤时的牵引速度，m/min；

　　　t_{1}——采煤机反向操作及进刀所需时间，min。

工作面日产量为：

$$Q_{r} = nLMB\gamma C \tag{9-4}$$

式中　L——工作面长度，m；

　　　M——采高，m；

　　　B——循环进尺，m；

　　　γ——煤的容重，t/m³；

n——昼夜循环数。

$$n = \frac{60(24 - T_1 - T_2)K}{t_L} \tag{9-5}$$

式中 T_1——上下班路途时间，min；

  T_2——生产准备时间，min；

  K——开机率，%。

将式(9-5)代入式(9-4)，对于某一具体的工作面，将 L 看作变量，其他参数基本为常数，则化简后为：

$$Q_r = \frac{AL}{L + B} \tag{9-6}$$

工作面中工人数目可分为随工作面长度变化而变化的人数 e 和与工作面长度无关的固定人数 f 两部分，故总出勤人数 $D = eL + f$，则工作面效率 P 为：

$$P = \frac{Q_r}{eL + f} \tag{9-7}$$

式(9-6)和式(9-7)表示曲线 Q_r、P 随 L 增加而增加，达到一定值后，L 增加值又会减小。由此可确定经济上最佳的工作面长度。

此外，还可综合考虑工作面设备租赁费、修理费、区段平巷掘进费、工作面搬家费、工人工资等费用，求出工作面吨煤费用最低的最优工作面长度。

我国目前的开采技术条件及近年来的发展，缓倾斜煤层工作面长度一般为：炮采 $80\sim120$ m，普采 $100\sim150$ m，综采 $120\sim200$ m。

二、采煤工作面生产能力的确定

当采煤工作面长度一定时，工作面的生产能力取决于循环进度和日循环数。不同的采煤工艺有不同的影响因素。

1. 炮采工作面

炮采中影响循环进度的主要因素有顶板条件、煤的强度、金属铰接顶梁长度。一般情况下，选择循环进度与顶梁长度相等。但在选择铰接顶梁时，必须考虑顶板条件和煤的强度。顶板破碎选小值，反之选大值。煤的强度会影响打眼速度等。

通常炮采工作面年推进度可达 $480\sim540$ m，平均产量 15 万 t/a。循环进度初定后，依此确定日循环数，然后结合矿井生产计划进行适当调整，最后确定工作面生产能力。

提高炮采工作面生产能力的途径有：采用先进的微差爆破技术，减少爆破工序时间；合理优化爆破参数，提高爆破自装率，降低对支柱的冲击；合理配备各工序人员和安排各工序的衔接人与合作，减少窝工；提高管理和技术水平；等等。

2. 普通机械化采煤工作面

普采工作面循环进度主要与采煤机功率、输送机能力、铰接顶梁长度等有关。

每日循环数影响到工作面年推进度，它受采煤机的开机率和牵引速度的影响，进而又受工作面中其他工序的影响。设计规范规定普采工作面年推进长度不应小于 700 m。因此可根据此初定工作面生产能力，再根据矿井计划产量和正规循环率等情况来适当调整，最后确定工作面生产能力。目前国内平均单产在 20 万～30 万 t/a。

提高普采工作面生产能力的途径有：合理安排各工序；采取措施实行正规循环；提高开机率；提高管理和生产技术水平，降低人为事故耽误的生产时间；等等。

3. 综采机械化采煤工作面

由于综采工作面应用液压支架,移动距离较灵活,循环进尺主要取决于采煤机的功率和煤的强度,一般为 0.6~1.0 m。

综采工作面机械化程度高,所以日循环数也相应增多。设计规范规定,厚度大于 3.2 m 一次采全高的煤层及厚度小于 1.4 m 的薄煤层综合机械化采煤工作面年推进度不应小于 1 000 m,煤层厚度 1.4~3.2 m 的综合机械化采煤工作面年推进度不应小于 1 200 m。据此,可初定综采工作面的生产能力。目前国内综采工作面平均单产在 80 万~90 万 t/a,有许多工作面已达到 1.00 Mt/a 以上,个别达 5.00~8.00 Mt/a。

综采工作面提高生产能力途径有:合理地进行工作面机械设备配套;提高开机率;提高生产管理和技术水平;制定严格严密的作业规程,确保正规循环作业;等等。

三、采煤工艺主要参数

1. 循环方式

(1) 循环和正规循环作业

工作面内全部工序至少完成一次的采煤过程,叫循环。单体支柱工作面以回柱放顶为标志,综采工作面以移架为标志,即放一次顶或移一次架为一个循环。在规定时间内,按既定的工艺方式,保质保量完成的一个循环称为正规循环。实践证明,实现正规循环作业,是煤矿生产中一项行之有效的科学管理方法,可有效地保证工作面高产、稳产和高效。

循环率是衡量正规循环完成好坏的标准。

$$循环率 \ \eta = \frac{月实际完成循环数}{月计划循环数} \times 100\%$$

此值不应低于 80%,否则应查明原因,改进薄弱环节。当由于技术革新提前完成正规循环时,应重新制定新的循环方式,以便提高产量。

(2) 循环方式的确定

根据每日完成的循环个数,循环方式可有单循环和多循环之分。

确定循环方式时,应综合考虑矿井生产能力、工作面生产能力、矿井工作制度及人员配备和管理水平等因素。其中工作面生产能力与工作面选择的作业形式、工序安排、劳动组织有关。

确定循环方式的一般步骤为:首先根据工作面地质条件、生产技术条件,确定工序安排形式,排出工艺流程图;其次,根据工序安排和劳动定额确定作业形式和人员配备;第三,绘出正规循环图并计算产量;第四,根据该工作面的计划产量,对工作面循环方式进行调整。如此反复,直至达到 80% 循环率的情况下能完成计划产量,并留有适当余地为止。

2. 作业形式

采煤工作面作业形式是指一昼夜内工作面中采煤班与准备班在时间上的配合方式,它由作业规程中的循环作业图来反映。

(1) 作业形式的确定

常用的作业形式有下列五种:

① "两采一准":昼夜三个班,两班采煤,一班准备。采煤班以落煤、装煤、运煤、支护为主;准备班完成回柱放顶、检修、掐接输送机等工作。适用于准备工作量较大的炮采工作面。

②"三班采煤,边采边准":即落煤与放顶两个主要工序在空间上错开一定的安全距离,实行平行作业。此方式可充分利用空间、时间和设备,适用于普采工作面。

③"四班作业,三采一准":每日四班,三班采煤,一个班检修。这种作业形式,既可增加采煤时间,又可保证机器有充分的检修时间,更适用于综采工作面。

④"四班交叉":每日四班,每班首尾两小时为两班交叉作业时间,可把工作量大的工作集中在人员多的交叉时间内进行。此方式适用于炮采或普采中各工序工作量差别较大的工作面。

⑤"两班半采煤,半班准备":此方式增加了采煤时间,有利于提高产量。适用于准备工作量较小时的综采或普采工作面。

(2)工序安排

采煤工作面工序安排有排序作业和平行作业及两种相结合的形式等。安排时,应分清主、次工序,保证主要工序顺利进行,尽可能地增加出煤时间;辅助工序尽可能与采煤平行,充分利用空间和时间,并保证作业安全;对于薄弱环节,结合定额,加强措施。

根据上述要求,排出工艺流程图。它是编制循环作业的基础。

3. 劳动组织

劳动组织是指正规循环中生产工人的组织形式和劳动定员。劳动组织与作业形式、工序安排等有密切关系,合理的劳动组织有利于完成正规循环,有利于提高质量和效率。

长壁工作面劳动组织有下列几种:

(1)分段作业。采用综合工种,将采支工人分成小组,沿工作面全长分为若干段,每段由一个小组负责,每个小组综合作业,共同完成本段各工种工作。优点是:劳动量均衡;工人熟悉工作地点情况,对安全有利;采用综合工种,有利于劳动力搭配。缺点是局部地段变化时,可能影响全工作面进度。这种形式较适用于炮采和刨煤机工作面。

(2)追机作业。即将工作面工人按专业分组,各专业组跟随采煤机及时完成清底煤、移输送机和回柱放顶或移架等各专业工作。优点是工种单一,技术熟练,工作效率高。缺点是分工过细,劳动量不均,忙闲不匀,跟机作业劳动强度大。适用于普采和综采工作面。

(3)分段接力追机作业。它是上述两种形式的结合,具体做法是将工作面划分为若干段(多采用每段6 m),将工人划分为若干小组,每组负责一段内的综采工作。各组轮流接力追机。这种作业形式可充分利用工时,也可减轻劳动强度,还可以在必要时集中力量处理事故。适用于长工作面的普采和综采。

四、采煤工作面设计选型实例

下面以某长壁大采高综采工作面为例,说明设备的选型与配套设计。

已知条件:该矿设计年产4.00 Mt/a。根据矿井条件,经过选型计算,拟定采用长壁大采高综采,装备世界先进水平的大功率高可靠性设备,以加大开采强度,提高规模效益,建设新型的高产高效现代化矿井。

1. 综采工作面选型配套原则

从高产高效、一井一面、集中生产的综采发展新趋势要求出发,必须增大工作面设计长度,加大截深,选用能切割硬煤的特大功率采煤机组,提高割煤速度,相应地提高液压支架的移架速度,与大运量、高强度的工作面运输机相匹配,机巷也必须采用长距离大运量的带式输运机。从设备技术性能要求出发,所选综采机械设备必须是技术上先进,性能优良,可靠性高,以保证综采设备的开机率,同时各设备间要相互配套性好,保持采运平衡,最大限度地发挥综采优势。

2. 工作面设备的选型

(1) 采煤机

矿井设计以一个长壁综采工作面和两个连采工作面保证年产 400 万 t 的生产能力。考虑一定的富裕系数,综采工作面的日产量应在 11 000 t 以上。根据日产量要求,平均日循环数应为 8 个。据有关资料,国外高产高效工作面开机率一般在 70% 以上,最高达 95%;国内高产高效面先进水平一般在 40%～45%,引进国外设备按比国内先进水平有所提高的原则,取开机率为 55%。

① 确定采煤机的牵引速度

$$v=(L-L_1)/(T\times 60-n\times T_1) \tag{9-8}$$

式中　v——采煤机所需平均牵引速度,m/min;

L——工作面设计长度,219.5 m;

L_1——工作面生产时采用斜切进刀开机窝方式,开机窝长度取 35 m;

T——工作面开机时间:$14\times 55\%=7.7$(h);

n——昼夜循环数,取 8;

T_1——开机窝时间,取 20 min。

$$v=(219.5-35)/(7.7\times 60-8\times 20)=4.88(\text{m/min})$$

则工作面的最大牵引速度应为 $1.4\times 4.88=6.83$(m/min)。

按照计算,采煤机的实际截煤速度应达到 6～7 m/min。空载时要求其速度不小于 12 m/min,以减少辅助工作时间。国外双高工作面的采煤机实际截煤速度普遍在 8 m/min 以上,最高达 13 m/min,最大牵引速度已达 31.8 m/min。

② 采煤机的功率

$$W=60vBHkH_w \tag{9-9}$$

式中　W——需要的采煤机功率,kW;

v——采煤机所需平均牵引速度,m/min;

B——工作面截深,取 0.865 m;

H——采高,根据国外大采高设备能力,取 5.0 m;

k——破岩能力系数,取 1.4;

H_w——能耗系数(1.1～4.4),取 3～3.5。

$$W=60\times 4.88\times 0.865\times 5.0\times 1.4\times (3\sim 3.5)/3.6=1\ 477.4\sim 1\ 723.6(\text{kW})$$

国外采煤机牵引速度普遍比国内的高,因此,功率需求普遍比国内大,且在遇地质构造时还可以切割岩石。因此,厚煤层大采高采煤机总功率一般应在 1 700～1 800 kW。

根据美国、澳大利亚等国高产高效工作面及国外几家主要采煤机厂家使用和生产采煤机机型来看,当今世界采煤机发展方向已趋向交流电牵引采煤机,它以技术先进、控制操作灵活方便、易实现自动化等优点,逐步取代液压和直流电牵引采煤机成为当前的主导机型。美国高产高效工作面交流电牵引采煤机占 95%,澳大利亚、南非等国家也占到 85% 以上,国内神华矿区占 90% 以上。采煤机技术方向是大功率、电牵引、多电动机、横向布置、大截深、快速牵引、微机工况监测和故障诊断以及高可靠性和方便的维修性。

设计矿井煤质较硬,普氏硬度 f 约为 4,有煤层构造。工作面超前压力显现较明显,在采煤过程中易出现片帮现象。通过选型计算,结合工作面地质情况,选用德国艾柯夫公司的 SL500 型交流电牵引采煤机,装备了强大的截割功率,牵引速度快并具有很高的机械强度,可保证在厚煤层和坚硬截割条件下的安全使用。机身 3 段间采用高强度液压螺栓连接,截割电动机横向布置。整机采用 16 位微机 MICOS68 控制,具有状态监测和故障诊断功能,并装备了自动化功能:① 采煤机在有人控制下截割 1 刀后,其后的截割就可以进行无人操作;② 限量控制卧底和采高,帮助操作人员作业。采煤机通过先导控制线或数据线可与平巷主机进行数据传输,并可将数据传输到地面。采煤机的具体技术特征见表 9-3。

表 9-3   **SL500 采煤机主要技术特征表**

项 目	技术特征	项 目	技术特征
生产能力/t·h⁻¹	4 000(以 12 m/min 牵引时)	牵引方式	齿轨式无链交流电牵引
最小/最大采高/m	2.7/5.2	牵引速度/m·min⁻¹	0～31.8
滚筒直径/截深/mm	2 700/865	牵引力/kN	734
卧底量/mm	640	牵引功率/kW	2×90/660 V
切割硬度	$f=1～5$	液压泵电动机功率/kW	35/1 000 V
截割功率/kW	2×750/3 300 V	总装机功率/kW	1 715(不包括破碎机)
冷却方式	水冷	质量/t	88

(2)可弯曲刮板输送机

① 工作面刮板输送机的生产能力应保证采煤机采的煤被全部运出,并留有一定备用能力。采煤机的实际生产能力比理论生产能力低得多,特别是受设备开机率和液压支架移架速度、刮板机生产能力等影响和高瓦斯矿井瓦斯涌出量及通风条件制约,牵引速度必然受限制。实际能力为:

$$Q=60H_B v\gamma C \tag{9-10}$$

式中 Q——采煤机小时割煤量,t/h;

      H_B——采高,5 m;

      v——采煤机实际牵引速度,取 6 m/min;

      γ——煤的容重(体积质量),1.45 t/m³。

      C——采煤机反向空牵引或清浮煤、割煤时的牵引速度,m/min。

$$Q=60×5×0.865×6×1.45×0.9=2\ 031(t/h)$$

则刮板输送机输送能力应达到 2 500 t/h。

② 运输机的铺设长度和装机功率应依照工作面设计长度和采煤参数确定。经初步计算,功率应在 1 200 kW 以上,结构应坚固耐用,机头结构为交叉侧卸式,驱动装置垂直布置,中部槽为整件铸造槽帮,封底结构,双中链链条不小于 2×34 mm,机尾可以实现自动张紧链条,应采用软启动方式驱动,电脑控制。根据上述原则选择 DBT 公司 PF4/1132 型工作面刮板输送机,其主要技术特征见表 9-4。

表 9-4   **PF4/1132 型刮板输送机主要技术特征表**

项　　　目	技术特征	项　　　目	技术特征
运输能力/t·h⁻¹	2 500	链形式	双中链
电动机功率/kW	2×700	链中心距/mm	165
供电电压/V	3 300	链速/m·s⁻¹	1.28
溜槽尺寸($L×W×H$)/mm×mm×mm	1 750×988×284	刮板间距/mm	876
链条尺寸/mm×mm	$\phi42×146$	卸载方式	交叉侧卸
传输控制	CST 可控传输,内置式	冷却方式	水冷
机尾链张紧行程/mm×mm	500	主机质量/t	550

  运输机的 CST 驱动控制有半自动和全自动两种方式,由 1 台 PROTEC 电脑连接每一台驱动部,用于控制安装在减速器内的 CST 离合器,并监测压力、温度、转速、油位等参数,CST 在电脑控制下在 15 s 内软启动。在全自动方式下,可通过小型控制站监视电动机功率等,实现载荷均匀分布和卡链过载保护等,遇冲击载荷时离合器分离。数据扫描器能处理17 种不同的电子信息,并可在主电脑上查找到这些信息,具有故障诊断功能。运输机机尾链的液压自动张紧控制,由带有微处理器的 PM4 系统控制,输入电动机电流、紧链千斤顶行程、千斤顶单向阀的压力,通过软件控制算法来控制液压缸,自动调节链的张紧。

  (3) 液压支架

  ① 液压支架架型选择

  液压支架是综采工作面最重要的设备之一,从目前世界先进采煤国家长壁工作面中的液压支架看,液压支架基本以掩护式为主,约占全部架型的 96%,且有向二柱式发展的明显趋势。美国 1994 年有 80 个长壁工作面,使用二柱掩护式支架 73 套,占 91.25%,是美国长壁工作面使用的主要架型,支架工作阻力大部分为 7 000~8 000 kN,最大的二柱掩护式支架工作阻力达到 9 800 kN。

  顶板一般为砂岩或砂质页岩,属中等稳定和稳定类别,底板多为页岩和砂岩,也较为稳定。多年的生产实践证明,高工作阻力的二柱掩护式支架适应顶板属于中等稳定的长壁工作面。本例矿井煤层赋存条件及顶底板条件与美国的相类似,借鉴国外生产高产高效工作面经验,结合我国架型选择要求,工作面液压支架采用掩护式。支架的顶梁要求采用整体刚性结构,不使用铰接顶梁。支架在要求的工作高度下应能保证支架的整体稳定性,应设护帮板,前探梁带一级护帮板,支架底座采用带有基座千斤顶的刚性底座。

  ② 操作方式的选择

  液压支架技术的重大突破当属电液控制系统,采用了电子控制的先导阀、先进可靠的压力和位移传感技术、灵活自由编程的微处理技术和红外遥感技术等现代科技成果,可实现成组移架、推移输送机,使液压支架的动作自动连续进行,移架速度大大提高,移架循环时间可达到6~8 s。支架的电液控制系统应接收采煤机的位置信号,实现与采煤机的联动,并可将工作面支架工作状况图形及数据和采煤机的部分数据传输至地面。美国 1994 年 80 个工作面中 70个工作面是电液控制支架工作面,占 87.5%。澳大利亚采用电液控制的工作面也占绝大多数。

  总之,支架应具有结构简单、控制先进可靠、操作简单、便于维修等特点。

  ③ 支架支撑高度的确定

最大高度：

$$H_{max} = h_{max} + S_1 \tag{9-11}$$

式中　H_{max}——支架支撑最大高度，m；

　　　h_{max}——煤层最大采高，5.2 m；

　　　S_1——伪顶或浮煤冒落厚度，一般取 200～300 mm。

$$H_{max} = 5.2 + 0.3 = 5.5 (m)$$

最小高度：

$$H_{min} \leqslant h_{min} - S_2 - a_{min} - b \tag{9-12}$$

式中　H_{min}——支架支撑最小高度，m；

　　　h_{min}——煤层最小采高，取 2.9 m；

　　　S_2——顶板最大下沉量，一般取 200 mm；

　　　a_{min}——支架移架所需最小降架量，取 50 mm；

　　　b——浮煤厚度，按 50 mm 估算。

④ 支架支护强度的计算

$$P = Nhl \tag{9-13}$$

式中　P——支架支护强度，MPa；

　　　N——支架载荷相当于采高岩重的倍数，中等稳定顶板以下取 $N=6～8$；

　　　h——采高，取 5.0 m；

　　　l——顶板岩石密度，取 2.57 t/m³。

$$P = (6～8) \times 5.0 \times 2.57 = 80.18～106.9 (t/m^2)$$

取 110 t/m²，即 1.1 MPa。

支架工作阻力实际上反映了支架在工作过程中所需承受的顶板载荷。而顶板载荷与煤层厚度近似呈直线关系，以此来确定支架的工作阻力为：

$$Q = 9.8‰ \times NhFl = 9.8‰ \times (6～8) \times 5 \times 8.16 \times 2570 = 6166～8220 \text{ kN}$$

取 8 300 kN。式中 F 为支架的支护面积，取 8.16 m²。

根据计算确定液压支架的技术参数见表 9-5。

表 9-5　　　　　　　　　　　　掩护式液压支架技术参数

项　目	技术特征	项　目	技术特征
支架高度/mm	2 250～4 500，2 550～5 500	立柱中心距/mm	900
支架宽度/mm	1 610～1 850	平均对地比压/MPa	2.51
通风面积/m²	17/20	底座面积/m²	3.413 2
起底液压缸推、拉力/kN	387	移架力/kN	560
泵站压力/MPa	31.5～35.7	推溜力/kN	310
立柱液压缸直径/mm	345/325	支护强度/kN·m⁻¹	21 100
立柱活塞压力/kN	4 900	端部载荷/kN	1 640
初撑力/kN	5 890	电液系统	PM4
平衡液压缸、推拉力/kN	1 150/600	平巷主机	MCU
工作阻力/kN	2×4 139	架中心距/mm	1 756
顶梁长度/mm	3 945/中间架		

⑤ 工作面支架数量

首采工作面共设计配套 130 架支架,其中端头架、过渡架共 15 架,支承高度 2.25~4.5 m;中间架 115 架,支承高度 2.55~5.5 m。每个支架由 1 个带微处理器的 PM4 服务器和螺纹式驱动器和若干传感器组成。每 8 个 PM4 配备 1 个电源,平巷安装有 1 个主 PM4 服务器和 1 个 Windows 操作界面的主计算机 MCU,通过快速插头连接线组成整个工作面 PM4 电液控制系统。

3. 回采巷道设备的选型

回采巷道设备的选型包括转载机与破碎机、浮化液泵、喷雾及冷却泵、供电系统及设备、带式输送机、监测监控系统的选型等。

(1) 转载机与破碎机

① 转载机

转载机应具有高强度,能够与带式输送机尾整体自移,选择参数以工作面运输机额定运量乘 1.1 环节系数确定,额定运输能力 2 750 t/h,因此选择 DBT 公司 PF4/1332 转载机,技术特征见表 9-6。

表 9-6　转载机技术特征表

项　目	技术特征	项　目	技术特征
运输能力/t·h^{-1}	2 750	长度/m	27.5
电动机功率/kW	315	主机质量/t	72(不包括破碎机)
供电电压/V	1 140	冷却方式	水冷
溜槽尺寸(L×W×H)/mm×mm×mm	1 500×1 188×284	配套机尾	MATILDA 带式输送机尾
链速/m·s^{-1}	1.54	有效推移行程/m	3.5
链中心距/mm	330	长度/m	11.6
链条规格/mm×mm	φ42×146	宽度/m	2.9
刮板间距/mm	756	行走机尾质量/t	20

② 破碎机

破碎机通过能力应确保工作面刮板机、转载机煤流的及时通过,应不小于 1.2×2 500＝3 000(t/h)。另外该地区煤种作为煤化工能源,要求块率要高,因此要选用滚筒形式为截齿式,要求截齿(座)强度高数量少,以减少块率损失,悬垂高度可调节,溜槽底板应具有足够强度。根据这些需求,选择 DBT 公司的破碎机。

(2) 喷雾及冷却泵

① 采煤机喷雾冷却泵

根据艾柯夫 SL500 型采煤机水冷及喷雾系统水流量 510 L/min,$P＝40~100$ bar 的要求,选择德国豪森科公司生产的 EHP-3K125 型两泵(一用一备),其技术参数见表 9-7。

② "三机"冷却泵

工作面运输机、转载机和破碎机的 4 个驱动电动机减速装置均采用水冷却方式,其压力为 3.5 MPa,流量总和为 90 L/min。因此,只需配套无锡生产 WPA-220/5.5 型冷却泵,将

表 9-7　　　　　　　　　　　采煤机喷雾泵主要技术参数

项　　目	技术特征	项　　目	技术特征
公称压力/MPa	31.5～35.7	预加压泵	N45/3G
公称流量/L·min⁻¹	309	功率/kW	7.5
电动机功率/kW	200	电压/V	1 140
质量/kg	1 500	公称压力/bar	4
水箱容积/L	2 200	公称流量/L·min⁻¹	620

静压力提高到 3 MPa 供给"三机"。"三机"冷却水采用电磁阀控制开启,并串有流量计。只有通水冷却正常后方可按顺序启动"三机",停机后自动关闭。

（3）供电系统及设备

根据工作面设备的装机容量大（4 707.5 kW）,走向长度长（2 000～3 000 m）,主要设备采煤机和运输机单机功率大的特点,为提高工作面供电质量,降低启动和正常电压损失,采用了 3.3 kV 供电,其余设备采用 1 140 V 供电,盘区采用 6 kV 供电。

工作面电气设备选用法国赛特公司生产的 2 台 TEK1534-2000-6/3.45 型负荷中心,低压侧 4 组合,分别供 SL500 型采煤机和工作面刮板输送机;2 台 TS1281-100006/1.2 型负荷中心（低压侧 8 组合）分别供转载机、破碎机、乳化液泵、喷雾冷却泵和其他辅助设备。该负荷中心的特点是集成度高,体积小,微机保护,功能齐全,控制方式灵活,电缆连接采用快速接头,方便快捷。其具体技术参数特征及配置见表 9-8。

表 9-8　　　　　　　　　　　工作面供电系统技术特征

设备名称	容量/kV·A	电压/V	电流/A	低压侧组合开关容量及回路数	质量/kg	数量
负荷中心 1	2 000	6	190/335	450 A,3 路	15 000	2
负荷中心 2	1 000	6	93/480	450 A,7 路	8 800	2

（4）带式输送机

对于机巷带式输送机,随着高产高效矿井的出现,国外已向长距离、大运量、大功率、大型化方向发展。据有关资料介绍,国外 3 000～5 000 t/h 高产高效矿井,平巷带式输送机主参数一般为:运距 2 000～3 000 m,带速为 3.5～4 m/s,输送量 2 500～3 000 t/h,驱动功率为 1 200～2 000 kW。对于长距离、大运量、高速度的带式输送机,必须有足够的启动时间,使启动加速度保持在允许范围内。因此应优先采用 CST 可控传输软启动控制。

另外,为适应快速推进需要,可伸缩带式输送机尾必须能快速自移。经分析对比,选择了澳大利亚 ACE 公司的带式输送机,其主要技术参数见表 9-9。输送机主机采用 PLC 控制 CST 软启动及外围设备控制胶带的液压自动张紧,并有汉化的防爆中文界面,LCD 显示屏人机界面友好,实现了对 CST 驱动离合器、拉紧绞车、冷却泵、风扇、制动闸及带式输送机运行状态及运行参数的监测与监控。

表 9-9　　　　　　　　　　　　带式输送机主要技术参数

项　　目	技术特征	项　　目	技术特征
输送量/L·min⁻¹	2 500	带宽/m	1 400
铺设长度/m	2 000	驱动方式	多点驱动
提升高度/m	70	驱动功率/kW	2×400
带速/m·s⁻¹	3.5	功率分配	Ⅰ：Ⅱ=1：1
驱动卷筒/mm×mm	一级 φ1 000×1 600	托辊/mm	φ152
	二级 φ1 032×1 600	驱动装置形式	CST 软启动＋逆止器
卸载卷筒/mm×mm	φ900×1 600	拉紧电动机/kW	30（液压自动张紧控制）
拉紧卷筒/mm	6 个 φ630	卷带电动机/kW	22（液压）

（5）监测监控系统

先进的长壁工作面装备必须有完善的监测监控系统。工作面共装备了工作面"三机"PROMOS 监测监控系统、乳化液泵的 PROMOS 监测监控系统和平巷带式输送机的监测监控 PROMOS 保护系统共 3 个系统。工作面"三机"PROMOS 监控系统通过编程可实现控制开启"三机"冷却水控制阀并监测冷却水流量正常后，做到有水后顺序开启破碎机、转载机和工作面运输机以及无水停机，并在开启破碎机时同时开启除尘风机，还可对转载机紧链和工作面刮板机运输机机头、机尾紧链和 CST 离合器故障进行监测和保护。乳化液泵站的 PROMOS 控制系统可根据液压支架的载荷情况，采集到系统输出压力信号自动控制开启泵的台数，可根据编程轮流选择为主泵，对乳化液泵喷雾泵的轴承润滑、箱液位等进行保护。带式输送机的 PROMOS 控制系统具有开车预警，故障报警和机头、尾、中间语言通信和急停闭锁功能，并具备堆煤、低速、打滑、烟雾、跑偏和纵撕等保护功能。LCD 显示屏可显示设备运行状态和故障的位置、性质，具有较强的自诊断功能和完善的保护。PROMOS 监控系统对提高工作面自动化水平起到了十分重要的作用。

第三节　采煤方法的选择

一、选择采煤方法的原则

采煤方法的选择是实现煤矿安全生产的重要环节，它将直接影响煤矿企业各项技术经济指标。应当结合区域经济特点，根据煤层赋存条件、矿井开采技术水平等因素，选用技术先进、经济合理、安全生产条件好、资源回收率高的采煤方法。

选择采煤方法，必须满足安全、经济、采出率高的基本原则，努力实现高产高效安全生产。所谓安全，就是必须贯彻"安全第一"的生产方针，做到采煤方法先进合理，采煤系统可行，技术措施完善。经济就是指高产、高效、低耗、低成本和煤炭质量好。采出率高就是要求尽量减少煤柱损失，减少采煤工作面留煤损失和其他损失，最大限度地提高煤炭资源采出率。选择采煤方法应当遵循的三个基本原则，是密切联系又相互制约的，在选择时应当综合考虑。

二、影响采煤方法选择的因素

为了满足采煤方法选择的原则要求，在选择和设计采煤方法时，必须充分考虑具体的地质、技术和经济因素的影响。

（1）地质因素

① 煤层倾角

煤层倾角是影响采煤方法选择的重要因素。煤层倾角的变化不仅直接影响采煤工作面推进方向、破煤方式、运煤方式、工作面长度、支护方式、采空区处理方法，而且还直接影响采区巷道布置、运输方式、通风系统、顶板灾害防治措施以及各种参数的选择。一般条件下，倾角小于12°的煤层，宜采用巷道简单的倾斜长壁采煤法；倾角大于12°的煤层，多数采用走向长壁采煤法。

② 煤层厚度

煤层厚度及其变化也是影响采煤方法选择的重要因素。根据煤的厚度，可以选择相应的采煤方法。一般条件下，薄及中厚煤层通常采用一次采全高的采煤方法，厚煤层可采用大采高综合机械化采煤一次采全高的采煤方法，也可以采用分层开采的方法。此外，煤层厚度还会影响到采煤工作面的长度，影响采空区处理方法的选择。在开采自然发火期较短的厚煤层时，就必须采取综合预防煤层自然发火的措施，采用全部充填和局部充填法处理采空区。

③ 煤层特征及顶底板稳定性

煤层的硬度、煤层的结构（含矸情况）、含煤层及煤层顶底板岩石的稳定性，都直接影响到采煤机械、采煤工艺以及采空区处理方法的选择，影响着采区巷道布置、巷道维护方法、采区主要参数的确定。

④ 煤层地质构造

采煤工作面内的断层、褶曲、陷落柱等地质构造，直接影响着采煤方法的选择和应用。由于地质构造的影响，有时不得不放弃技术先进的采煤方法，而采用适应性较强、安全可靠性较高的采煤方法。一般情况下，对于地质构造简单、埋藏条件稳定的煤层，宜于选择综合机械化采煤方法；对于地质构造复杂、埋藏条件不稳定的煤层，可选用普通机械化采煤、爆破落煤采煤方法，以及其他适应性较强、安全可靠性较高的采煤方法；走向断层的煤层宜采用走向长壁采煤法；多倾斜断层的煤层，宜采用倾斜长壁采煤法。因此，在选择采煤方法之前，必须加强地质勘查和测量工作，准确掌握开采范围内的地质构造情况，以便正确地选择适宜的采煤方法。

⑤ 煤层含水量

煤层及其顶板含水量较大时，需要在采煤工作面开采前采取疏排水措施，或在采煤过程中布置疏排水设施，这都应在选择采煤方法加以充分考虑。

⑥ 煤层瓦斯含量

煤层瓦斯含量较高时，在选择采煤方法时，应当考虑布置预抽瓦斯专用巷道和预抽瓦斯钻孔，并通过瓦斯管网进行瓦斯抽放。还要考虑在开采过程中加强通风和瓦斯管理，防止瓦斯事故的发生。

⑦ 煤层自然发火倾向性

煤层自然发火倾向性直接影响着采区巷道布置、工作面参数、巷道维护方法和采煤工作面推进方向等，决定着是否需要采取防火灌浆措施或选用充填采煤法，在选择采煤方法时应予以考虑。

（2）技术发展及装备水平

技术发展及装备水平也会影响采煤方法的选择。改革开放以来，我国采煤方法和采煤工艺技术在创新中得到不断发展，新方法、新工艺、新装备的推广应用为采煤方法选择提供了更广阔的空间。厚煤层放顶煤采煤法、大采高一次采全厚采煤法、伪斜柔性掩护支架采煤法、伪斜走向长壁采煤法等得广泛应用。工作面采煤工艺技术、装备能力不断提高，工作面单产水平和劳动效率迅速增长。因此在采煤方法选择时应考虑不同装备水平的工艺技术，工作面单产水平必须同矿井各个生产环节能力相适应，并留有适当的发展余地。

顶板管理和支护技术也影响到采煤方法的选择。譬如在坚硬顶板条件下，部分矿井采用高工作阻力液压支架和对顶板岩层进行注水软化技术，在坚硬顶板条件下成功地采用了垮落法处理采空区，取代了传统的煤柱支撑采煤法（即刀柱式采煤法）。

为了保护地面生态环境，开采建筑物下、铁路下、水体下的煤炭资源，可根据具体的自然和技术条件，选择相应的"三下"采煤方法。

（3）矿井管理水平

矿井管理水平及员工素质对采煤方法的选择也会产生一定的影响，在选择和应用那些要求高、生产组织复杂、管理比较复杂的采煤方法（如大采高一次采全高综采、大倾角综采、急斜煤层伪短壁采煤法、急煤层伪俯走向长壁采煤法等）时，应在加强对员工安全技术培训的前提下，按照先易后难原则，有计划、循序渐进地逐步使用，在掌握其技术要领并积累一定实践经验后再推广应用。选择采煤方法时，应避免忽视管理水平和员工素质的实际情况，在条件尚不具备的情况下，盲目采用新技术和新工艺。

（4）矿井经济效益

矿井的经济效益是选择采煤方法的重要因素。在选择采煤法时，要研究拟采用采煤方法的投入和产出关系，考虑企业的投资能力和采煤方法的经济效果。还要考虑设备供应和配件、消耗材料的供应情况，尽量保证生产消耗能就地取材，以降低原煤生产成本。

第十章　采动治理设计

第一节　保护煤柱留设原则及方法

一、保护煤柱留设原则

（1）在一般情况下，保护煤柱应根据受护面积边界和移动角值进行圈定。移动角值按建筑物下列允许变形值确定：

倾斜：$i=\pm 3$ mm/m。

曲率：$k=+0.2\times 10^{-3}$/m。

水平变形：$\varepsilon=+2$ mm/m。

（2）地面受护面积包括受护对象及其周围的围护带宽度，可按表 10-1 确定。

表 10-1　　　　　　　　　　　　　建构物保护煤柱的围护带宽度

建构物保护等级	围护带宽度/m	建构物保护等级	围护带宽度/m
I	20	III	10
II	15	IV	5

围护带宽度根据受护对象的保护等级而定，保护等级见表 10-2。

表 10-2　　　　　　　　　　　　　矿区建（构）筑物保护等级划分

保护等级	主要建（构）筑物
I	国务院明令保护的文物和纪念性建筑物；一等火车站，发电厂主厂房，在同一跨度内有两台重型桥式吊车的大型厂房，平炉，水泥厂回转窑，大型选煤厂主厂房等特别重要或特别敏感的、采动后可能发生重大生产、伤亡事故的建（构）筑物；铸铁瓦斯管道干线，大、中型矿井主要通风机房，瓦斯抽放站，高速公路，机场跑道，高层住宅楼等
II	高炉，焦化炉，220 kV 以上高压输电线路杆塔，矿区总变电站，立交桥；钢筋混凝土框架结构的工业厂房，设有桥式吊车的工业厂房，铁路煤仓、总机修厂等较重要的大型工业建（构）筑物；办公楼，医院，剧院，学校，百货大楼，二等火车站，长度大于 20 m 的二层楼房和三层以上多层住宅楼；输水管干线和铸铁瓦斯管道支线；架空索道，电视塔及其转播塔，一级公路
III	无吊车设备的砖木结构工业厂房，三、四等火车站，砖木、砖混结构平房或变形缝区段小于 20 m 的两层楼房，村庄砖瓦民房；高压输电线路杆塔，钢瓦斯管道等
IV	农村木结构承重房屋，简易仓库等

注：凡未列入表内的建（构）筑物，可依据其重要性、用途等类比其等级归属。对于不易确定者，可组织专门论证，并报省、自治区、直辖市煤炭主管部门审定。

（3）当受护建筑物和构筑物面积较小时，应酌情加大其保护煤柱尺寸，使建筑物受护面积内地表变形值叠加后不超过允许地表变形值。

（4）当受护边界与煤层走向斜交时，应根据基岩移动角求得垂直于受护边界线方向（即伪倾斜方向）的上山方向移动角 γ' 和下山方向移动角 β'，然后再确定保护煤柱。

γ' 和 β' 角值按下式计算：

$$\left.\begin{array}{l}\cot\gamma'=\sqrt{\cot^2\gamma\cos^2\theta+\cot^2\delta\sin^2\theta}\\\cot\beta'=\sqrt{\cot^2\beta\cos^2\theta+\cot^2\delta\sin^2\theta}\end{array}\right\}\qquad(10\text{-}1)$$

式中　θ——受护边界与煤层走向方向所夹的锐角；

　　　δ、γ、β——走向方向、上山方向和下山方向的基岩移动角。

（5）受护对象的外侧边界，可以在平面图上通过受护对象角点作矩形，使矩形各边分别平行于煤层倾斜方向和走向方向，在矩形四周作围护带，或在平面图上作各边平行于受护对象总轮廓的多边形（或四边形），在多边形（或四边形）各边外侧作围护带，该围护带外边界即为受护面积边界。

（6）有滑坡危险的山区建筑物留设保护煤柱时，为了防止山体滑移，在建筑物上坡方向，移动角应减小 $20°\sim25°$，或者加大保护煤柱尺寸（$0.5\sim1.0$）r（r 为主要影响半径）；在建筑物下坡方向，移动角应减小 $5°\sim10°$，或者加大保护煤柱尺寸（$0.2\sim0.5$）r。

（7）为其下有落差大于 $20\sim30$ m 断层的建筑物留设保护煤柱时，应考虑沿断层面滑移的可能性，适当加大煤柱尺寸，使断层两翼均包括在保护煤柱范围之内，如图 10-1 所示。

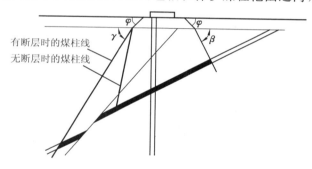

图 10-1　保护煤柱内有断层或立井穿过断层时保护煤柱留设方法

（8）立井保护煤柱应按其深度、用途、煤层赋存条件以及地形特点留设。立井深度大于或等于 400 m 的，以边界角圈定；小于 400 m 的，以移动角圈定；穿过急倾斜煤层的，在倾向剖面上以底板移动角圈定下山边界，在走向剖面上以移动角圈定。当穿过有滑移危险的软弱岩层、高角度断层和山区斜坡时，需考虑防滑煤柱和加大煤柱尺寸。

二、保护煤柱设计方法

对于必须留设保护煤柱的建筑物和构筑物，当其形状规整，且长轴与煤层走向或倾向平行时，宜用垂直剖面法圈定保护边界；当保护对象形状复杂，且又与煤层走向斜交时，宜用垂线法圈定保护边界；同时应用上述两种方法确定保护煤柱边界时，其重叠部分为受护对象的最合理保护煤柱；当圈定延伸形建筑物或基岩面标高变化较大情况下的保护煤柱时，宜用数字标高投影法。

煤层为向、背斜构造时，保护煤柱的留设方法一般用垂直剖面法，但保护边界的圈定要根据保护对象所在的构造位置和构造性质而定。

1. 垂直剖面法

（1）确定受护边界

在平面图上（图 10-2）通过被保护对象轮廓的角点分别作平行于煤层走向和倾向的四条直线，得到矩形 $abdc$。再按保护等级留设围护带，得受护边界 $a'b'd'c'$。

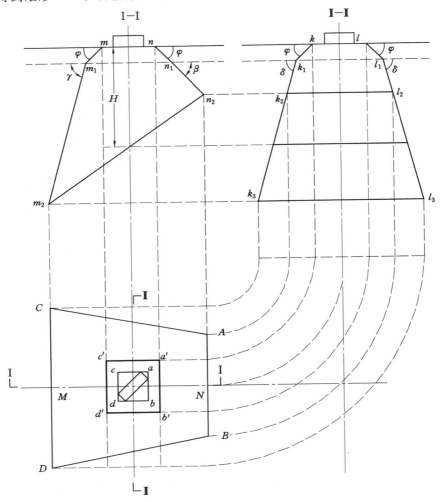

图 10-2　用垂直剖面法确定建筑物下保护煤柱

（2）确定保护煤柱

① 通过建筑物中心，沿煤层倾向作剖面 Ⅰ—Ⅰ（图 10-2），把建筑物及围护带投影到剖面图上，由围护带边缘点 m、n 作冲积层移动角 φ，与基岩面相交于 m_1、n_1 点。然后由 m_1 点作上山移动角 γ，由 n_1 点作下山移动角 β 分别交于煤层底板的 m_2 及 n_2 点。再将 m_2、n_2 点投到平面图上，得 M、N 点，通过 M、N 分别作与煤层走向平行的直线，此即保护煤柱在下山方向和上山方向的边界线。

② 通过建筑物中心，沿煤层走向作剖面 Ⅱ—Ⅱ，把建筑物及围护带投影到剖面 Ⅱ—Ⅱ 上得 k、l 两点。由 k、l 点作表土层移动角 φ，与基岩面交于 k_1、l_1 点。再由 k_1、l_1 点作走向移动角 δ 分别交煤柱上边界线 k_2、l_2 点和下边界线 k_3、l_3 点。再将 k_2、l_2 及 k_3、l_3 点转投到

平面图上,与由剖面Ⅰ—Ⅰ所确定的煤柱边界线投影相交于 A、B、C、D 四点,$ABDC$ 即为所求的保护煤柱边界。

2. 垂线法

(1)确定受护边界

在平面图上(图10-3)按保护对象的保护等级平行于保护对象的轮廓线留设围护带,可得受护边界 $abdc$。

(2)确定保护煤柱

将受护边界 $abdc$ 绘在煤层底板等高线图上(图10-3),由受护边界向外量出距离 $S=h\cot\varphi$(式中 h 为冲积层厚度,φ 为冲积层移动角),得在基岩面上的受护边界 $a'b'd'c'$。再从 a'、b'、c'、d' 四点向外作受护边界各边的垂线,各垂线在上山和下山方向的长度 q_i 和 l_i 分别按式(10-2)计算:

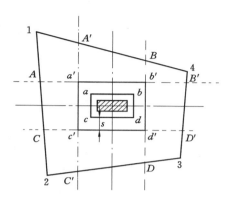

图 10-3　用垂线法确定建筑物下保护煤柱

$$\left. \begin{aligned} q_i &= \frac{H_i\cot\beta_i'}{1+\cot\beta_i'\cos\theta_i\tan\alpha} \\ l_i &= \frac{H_i\cot\gamma_i'}{1+\cot\gamma_i'\cos\theta_i\tan\alpha} \end{aligned} \right\} \qquad (10\text{-}2)$$

式中　H_i——a'、b'、c'、d' 各点位置的埋藏深度减去该点的冲积层厚度 h,此值可在煤层底板等高线图上分别确定。

　　　　θ_i——受护边界 $a'b'c'd'$ 各边与煤层走向之间所夹的锐角。当求垂直于受护边界 $a'b'$ 的垂线长度时,θ_i 角为 $a'b'$ 与煤层走向线间所夹的锐角;当求垂直于受护边界 $b'd'$ 的垂线长度时,θ_i 角为 $b'd'$ 与煤层走向线间所夹的锐角;其余各垂线长度确定 θ_i 角的方法同上。

　　　　β_1' 和 γ_1'——所作各垂线方向的下山和上山移动角,可根据 θ_i 角值按式(10-1)计算。

然后,按计算结果分别在各垂线上量取 q_i、l_i 值,得 A、A'、B、B'、C、C'、D、D' 各点,分别连接 BA'、AC、$C'D$、$D'B'$ 各线,并使其延长相交于 1、2、3、4 四点,则 1234 即为所求保护煤柱边界。

在确定 θ 角值时,如果煤层走向变化较大,则应根据所求点(如图10-2中的 A、A'、B、B' 等)附近的煤层走向线和受护边界线确定。

同时应用垂直剖面法和垂线法确定保护煤柱时,其重叠部分为受护对象的最合理保护煤柱,如图10-4中粗实线所示。

3. 数字标高投影法

(1)确定受护边界

在平面图(图10-5)上,按保护对象保护等级,平行于保护对象的轮廓线留设围护带,得受护边界 $abcd$。

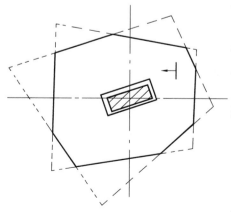

图 10-4　合理保护煤柱留法图

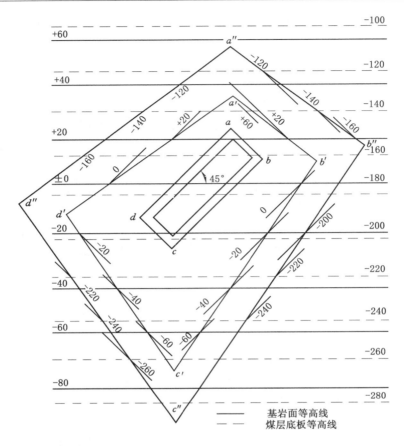

图 10-5　用数字标高投影法确定保护煤柱

（2）确定保护煤柱

用数字标高投影法确定保护煤柱是根据煤柱空间体的侧平面（倾角分别为 φ、β'、γ' 的平面）上等高线的等高距与煤层底板等高线（或基岩面等高线）的等高距相同的原则确定的。具体做法如下：

① 以 φ 角作保护煤柱空间体侧平面。相邻两等高线之间的水平距离为 $D_3 = D\cot\varphi$，其中，D 为煤层底板等高距。按平面图比例尺绘出倾角为 φ 的保护煤柱侧平面的等高线，此时保护煤柱侧平面的走向线与受护边界一致，故所作等高线平行于受护边界。连接保护煤柱侧平面与基岩面上各同值等高线交点，得工业广场在基岩面上的保护煤柱边界 $a'b'c'd'$。

② 以 $a'b'c'd'$ 为受护边界线，在基岩内以 β' 和 γ' 角值作煤柱侧平面，并按 $d_1 = D\cot\beta'$ 和 $d_2 = D\cot\gamma'$ 分别计算各侧面的保护煤柱侧平面上相邻两等高线之间水平距离 d_1 和 d_2。

③ 作 NM 垂直于 $a'b'$，取 $NM = d_1$，若 M 点高程为 H，则 N 点高程为 $H-D$。连接与 N 点同值高程的点 M'，则 $M'N$ 为 $a'b'$ 一侧保护煤柱侧平面的走向线。根据该走向线和 d_1，可以绘出该侧保护煤柱侧平面等高线，连接保护煤柱侧平面与煤层层面上同值等高线的交点，即得该侧保护煤柱边界 $a''b''$。

同理。可在 $b'c'$，$c'd'$ 和众 $d'a'$ 各侧面分别求出保护煤柱边界 $b''c''$，$c''d''$ 和 $d''a''$，

则 $a''b''c''d''$ 即为用数字标高投影法圈定的保护煤柱边界。

4. 煤层为向、背斜构造时建筑物保护煤柱的留设方法

（1）建筑物位于向斜轴部上方时［图 10-6(a)］，保护煤柱边界的圈定

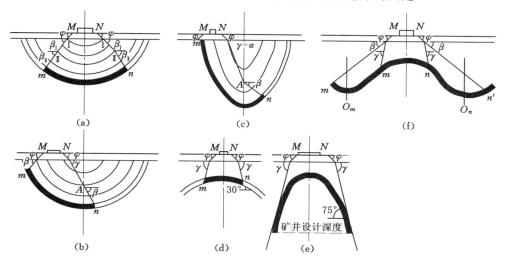

图 10-6　煤层为向、背斜构造时建筑物保护煤柱的留设方法

(a) 建筑物位于向斜轴部上方；(b) 建筑物位于向斜一翼上方($\alpha \leqslant 45°$)；

(c) 建筑物位于向斜轴部上方($\alpha > 45°$)；(d) 建筑物位于背斜轴部上方($\alpha \leqslant 55°$)；

(e) 建筑物位于背斜轴部上方($\alpha > 55°$)；(f) 背斜、向斜构造相连时

① 在煤层倾向剖面上由受护面积边界点 M、N，以 φ 角作直线至基岩面 I 点。

② 在基岩内，由于向斜翼上煤层倾角的变化，在采用 $\beta = \delta - k\alpha$（式中 δ 为走向移动角，α 为煤层倾角，k 为系数）确定保护煤柱上边界时，应选用不同的 α 值。为计算方便，按倾角相差 10°为间隔，用 α_I 求出 β_I，由 I 点以 β_I 作直线交于 II 点（II 点处的煤层倾角 α_{II}，较 I 点处 α_I 相差 10°）。

③ 用 α_{II} 求出 β_{II}，由 II 点以 β_{II} 作直线至煤层底板 m、n 点。如果在 II 点至煤层之间，岩层的倾角仍变化很大，则仍按上述原则确定出点 III、IV……直至煤层底板。m、n 即为倾向剖面上保护煤柱的边界点。

④ 煤层走向剖面保护煤柱边界的圈定方法是过向斜轴面与煤层交点 O 处作走向剖面，以 φ、δ 角在松散层和基岩内作直线，得出保护煤柱的上、下边界。

（2）建筑物位于向斜一翼上方时，保护煤柱边界的圈定

当向斜构造煤岩层的倾角小于或等于 45°时［图 10-6(b)］，按以下步骤：

① 在倾向剖面上，有 M 点在冲积层内以 φ 角作直线，在基岩内以 β 角作直线与煤层底板相交得 m 点，此点为保护煤柱边界。

② 由 N 点在冲积层内以 φ 角作直线，在基岩内以 γ 角作直线与煤层底板相交得 n 点，此点为保护煤柱下边界。如果该直线与向斜轴面相交［如图 10-6(b)中交点 A］，则由交点以 β 角作直线与煤层底板相交于 n 点，此点即为保护煤柱下边界。

③ 在走向剖面上，保护煤柱边界圈定方法同前。

当向斜构造煤岩层的倾角 $\alpha > 45°$时［图 10-6(c)］，按以下步骤：

① 在倾向剖面上，保护煤柱上边界仍采用 φ、β 角圈定。

② 保护煤柱上边界圈定方法如图 10-6(c)所示，由 N 点以 φ 角在表土层内作直线至基岩面。若有建筑物一翼的煤层平均倾角为 α_1，则在基岩内以 α_1 角作直线至向斜轴面交于 A 点。由 A 点以 β 角作直线与煤层底板相交于 n 点，此点即为煤柱下边界。

③ 为了防止保护煤柱在大倾角条件下出现滑移现象，保护煤柱应具有一定的平面尺寸，要求自保护煤柱下边界(n 点)至向斜轴面的水平距离小于 d 值。d 值按式(10-3)计算：

$$d = H_B \frac{(\sin \alpha_3 - \cos \alpha_2 \tan \alpha_3)}{2(\tan \beta' \cos \alpha_2 + \sin \alpha_2)} = K H_B \tag{10-3}$$

式中　β'——软弱面(有时为岩层与煤层的接触面)上的内摩擦角，当无实测值时，取
　　　　　　$\beta' = 13°$；

　　　α_3——煤层露头至 $\alpha = \beta'$ 的点其间煤层的平均倾角；

　　　α_2——向斜无建筑物一翼的煤层倾角；

　　　H_B——$\alpha = \beta'$ 点处的煤层埋藏深度；

　　　K——系数，可按表 10-3 确定。

表 10-3　　　　　　　　　　　　　系数 K 值(当 $\beta' = 13°$ 时)

$\alpha_2/(°)$	$\alpha_3/(°)$							
	14	16	20	25	30	39	45	51
1	0.145	0.377	0.692	0.922	1.047	1.119	1.095	1.030
5	0.113	0.295	0.542	0.721	0.819	0.876	0.857	0.807
10	0.090	0.234	0.428	0.571	0.648	0.693	0.678	0.638
15	0.075	0.194	0.357	0.475	0.539	0.577	0.564	0.531
25	0.057	0.148	0.272	0.362	0.411	0.440	0.430	0.405
35	0.047	0.123	0.225	0.300	0.341	0.364	0.357	0.335
45	0.041	0.108	0.197	0.263	0.299	0.319	0.321	0.294

(3) 建筑物位于背斜轴部上方时，保护煤柱边界的圈定

背斜两翼煤层倾角 $\alpha \leqslant 55°$ 时[图 10-6(d)]，按以下步骤：

① 在倾向剖面上，由受护面积边界以 φ 角在冲积层内作直线，以 γ 角在基岩内作直线，与煤层底板相交于 m、n 点，此二点即为保护煤柱边界。

② 在走向剖面上，保护煤柱边界圈定方法同前。

背斜两翼煤层倾角 $\alpha > 55°$ 时[图 10-6(e)]，按以下步骤：

① 在倾向剖面上，如果以 φ、γ 所作直线不与煤层相交于下边界，则以矿井设计深度作为保护煤柱下边界。

② 在走向剖面上，保护煤柱边界圈定方法同前。

背斜、向斜构造相连时[图 10-6(f)]，按以下步骤：

① 在倾向剖面上，由受护面积边界以 φ 角在表土层内作直线，以 γ 角在基岩内作直线，与背斜部分煤层底板相交于 m、n 点。再以 β 角在基岩内作直线，与向斜部分煤层底板分别相交于 m'、n' 点。若向斜轴面与煤层交点分别为 O_m 和 O_n，则 $m'O_m$ 和 $n'O_n$ 为向斜部分的

保护煤柱, mn 为背斜部分的保护煤柱。

② 在走向剖面上,保护煤柱边界圈定方法同前。

第二节 保护煤柱设计示例

一、主井与工业广场保护煤柱的设计

1. 主井井筒保护煤柱的设计

某矿立井井筒的地质条件及冲积层和基岩移动角值见表 10-4。保护煤柱边界的圈定如下(图 10-7):

表 10-4   某矿立井井筒的地质条件及冲积层和基岩移动角值

井筒垂深 H/m	煤层厚度 M/m	煤层倾角 $\alpha/(°)$	$\varphi/(°)$	$\gamma/(°)$	$\beta/(°)$	$\delta/(°)$	冲积层厚度 h/m
300	2	20	45	70	60	70	20

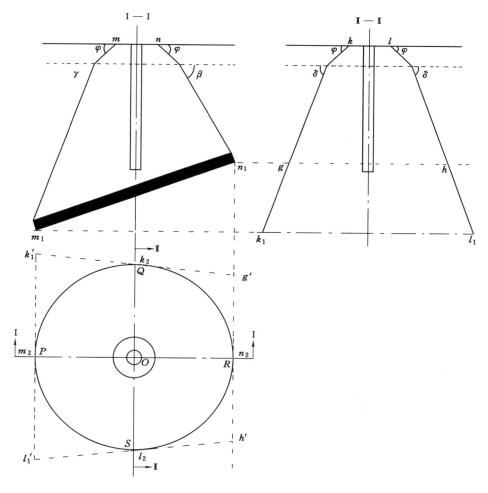

图 10-7   立井井筒保护煤柱的圈定

（1）通过立井井筒中心沿煤层倾向和走向分别作剖面Ⅰ—Ⅰ和Ⅱ—Ⅱ，按Ⅰ级保护建筑物在井筒周围留 20 m 宽的围护带，在剖面图上得 m、n 及 k、l 各点。

（2）根据冲积层和基岩的移动角值，绘出保护煤柱的边界线，在剖面Ⅰ—Ⅰ上得 m_1，n_1 点，在剖面Ⅱ—Ⅱ上得 k_1、l_1 点。

（3）将 m_1、n_1、k_1、l_1 各点投影到平面图上，得 m_2、n_2、k_2、l_2 点。过 m_2、n_2 点分别作走向平行线，并截取线段 $k_1'l_1'$ 和 $g'h'$ 分别等于 k_1l_1 和 gh，得梯形 $k_1'l_1'h'g'$。连接对角线 Ok_1'，Og'，Ol_1' 和 Oh'。

（4）以井筒中心 O 为原点，分别以 Om_2、Ok_2、On_2、Ol_2 为半径画圆弧，并交于对角线上；在对角线上取两圆弧与之相交的中点，得 P,Q,R,S。

（5）用圆滑曲线连接 m_2、P、k_2、Q、n_2、R、l_2、S 各点，即为立井井筒保护煤柱的边界。

2. 工业广场保护煤柱的设计

某矿工业广场需保护建筑物的轮廓为 $abcdef$（图 10-8）。该矿地质条件及冲积层和基岩移动角值见表 10-5。

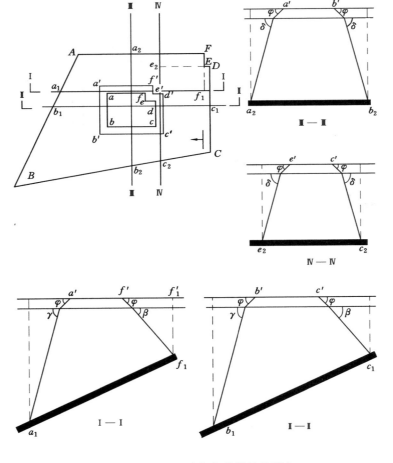

图 10-8　工业广场保护煤柱的圈定

表 10-5　　　　　　　　　某矿地质条件及冲积层和基岩移动角值

井筒垂深 H/m	煤层倾角 α/(°)	煤层厚度 M/m	冲积层厚度 h/m	φ/(°)	δ/(°)	γ/(°)	β/(°)
300	25	2	30	45	75	75	50

保护煤柱边界的圈定方法如下：

（1）自建筑物轮廓外侧留 15 m 宽围护带，得受护面积边界 $a'b'c'd'e'f'$。

（2）沿煤层倾向作剖面Ⅰ—Ⅰ，Ⅱ—Ⅱ，并将工业广场的受护边界投影到剖面图上，得 a'、f' 和 b'、c' 点。

（3）由 a'、f' 和 b'、c' 点以 $\varphi=45°$ 作直线与基岩面相交。再由这四个交点分别作 β 或 γ 角分别与煤层底板相交于点 a_1、f_1 和 b_1、c_1。将 a_1、f_1 点和 b_1、c_1 点投影到平面图上，即为煤柱在倾向上的边界点。

（4）沿煤层走向作剖面Ⅲ—Ⅲ、Ⅳ—Ⅳ，并将工业广场的受护边界投影到剖面图上，得 a'、b' 和 e'、c' 点。

（5）按给定的 φ、δ 角值和步骤（3）所述的方法，可求得与煤层底板的交点 a_2、b_2 和 e_2、c_2，投影到平面图上，即为煤柱在走向上的边界点。

（6）在平面图上连接 a_1、b_1 和 b_2、c_2 点，并延长；同时过点 a_2、e_2、f_1、c_1 作相应受护边界的平行线，则可得保护煤柱边界 $ABCDEF$。

注意事项如下：

（1）对形状不规则的受护边界，应在特征点处作剖面。如剖面Ⅰ—Ⅰ，Ⅳ—Ⅳ。

（2）对多煤层进行煤柱设计时，用上述方法按每个煤层分别设计。一般情况下各煤层的煤柱边界线不应互相交叉。

二、急倾斜煤层群立井井筒保护煤柱的设计

某矿开采急倾斜煤层群，煤层倾角 68°，各煤层厚度及间距如图 10-9。立井井筒位于煤系地层底板，其参数为 $\varphi=45°$、$\delta=78°$、$\lambda=55°$。

保护煤柱边界圈定方法如下（图 10-9）：

（1）过工业广场角点作平行煤层走向和倾向的直线得四边形 1234。在四边形外围留 20 m 宽围护带，得受护面积边界 $1'2'3'4'$。

（2）在过井筒中心的倾向剖面即 A—B 剖面上，过 M 点以 $\varphi=45°$ 作直线，交基岩面上 m 点；由 m 点以 $\lambda=55°$ 作直线，分别交 m_1 和 m_2 煤层于 s 和 t 点，则此两点分别为两个煤层的开采下限。

（3）在过井筒中心的走向剖面即 C—D 剖面上，由 P、Q 两点以 $\varphi=45°$ 作直线，交于基岩面 p、q 点；由 p、q 两点以 $\delta=78°$ 作直线，两直线与设计深度所圈定的煤层，为走向剖面上的保护煤柱。

（4）在平面图上 t_1t_265 为 m_1 煤层保护煤柱边界；s_1s_287 为 m_2 煤层保护煤柱边界；$pq109$ 为 m_3 煤层保护煤柱边界。

三、主井防滑煤柱

立井防滑煤柱（图 10-10）的下边界应根据煤层埋藏条件按下式计算确定：

$$H_B=H_S\sqrt[3]{n}+H_上 \tag{10-4}$$

式中　H_B——开采多个煤层时应留设防滑煤柱的深度，m；

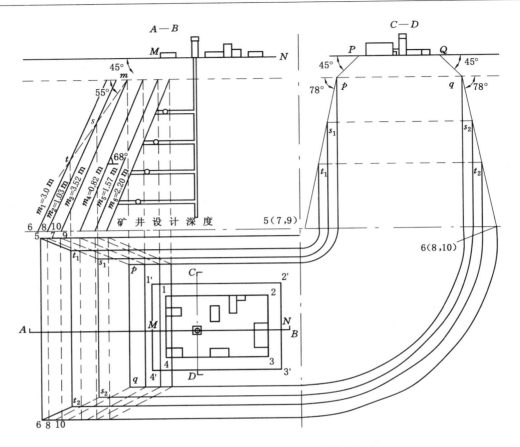

图 10-9　急倾斜煤层群立井保护煤柱的圈定

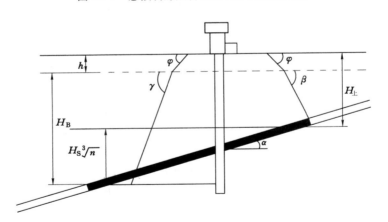

图 10-10　立井防滑煤柱设计方法

H_S——开采多个煤层时发生滑移的临界深度（从保护煤柱的上边界算起，或参照本矿区经验选取）；

n——开采煤层层数；

$H_上$——按一般方法设计保护煤柱的上边界垂深。

当立井穿过煤层群时,第一煤层防滑煤柱按上述原则确定留设深度,其余各煤层的防滑煤柱下边界设计方法是,过上层煤防滑煤柱下边界点(在煤层倾斜剖面上),以 γ 角作直线,该直线与各煤层底板的交线即为其防滑煤柱的下边界。

四、斜井井筒保护煤柱的设计

某矿斜井井筒地质条件及冲积层和基岩移动角值见表 10-6。

表 10-6　　　　　　　某矿斜井井筒的地质条件及冲积层和基岩移动角值

斜井斜长 L/m	斜井倾角 /(°)	煤层倾角 α/(°)	煤层厚度 M/m	围护带宽度 /m	φ /(°)	γ /(°)	δ /(°)	β /(°)
300	25	25	1	20	45	70	70	50

保护煤柱边界的圈定方法如下(图 10-11):

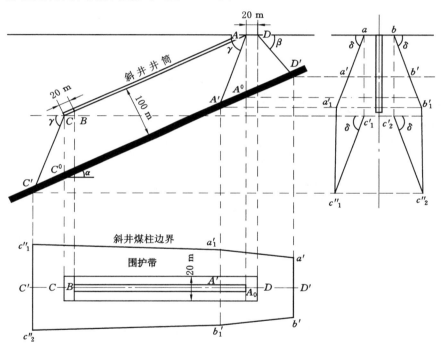

图 10-11　斜井井筒保护煤柱的圈定

(1)在倾向剖面上,自斜井 AB 的井底车场留 20 m 宽的围护带,延长至 C 点,自 C 点按 $\gamma=70°$ 作直线交煤层于 C' 点。

(2)自斜井井口 A 向外,留 20 m 围护带得 D 点,由 D 点以 $\beta=50°$ 作直线交于煤层 D' 点。

(3)由 A 点以 $\gamma=70°$ 作直线,交煤层于 A' 点。

(4)在走向剖面上,由围护带的边界 a、b 点以 $\delta=70°$ 作直线,与 D' 点投影线相交于 a'、b',与 A' 点投影线相交于 a_1'、b_1'。由井底车场围护带的边界 c_1'、c_2' 以 $\delta=70°$ 作直线,与 C' 点投影线相交于 c_1''、c_2''。

（5）将倾向剖面上的 C'、A'、D' 点和走向剖面上的 $c_1''c_2''$、$a_1'b_1'$ 和 $a'b'$ 投影到平面图上。

（6）连接投影点 a'、a_1'、c_1''、c_2''、b_1'、b'，即为斜井井筒保护煤柱边界。

五、反斜井井筒及工业广场保护煤柱设计

某矿反斜井地质条件及冲积层和基岩移动角值如表 10-7 所列。

表 10-7　　　　　　　　某矿反斜井井筒地质条件和基岩移动角值

斜井斜长 L/m	斜井倾角 $/(°)$	煤层倾角 $α/(°)$	煤层厚度 M/m	冲积层厚度 $/m$	$φ/(°)$	$γ/(°)$	$δ/(°)$	$β/(°)$
415	23	11	2.2	15	45	75	75	70

保护煤柱边界圈定方法如下（图 10-12）：

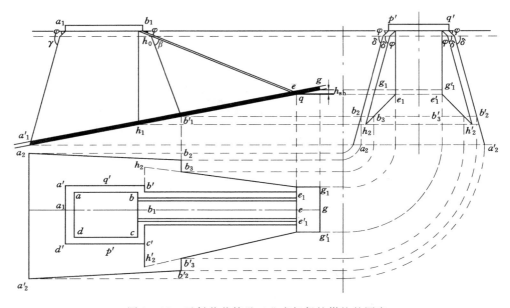

图 10-12　反斜井井筒及工业广场保护煤柱的圈定

（1）在工业广场边界外侧留 15 m 宽的围护带；在斜井两侧留 20 m 宽的围护带，得受护面积边界 $a'b'e_1e_1'c'd'$。

（2）过斜井轴线作倾向剖面 $A—B$。由工业广场受护边界 a_1、b_1 点以 $φ=45°$ 作直线与基岩面相交，由交点分别以 $γ=75°$ 和 $β=70°$ 作直线，与煤层底板相交分别得 a_1'、b_1' 点。煤层与井筒在 e 点相交。由井底车场巷道顶板到煤层底板的垂高不应小于高度 h_{sh}。

$$h_{sh}=30-25×\frac{α}{ρ}=30-25×\frac{11}{57.3}=25（m）$$

式中，30、25 均为回归的常数；$α$ 为煤层倾角；$ρ$ 为斜井落底处井底的曲线半径。从而确定得煤层底板上的 q 点。

井口 h_0 在煤层上的垂直投影点 h_1 为斜井井筒保护煤柱下边界（当只留斜井保护煤柱时，仍由井口受护面积边界点按移动角圈定）。

$a_1'b_1'$ 为倾向剖面上工业广场保护煤柱边界。

$h_1 g$ 为倾向剖面上斜井和井底车场保护煤柱边界。

（3）在走向剖面 $C—D$ 上，由 p'、q' 点以 $\varphi=45°$ 作直线与基岩面相交，由交点以 $\delta=75°$ 作直线，与倾向剖面上 a_1'、b_1' 点的投影线分别相交于点 a_2、a_2' 和 b_2、b_2'。$a_2 a_2'$ 和 $b_2 b_2'$ 为走向剖面上工业广场保护煤柱边界。

斜井井筒受护面积边界和倾向剖面上 g、e 点的投影线相交于点 g_1、g_1' 和 e_1、e_1'。$g_1 g_1'$ 和 $e_1 e_1'$ 为走向剖面井底车场保护煤柱边界。

由井口受护面积边界以 $\varphi=45°$ 作直线，与基岩面相交，由交点以 $\delta=75°$ 作直线，与倾向剖面上 h_1 点的投影线分别相交于 h_2、h_2' 点。连接 $e_1 h_2$ 和 $e_1' h_2'$，与 $b_2 b_2'$ 分别相交于点 b_3 和 b_3'。

（4）将 a_2、a_2'、b_2、b_2'、b_3、b_3'、e_1、e_1'、g_1、g' 点投影到平面图上，则 $a_2 b_2 b_3 e_1 g_1 g_1' e_1' b_3' b_2' a_2'$ 即为反斜井及工业广场保护煤柱边界。

六、平硐、石门，大巷及上、下山保护煤柱的设计

1. 平硐、石门穿过煤层

当平硐、石门穿过煤层时，平硐、石门保护煤柱可按下述方法设计（图 10-13）。

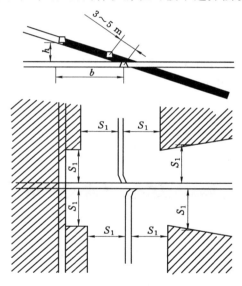

图 10-13　平硐及石门保护煤柱设计方法

（1）对倾角小于或等于 $35°$ 的煤层，穿煤点上方的平硐、石门保护煤柱的水平投影长度 b，可按下式计算确定：

$$b=\frac{h}{\tan\alpha}M \tag{10-5}$$

式中　h——穿煤点上方保护煤柱的相对垂高，m；

　　　　M——煤层厚度，m；

　　　　α——煤层倾角。

$$h=30-25\frac{\alpha}{\rho} \tag{10-6}$$

式中　ρ——常数，为 $57.3°$。

（2）对倾角大于 35°的煤层，平硐、石门上方煤柱的相对垂高一般可取为 10 m。

（3）如果煤层底板为厚度大于 20 m 的坚硬岩层（如石英砂岩等），平硐、石门上方可只留设 3～5 m 煤柱作为护巷煤柱，而不留设平硐、石门保护煤柱。

（4）穿煤点下方的平硐及石门保护煤柱设计方法是从护巷煤柱边界起，以岩层移动角法设计（图 10-14）。

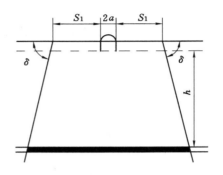

图 10-14　平硐及石门下方保护煤柱设计方法

2. 大巷及上、下山位于煤层中

当大巷及上、下山位于煤层中时，其护巷煤柱宽度可按下述方法确定。

煤层（倾角小于 35°时）中的大巷及上、下山保护煤柱宽度按式（10-7）设计计算（图 10-15），或按实测资料取煤层中固定支承压力带的宽度设计（一般为 20～80 m）。

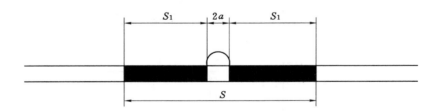

图 10-15　大巷及上、下山保护煤柱设计方法

$$S = 2S_1 + 2a \qquad (10\text{-}7)$$

式中　a——受护斜井或巷道宽度的一半，m。

　　　S_1——大巷及上、下山保护煤柱的水平宽度，m，可按式（10-8）设计计算：

$$S_1 = \sqrt{\frac{H(2.5 + 0.6M)}{f}} \qquad (10\text{-}8)$$

式中　H——斜井或巷道的最大垂深，m；

　　　M——煤厚，m；

　　　f——煤的强度系数，$f = 0.1\sqrt{10R_c}$，其中 R_c 为煤的单向抗压强度（MPa）。

3. 其他情况

（1）大巷及上、下山位于煤层底板岩层中，且上山倾角与煤层倾角相同时，应根据上下山至煤层的法线距离（图 10-16）、煤层厚度及其间的岩性参照表 10-8 确定是否留设煤柱。

当该法线距离大于或等于表 10-8 中的数值时,上、下山上方的煤层中可不留设保护煤柱;当该法线距离小于表 10-8 中的数值时,斜井上方的煤层中应留设保护煤柱。该保护煤柱的宽度可参照前述有关方法设计。

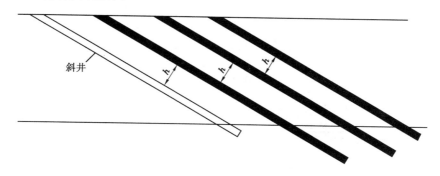

图 10-16　斜井或巷道煤柱设计方法

表 10-8　　　　　　　　　斜井上方煤层中留设保护煤柱的临界法线距离

岩性	岩石名称	临界法线距离 h/m	
		薄、中厚煤层	厚煤层
坚硬	石英砂岩、砾岩、石灰岩、砂质页岩	$(6\sim10)M$	$(6\sim8)M$
中硬	砂岩、砂质页岩、泥质页岩、页岩	$(10\sim15)M$	$(8\sim10)M$
软弱	泥岩、铝土页岩、铝土岩、泥质砂岩	$(15\sim25)M$	$(10\sim15)M$

（2）上、下山穿过煤层时,其保护煤柱宽度可按下述方法进行确定:将上、下山的受护边界投影到地面标高水平,并在走向和倾斜剖面上以移动角法设计,如图 10-17 所示。

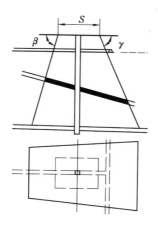

图 10-17　上、下山穿过煤层时,煤柱的设计

七、水体安全煤(岩)柱设计示例

某矿采区上方有水库一座,水库下方为含水砂砾层,厚 10 m;基岩风化带垂深 10 m,富水性强;覆岩性质中硬。该矿地质条件及裂缝角和移动角值见表 10-9。

表 10-9　　　　　　　　　　　某矿地质条件及裂缝角和移动角值

煤层厚度 M/m	围护带宽度 /m	煤层倾角 α/(°)	开采分层数 n	开采方法	δ''/(°)	φ/(°)	δ/(°)	γ/(°)	β/(°)
6.5	15	20	3	倾斜分层长壁法	80	45	73	73	61

保护煤柱边界的圈定方法如下(图 10-18):

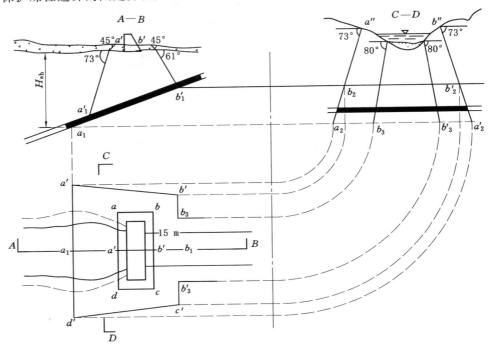

图 10-18　水体安全煤柱的圈定

(1)由库坝外侧留 15 m 宽的围护带,得受护面积边界 $abcd$。原库坝处仅考虑最高洪水位,不另加围护带。

(2)通过水库底面最低标高处作煤层倾向剖面 A—B 和走向剖面 C—D。

(3)在 A—B 剖面上,由受护边界 a'、b' 点以 $\varphi = 45°$ 作直线与基岩面相交。由交点分别以 $\gamma = 73°$ 和 $\beta = 61°$ 作直线,分别与煤层底板相交于 a_1'、b_1' 点。由于水库在煤层下山方向,尚需计算防水安全煤岩柱尺寸 H_{sh}。

导水裂缝带高度:　$H_{Li} = \dfrac{100M}{1.6M + 3.6} + 5.6 = \dfrac{100 \times 6.5}{1.6 \times 6.5 + 3.6} + 5.6 = 52 \text{(m)}$

保护层厚度:　　　　$H_b = \dfrac{6M}{n} = \dfrac{6 \times 6.5}{3} = 13 \text{(m)}$

基岩风化带深度:　　$H_{fe} = 10 \text{ m}$

则　　　　　　　　$H_{sh} = H_{Li} + H_b + H_{fe} = 75 \text{ m}$

由水库下砂砾层底部最低水平处向下量 75 m,其端部水平线与煤层顶板交于 a_1 点。

由于 a_1 点在 a_1' 点下方,故 a_1、b_1 点为倾向剖面上保护煤柱边界。

（4）在 $C—D$ 剖面上,以最高洪水位 a''、b'' 点为受护面积边界。由 a''、b'' 点以 $\delta = 73°$ 作直线,与倾向剖面上 b_1 和 a_1 点的投影相交于 b_2、b_2' 和 a_2、a_2'。

（5）在河床底部以裂缝角 $\delta'' = 80°$ 作直线,与煤层底板相交于 b_3、b_3' 点。

（6）将 b_2、b_2'、b_3、b_3'、a_2、a_2' 投影到平面图上。则 $b_3 b' a' d' c' b_3$ 为水库保护煤柱边界。

八、铁路保护煤柱设计

1. 铁路保护煤柱设计

某矿地质条件及基岩移动角值见表 10-10。

表 10-10   **某矿地质条件和基岩移动角值**

煤层厚度 M/m	煤层倾角 $a/(°)$	围护带宽度/m	$\beta/(°)$	$\gamma/(°)$	$\delta/(°)$
6	16	15	65	75	75

保护煤柱边界圈定方法如下（图 10-19）：

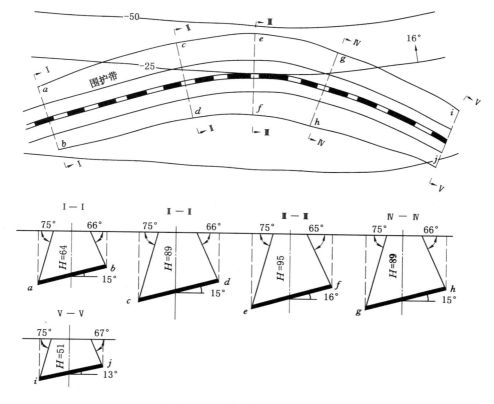

图 10-19 铁路保护煤柱的圈定

（1）由铁路路基向外留 15 m 宽的围护带。

（2）按特征点作剖面 Ⅰ—Ⅰ、Ⅱ—Ⅱ、Ⅲ—Ⅲ、Ⅳ—Ⅳ、Ⅴ—Ⅴ。

（3）求出各剖面线与铁路中心线交点位置的煤层深度 H、各剖面线方向上的煤层伪倾角 a'、铁路中心线与煤层走向间所夹锐角 θ。再由式 10-1 求出各剖面位置的 β' 和 γ' 值,见

表 10-11。

（4）按表 10-11 中的有关数据，绘制各剖面图，求出煤柱边界点 a、b、c、d、e、f、g、h、i、j。把各点投到平面图上，用曲线连接，即为所求的煤柱边界。

表 10-11   剖面位置的 β' 和 γ' 值

剖 面	H/m	$\alpha'/(°)$	$\theta/(°)$	$\beta'/(°)$	$\gamma'/(°)$
Ⅰ—Ⅰ	64	15	21	66	75
Ⅱ—Ⅱ	89	15	20	66	75
Ⅲ—Ⅲ	95	16	0	65	75
Ⅳ—Ⅳ	89	15	27	66	75
Ⅴ—Ⅴ	51	13	33	67	75

2. 铁路立交桥保护煤柱设计

某矿有铁路立交桥一座，桥上为矿区专用铁路线，桥下为国家Ⅱ级铁路线。立交桥长轴与煤层倾向一致。该矿地质条件和基岩移动角值见表 10-12，立交桥允许变形值 $\varepsilon \leqslant 2 \text{ mm/m}$。

表 10-12   某矿地质条件和基岩移动角值

煤层厚度 M/m	煤层倾角 $\alpha/(°)$	煤层深度 H/m	冲积层厚度/m	$\varphi/(°)$	$\delta/(°)$	$\gamma/(°)$	$\beta/(°)$
2.1	14	293	7	45	78	78	68

保护煤柱的圈定方法如下（图 10-20）：

（1）以线路两侧路堑边缘为界，留 15 m 宽的围护带。

（2）鉴于立交桥长轴与煤层倾向一致，本例只考虑煤层走向方向保护煤柱边界圈定。有走向剖面上的受护边界 P、Q 点以 $\varphi = 45°$ 作直线与基岩面相交，再由交点以 $\delta = 78°$ 作直线与煤层底板相交于 p、q 点。p、q 点应为走向剖面上保护煤柱边界点，其距离 $pq = 204$ m。

（3）由于受护面积边界较小，需验算立交桥的水平变形值，应不超过允许变形值。计算参数为：下沉系数 $q = 0.67$；主要影响角正切 $\tan\beta = 1.85$；拐点偏移距 $S = 0.1H$；水平移动系数 $b = 0.3$。

计算得：

$$r_3 = \frac{H}{\tan\beta} = \frac{293}{1.85} = 158 \text{（m）}$$

$$W_0 = Mq\cos\alpha = 2\,100 \times 0.67 \times \cos 14° = 1\,365 \text{（mm）}$$

$$\varepsilon_0 = 1.526 \frac{W_0}{r_3} = 1.52 \times 0.3 \frac{1\,365}{158} = 3.94 \text{（mm/m）}$$

因为立交桥水平变形值为双向半无限叠加值，取 $\varepsilon_x = \dfrac{2 \text{ mm/m}}{2} = 1 \text{ mm/m}$。

经计算应留保护煤柱宽度为 $L = 2 \times 147 = 294 \text{（m）}$。实际应留保护煤柱宽度 $l = L - 2S = L - 0.2H = 294 - 0.2 \times 293 = 236 \text{（m）}$。

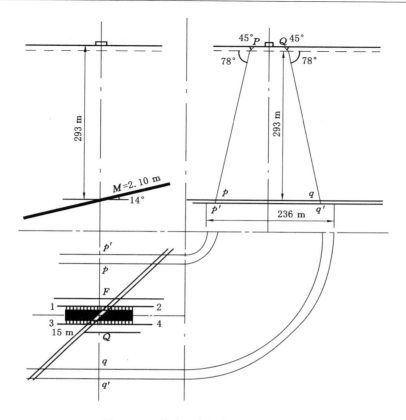

图 10-20　铁路立交桥保护煤柱的圈定

第三节　煤柱回收设计

一、立井井筒保护煤柱回收设计

1. 概述

(1) 各生产矿井在安全情况允许条件下,必须回收即将报废立井的保护煤柱。

(2) 即将报废矿井的井筒保护煤柱和工业广场保护煤柱,应采用正规采煤方法和利用本井筒回收,需要采用非正规方法和另建新井筒或增加其他工程才能回收的,必须在专门设计中论证。

(3) 回收井筒保护煤柱时,应根据井筒与所采煤层的空间关系、地质、水文地质及开采技术条件,采用相应的开采方法和安全措施。

① 当所采煤层被井筒穿过时,一般应首先在煤层内切断井壁,代之以可缩性木垛圈,并采用充填方法开采井筒周围的一个正方形或矩形块段,然后用主工作面从井筒煤柱的一侧边界向另一侧回采或对称开采。主工作面一般可采用充填方法管理顶板或条带法开采,条件允许时,也可采用全部陷落方法管理顶板。

② 当所采煤层在井筒下面时,如井底及其巷道、硐室至煤层的垂距大于裂缝带高度,可采用长工作面或阶梯工作面由井筒煤柱一侧向另一侧回采或对称开采,条件不利时,应采用

充填法或条带法开采。

③ 当所采煤层（块段）在井筒一侧时，一般应保留防偏煤柱，并采用对称方法开采，即在井筒煤柱范围内的煤层走向方向上，按采厚、面积或产量的等量对称开采；条件不利时，应采用条带法或充填法开采。

④ 开采井筒煤柱的防护措施有：在所采煤层上方的井壁内加木砖可缩层；在井筒罐道接头处加可伸缩接头；在排水、压风管路接头处加可伸缩接头；在电线固定点之间留可伸缩余量；必要时要备有安全出口；对井壁、井筒装备进行及时检查和维修。

2. 立井井筒保护煤柱回收设计步骤

立井井筒保护煤柱回收设计应包括方案设计和初步设计两个步骤，其基本内容如下。

（1）方案设计

① 回收井筒保护煤柱的必要性、可能性和安全可靠。

② 回收井筒保护煤柱的各种技术方案。

③ 方案的技术、经济评价。

④ 方案的选择。

（2）初步设计

① 开采方法。应包括采煤方法和顶板管理方法、布置、开采顺序、推进方向、推进速度等。

② 井筒、井筒装备、井筒保护煤柱范围内主要巷道、硐室及地面建（构）筑物所在地表的移动与变形值预计。

③ 建（构）筑物、井筒及其装备的加固保护和维修措施。应包括采前的加固保护措施、加固构件的设计说明书和施工图；开采期间及采后的维修措施，加固与维修材料和费用预算。

④ 经济效益分析与评价。

⑤ 各种观测站设计。

3. 技术资料和工程图

完成井筒保护煤柱回收设计必须具备如下技术资料和工程图。

（1）技术资料

① 地质及开采技术条件。包括煤层的层数、层间距、厚度、倾角、埋藏深度、压煤量；所采煤层与井筒的空间关系；所采煤层中及其上、下的巷道、硐室分布情况；岩性、断裂构造、岩层含水性、井筒保护煤柱外已开采情况。

② 井筒及其装备概况。包括井深、井壁、井径、罐道、罐道梁、提升设备、井筒内管路、电缆、梯子间、井架（井塔）和井口房的技术特征、安装、布置方式、使用现状及必要的设计说明书。

（2）工程图

① 井上、下对照图。应包括地形和煤层底板等高线、地质构造、邻近工作面位置及建（构）筑物平面布置。

② 地质剖面图和钻孔柱状图。应标明地面标高，建（构）筑物位置，煤层的层数、厚度、层间距、埋藏深度、倾角和地质构造等。

③ 建（构）筑物的施工图（或竣工图）。应包括平面图、立面图、剖面图，主要承重构件（梁、

柱、屋架、楼板、基础等)的支座连接方式,断面尺寸和配筋,管线接头构造及重要设备基础等。

④ 井筒剖面图。应包括井壁结构、围岩性质及含水层分布等。

⑤ 通过井筒及工业广场的地质剖面图。

⑥ 井筒横断面图及井筒装备布置图。

4.变形观测

回收井筒保护煤柱时,应在地面、巷道内进行以下观测工作:

(1)地表及建筑物的移动与变形观测。

(2)井筒保护煤柱范围内的各种巷道移动与变形观测。

(3)井筒及其装备的移动与变形观测。应包括井筒的水平位移和垂直变形、井壁应力和变形、罐道水平间距和垂直变形、罐道梁变形、管道垂直变形等。

(4)各种构筑物、重要设备及其基础的移动与变形观测。应包括井架偏斜、天轮中心线水平移动、绞车与电动机轴及基础的移动与变形观测。

二、斜井井筒保护煤柱回收设计

(1)各生产矿井在安全情况允许条件厂,必须回收即将报废斜井的保护煤柱。

(2)回收斜井保护煤柱时,应根据斜井井筒与所采煤层的空间关系、地质及开采技术条件,采用相应的开采方法和安全措施并考虑提高回收率。

① 当斜井井筒位于煤层底板岩层内时,可参照跨巷回采经验进行回收。

② 当斜井井筒位于煤层内时,应采用自下而上逐段回采、逐段报废井筒的方法回收。

③ 当斜井井筒位于煤层群的上部煤层内或顶板岩层内时,离井筒的垂距小于导水裂缝带高度的煤层,可采用条带法或充填法回收;离井筒的垂距大于导水裂缝带高度的煤层,可采用全部垮落法回收。

④ 回收斜井保护煤柱时,应在地面和井筒内进行观测工作。

三、平硐、石门、大巷及上下山煤柱回收设计

(1)各生产矿井在安全情况允许条件下,必须回收即将报废的平硐、石门、大巷及上下山保护煤柱和护巷煤柱。

(2)回收平硐、石门、大巷及上下山煤柱时,应根据其所在位置,实行跨采(巷道在煤层下面)或巷下采煤,一般采用由远而近、逐段回收、逐段报废的方法。

第十一章　无煤柱连续开采设计

第一节　无煤柱连续开采的主要形式

无煤柱开采是在采煤过程中不留护巷煤柱而用其他方式维护巷道的开采技术，与煤柱护巷方式相比，可以合理开发煤炭资源，实现高采出率，降低掘进率，减少冲击地压，从而缓和生产矿井采掘关系和延长矿井寿命，改善安全生产条件和技术经济指标。它是煤炭企业安全高效生产的重要技术途径之一。

根据煤层的赋存条件和采用的采煤方法等多种因素，可以选择如下几种方法实现无煤柱开采：

（1）沿空掘巷，即在上一区段回采完毕，采空区冒落严实，围岩活动相对稳定后，再沿采空区和煤体边缘掘进巷道。该处是煤体边缘的低应力区，顶板下沉量小，容易维护。沿空掘巷工艺可以不留煤柱，在采空区冒落稳定后进行完全沿采空区掘进，也可以留 2～4 m 的隔离煤墙，以防采空区矸石进入。

（2）沿空留巷，即在已采工作面后方的运输平巷或回风平巷，用特定方法沿采空区侧将巷道保留下来，作为下一工作面的平巷。一般利用钢筋混凝土支座、矸石或硬石膏充填带、密集支柱、木垛等方法；

（3）跨巷开采，即当采区上山、下山或运输大巷布置在煤层底板岩层时，上部煤层的采煤工作面可跨越上山、下山或大巷进行回采。

最常使用的是沿空留巷。沿空留巷是在采煤工作面后沿采空区边缘维护原回采巷道，可以最大限度回收资源，避免煤体损失，同时减少巷道掘进量，缓解接续紧张。但沿空留巷要经受两次采动的影响，其矿压显现和巷道维护都比较复杂，巷道维护难度也大。

根据沿空留巷巷内和巷旁支护方式，我国沿空留巷技术的发展历程，大致可分为以下四个阶段。

第一阶段，20 世纪 50 年代起，在煤厚 1.5 m 以下的煤层中尝试着用矸石墙作巷旁支护，巷内主要采用木棚支护。其存在着矸石的沉缩量大、巷内支架变形严重、维护工作量大、工人垒砌矸石的工效低、劳动强度大、安全性差等问题，应用范围受到极大限制。

第二阶段，20 世纪 60 年代至 70 年代，在 1.5～2.5 m 厚的煤层中应用密集支柱、木垛、矸石带、砌块等作为巷旁支护，巷内多采用木棚、工字钢梯形支架支护。这种方式的沿空留巷取得了一定成功，并得到了一定程度的应用。

第三阶段，20 世纪 80 年代至 90 年代，在大力推行综合机械化采煤后，随着采高不断增大，我国煤矿工作者在引进、吸收国外的沿空留巷技术的基础上，发展了巷旁充填护巷技术，巷内多采用 U 形钢可缩性金属支架。90 年代初期，沿空留巷理论与技术有了较大的发展，但由于巷内支护大多为被动支护，加之巷旁充填技术还不完善，其支护技术难以适应大断面沿空留巷的要求，在 90 年代中后期，沿空留巷技术应用范围又呈减少趋势。

第四阶段,进入 21 世纪以来,随着锚网索支护技术的推广应用和巷旁充填技术的不断完善,我国有些学者在厚煤层综放工作面进行了沿空留巷技术实验研究,如潞安常村煤矿 S_{2-6} 综放工作面,巷内采用锚梁网索联合支护,巷旁支护运用高水材料充填加上空间锚栓加固网技术,进行综放大断面沿空留巷实验,并取得初步成功。

我国沿空留巷巷内和巷旁支护主要形式如下:

(1) 巷内支护主要形式

目前我国沿空留巷巷内主要支护形式有以下几种:工字钢梯形刚性金属支架;工字钢梯形可缩性金属支架;U 形钢可缩性金属支架;锚杆支护;锚网索支护;联合支护。

(2) 巷旁支护主要形式

我国煤矿在应用沿空留巷技术时,绝大多数都要设置巷旁支护。应用较多的巷旁支护形式有以下几种:木垛;密集支柱;矸石带;砌块;巷旁充填带。

第二节　沿空留巷类别与适用条件

一、"三位一体"沿空留巷

"三位一体"沿空留巷即沿采煤工作面采空区边缘构筑高强充填墙体将回采巷道保留下来,形成沿空留巷巷道,并与采区巷道构成"二进一回"Y 型通风巷道系统。

1. 充填墙体的基本作用

充填墙体随采煤工作面的推进而间续逐段实施,其作用与工作面后方沿空留巷侧向顶板运动规律密切关联。顶板前期活动阶段以旋转下沉为主,来压强度较小,充填墙体的作用力主要是平衡巷道上方直接顶及其悬臂部分岩层的重量。为保持巷道顶板的完整性,增加直接顶的自稳能力,要求充填墙体与巷内支护共同作用,保持直接顶与基本顶的紧贴。

留巷顶板过渡期活动阶段,基本顶破断、旋转下沉运动剧烈。由于采空区顶板甚至一部分基本顶破断冒落,充填回采空间后,基本顶与冒落矸石间的空隙逐步降低,为基本顶逐步稳定创造条件,但基本顶在形成"大结构"前,充填墙体的支护体应具有一定的可缩量才能适应基本顶的旋转下沉,通过适当的让压变形,充分利用基本顶岩梁和冒落矸石的承载能力,让充填体与留巷围岩在维护留巷巷道稳定过程中共同发挥作用。充填体还必须具有足够的支撑能力在留巷顶板运动——平衡过程中发挥作用,缩短过渡期留巷围岩剧烈活动的周期,降低留巷顶板的下沉量。

基本顶岩块形成"大结构"后,顶板岩层进入后期活动阶段,充填体的作用是维持基本顶"大结构"的稳定,其临界支护阻力为平衡冒落带对应范围内岩层的重量。

关键岩块在从破断到形成砌体梁结构的过程中,关键块的旋转与下沉过程中,煤帮上承受的支承压力较为集中,所以在留巷施工过程中煤帮会产生一定的破坏。有的会产生较为明显的位移,而且如果关键块下沉的角度较大,留巷巷道的顶板就会沉降剧烈。因此,在沿空留巷施工中控制煤帮剧烈位移是保持沿空留巷围岩稳定关键技术之一。

充填墙体以上顶板在回采动压的影响下,已比较破碎,岩体强度和刚度都有所降低。充填体承载的顶板保持完整也是沿空留巷施工成功的一个关键因素。如果充填前顶板已严重破坏,则充填墙体不能将支撑阻力传递给直接顶,导致基本顶回转下沉量加大,因而造成巷道顶板和巷道煤帮严重破坏,则"三位一体"的沿空留巷稳定结构难以形成,工作面沿空留巷难以成功。

研究表明,当充填墙体早强,刚度大,承载能力高时,能够适应"硬支多载"的顶板下沉规律时,反过来可以促成基本顶沿充填墙体边缘切顶,使侧向顶板及时及早垮冒,从而形成对巷道维护有利的外部结构环境,减缓巷道的动载,沿空留巷很快进入稳定状态,因此早撑、早强、大刚度的充填墙体是沿空留巷的关键。

2. 充填体支护性能参数分析

设计巷旁充填沿空留巷时,有关充填体本身参数主要有支护阻力、充填体强度和合理的宽度。保持巷旁充填的充填体稳定性,首先要了解留巷系统充填体上所承受的载荷以及需要充填体提供多少支护阻力。根据煤层顶板特征和弹塑性力学有关理论,可以将长壁工作面沿空留巷的煤层顶板简化成层间结合力忽略不计的矩形"叠加层板",根据四边支承和三边支承各边分担的叠加层板自重载荷的大小按图 11-1(a)、(b)所分割的形式分配,图中阴影部分的载荷由短支承边界分担,其余部分的载荷由长支承边界分担。

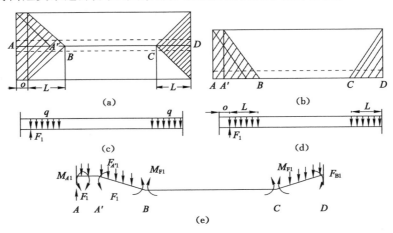

图 11-1　沿空留巷顶板简化力学模型

为计算沿空留巷巷旁支护阻力,从简化模型中选取单位宽度的长条带作为计算分析基础,为了使计算的结果安全可靠,所选取条带的分布载荷占有面积最大,即图 11-1(a)、(b)中 A—B—C—D 线附近条带。由图 11-1(c)、(d)可以看出,两种情况所取的条带形式一样,从而简化成一种计算模型,图 11-1(e)中计算参数为基本顶力学简化模型。

根据图所示力学模型,依次可求得当第 n 层岩层破断时,巷旁支护的支护阻力(前期支护阻力或切顶力)与图中有关参数的关系式为

$$F_n a = \sum_{i=1}^{n} r_i h_i \left(a + \sum_{j=0}^{i-1} h_j \tan \alpha_j\right)^2 / 2 + \sum_{i=1}^{n} F_{A'i} \left(a + \sum_{j=0}^{i-1} h_j \tan \alpha_j\right) + M_{Fn} - \sum_{i=1}^{n} M_{Ai}$$

$$(11-1)$$

式中,F_n 为巷旁支护前期支护阻力,kN/m;a 为巷道维护宽度,m;n 为垮落层数;r_i 为第 i 层的岩层容重,MN/m³;h_i 为切顶岩层的分层厚度,m;α_j 为第 j 层岩层垮落角的余角;$F_{A'i}$ 为直接顶载荷,kN;M_{Fn} 为第 i 层岩层极限破断弯矩,kN·m;M_{Ai} 为直接顶回转时的弯矩,kN·m。

式(11-1)的支护阻力计算公式在一定条件下可以简化,为便于计算以及考虑留巷工作面实际情况可以假定分层厚度、垮落角、密度相同,即 $r_i = r, a_i = a, h_i = h$,则式(11-1)可以

简化为：

$$F_n a = \frac{1}{2} rhn[a^2 + ah\tan\alpha_n(n-1) + h^2\tan^2\alpha_n(n-1)(2n-1)/6] +$$

$$a\sum_{i=1}^{n} F_{A'i} + h\tan\alpha_n \sum_{i=1}^{n} F_{A'i}(i-1) + M_{Fn} - nM_A \tag{11-2}$$

式中，M_A 为顶板岩层在 A 点出的抗弯弯矩，当第 $n-1$ 以内各层岩层被切断后与残留边界已失去力的联系时，即 $F_{Ai}=0$，则式(11-2)可简化为

$$M_F = R_t h^2/6(\text{或 } rhL_n^2/4) \tag{11-3}$$

式(11-3)可以改写为：

$$F_n a = M_{AA'} + M_n + M_{Fn} - nM_A \tag{11-4}$$

式中，$M_{AA'}$ 为残留边界自重载荷弯矩；M_n 为第 n 层岩层垮落时 A' 处剪力所产生的弯矩；M_{Fn} 为第 n 层极限弯矩；M_A 为各层 A 点处的抗弯弯矩。

固支时，在极限情况下，$M_F = M_A$，则

$$F_n a = M_{AA'} + M_n - M_F(n-1) \tag{11-5}$$

简支时，在极限情况下，$M_A = 0$，则

$$F_n a = M_{AA'} + M_n + M_F \tag{11-6}$$

可见，简支时要求的支护阻力比固支时大 nM_A。为简便计算，假设切顶岩层分层厚度相同时，$M_{AA'}$，M_n，M_F 的简化计算公式为：

$$M_{AA'} = \frac{1}{2} rhn[a^2 + ah\tan\alpha_n(n-1) + h^2\tan^2\alpha_n(n-1)(2n-1)/6] \tag{11-7}$$

$$M_n = [a + (n-1)h\tan\alpha]rhL_n \tag{11-8}$$

$$M_F = R_t h^2/6(\text{或 } rhL_n^2/4) \tag{11-9}$$

对应的后期支护阻力为

$$F_{后}a = \sum_{i=1}^{n} r_i h_i \left(a + \sum_{j=0}^{i-1} h_j \tan\alpha_j\right)^2/2 \tag{11-10}$$

根据公式(11-6)~(11-9)，沿空留巷每米充填体合理的巷旁支护阻力或者说是前期切顶支护阻力为：

$$F_n = \left\{ \frac{nrh}{2}\left[a^2 + (n-1)ah\tan\alpha + \frac{(n-1)(2n-1)h^2\tan^2\alpha}{6}\right] + [a + (n-1)h\tan\alpha]rhL_n + \frac{R_t h^2}{6} \right\}/a$$

$$\tag{11-11}$$

对应的后期支护阻力为

$$F_{后} = \frac{nrh}{2a}\left[a^2 + (n-1)ah\tan\alpha + \frac{(n-1)(2n-1)h^2\tan^2\alpha}{6}\right] \tag{11-12}$$

式中：F_n 为巷旁支护体保持稳定需要提供的最小支护阻力，MN；L_n 为第 n 层岩层的垮落顶板岩块长度，m；R_t 为第 n 层岩层的抗拉强度，MPa。

式(11-11)根据的是留巷工作面煤层地质条件，取工作面切顶总高度，巷道顶板岩层 r、h、a 等参数代入公式可得 F_n 具体数值，这是设计充填体的基本数据。

充填体强度参数依据充填体所用材料强度的实验数据，以充填体有效支护强度计算。确定沿空留巷的充填体强度和所需支护阻力后，就可根据所需的巷旁支护阻力和支护材料的力学性能，由公式(11-13)设计留巷充填体宽度。

$$b = KF/P \tag{11-13}$$

式中:b 为巷旁支护平均宽度,m;F 为沿空留巷所需的巷旁支护强度,MN/m;P 为巷旁支护体成型后 1 d 的抗压强度,MPa;K 为安全系数,一般 $K = 1.1 \sim 1.2$,为安全起见,安全系数 K 可以取 $1.1 \sim 1.5$。经过以上计算可以初步确定沿空留巷充填体的主要参数。

3. 充填墙体的荷载及缩量预计

根据极限分析理论,留巷支护体的合理支护阻力不得小于冒落岩层的载荷。

上覆岩层进入后期活动过程的主要特点是巷道上方下位岩层可能冒落,上覆岩层平移或回转下沉引起的煤帮挤出和底鼓量加剧。支护的后期作用是保证下位岩层不垮落,防止煤帮挤出或片帮造成巷道状况恶化。同时,要求巷道支架有足够的双向可缩性以适应上覆岩层整体下沉引起的"给定变形"。

总之,充填支护前期作用主要考虑切顶作用,要求尽早支护,保证支护具有较高的初撑力或增阻速度、较大的支护刚度。前期应遵循"以顶为主,顶让兼顾"的原则,设计支护最大载荷以前期为主。后期作用在要求具有适当的双向承载性能的同时,主要是要求支护具有较大的双向可缩性能。后期应坚持"以让为主,让顶兼顾"的原则,设计支护最大变形以后期为主。

根据有关理论,将对岩体活动全部或局部起控制作用的岩层称为关键层。对沿空留巷来说,关键层主要是指基本顶岩层,它破断后形成的砌体梁结构将直接影响沿空留巷的稳定性。只要有砌体梁结构存在,给定变形就存在,这一点对充填体特别重要。

一般来说,充填体很难阻止基本顶关键块的旋转下沉,必须具有一定的可缩量,以减小对充填体的压力。为了保持巷道顶板的完整,以及减少顶板下沉量,要求充填体又要具有一定的支护阻力。而直接顶的变形特征对锚杆支护特别重要,即锚杆不必承受基本顶回转的给定变形,但却要适应直接顶的变形特征,如剪切变形等。当然对沿空留巷来说还要搞清砌体梁结构与它的位置关系以及充填体的大小等,可用如图 11-2 所示的沿空留巷围岩结构模型来分析。

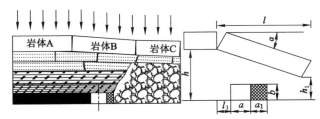

图 11-2　沿空留巷"三位一体"的围岩结构模型图

(a) 侧向结构;(b) 计算示意图

设充填体的弹性模量为 E_b,纵向应变为 ε_b,直接顶的弹性模量为 E_d,纵向应变为 ε_d,充填体与直接顶中的垂直应力为 σ,则:

$$\varepsilon_b = \frac{\sigma}{E_b} \tag{11-14}$$

$$\varepsilon_d = \frac{\sigma}{E_d} \tag{11-15}$$

考虑变形协调关系可得:

$$\Delta h = \varepsilon_b b + \varepsilon_d (h - m) + \Delta b \tag{11-16}$$

其中,b 为充填体高度。h 为底板到基本顶的距离。m 为割煤高度。而 Δh 和 Δb 为：

$$\Delta h = (h - h_1)(l_1 + a + 0.5a_1)$$

$$\Delta b = m - b \tag{11-17}$$

其中,h_1 为基本顶回转后的触矸高度。a_1 为充填体的宽度。而 h_1 为：

$$h_1 = k(h - m) \tag{11-18}$$

其中,k 为碎胀岩石(煤)的压实系数。

由式(11-14)～(11-18)联立可得：

$$\sigma = \frac{E_b E_d ((h - h_1)(l_1 + a + 0.5a_1) - \Delta b l)}{(b E_d + (h - m) E_b) l} \tag{11-19}$$

这个计算是假定充填墙体不干预基本顶的回转、下沉和破断等活动规律,充填墙体顺应基本顶回转下沉的条件下得到的。实际上充填墙体和采空区破碎矸石、巷道上方直接顶共同构成了基本顶的承载基础,当居于中间的充填墙体具有足够的刚度时,必将改变基本顶的应力分布,并在墙体上方产生应力集中,而基本顶大多是由完整的脆性岩体组成的,很容易发生沿墙体上方脆断,从而形成有利于巷道维护的切顶,消除了侧向悬臂等加大巷内压力的现象,而巷内支护的重点相应地转移到维持直接顶的稳定,高性能超强锚杆支护通常可以胜任。

4. "三位一体"沿空留巷的常用通风方式

常用的"三位一体"沿空留巷的通风系统有 4 种,如图 11-3 所示：① 无边界回风上山方式；② 有边界回风上山方式；③ 污风回至相邻工作面回采巷道内；④ 分阶段留巷回风方式。

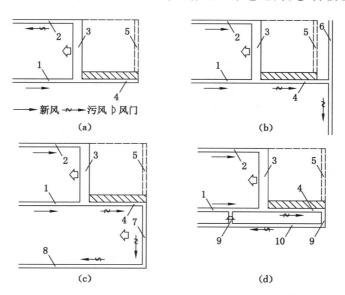

图 11-3　Y 型通风的常见模式及新方式

(a) 无边界回风上山方式；(b) 有边界回风上山方式；(c) 相邻工作面回风方式；(d) 分阶段留巷回风方式

1——轨道平巷；2——运输平巷；3——采煤工作面；4——沿空留巷；5——开切眼；6——边界回风上山；

7——下一区段开切眼；8——下一区段轨道平巷；9——联络巷；10——轨道平巷底板巷

图 11-3(b)、11-3(c)均需要在采煤工作面开采前形成整个系统,相邻工作面的回采巷道或边界上山需要提前掘出。图 11-3(d)利用了掩护轨道平巷掘进的轨道平巷底板巷作为回采期间的回风巷,不需再开凿专用的回风巷道,通风系统仍为"两进一回"Y 型通风,但减少了巷道的掘进量,采用分阶段留巷后,底板巷也可以随采煤工作面的推进而分段废弃,也减少了回风巷道的维护工程量。

二、"二位一体"沿空留巷

"二位一体"沿空留巷与"三位一体"沿空留巷的根本区别在于一次采动后是否沿采空区侧构筑人工充填墙体,如图 11-4 所示。

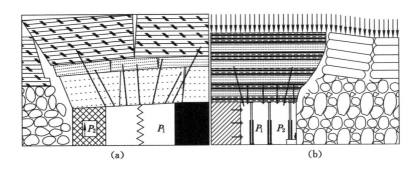

图 11-4　不同沿空留巷力学模型

(a)"三位一体"沿空留巷;(b)"二位一体"沿空留巷

1."二位一体"沿空留巷力学分析

对于浅埋、薄煤层、无瓦斯隐患、不易自燃等条件简单的矿井,矿压显现小且不需要考虑密闭采空区的问题,构筑充填墙体沿空留巷在此类条件矿井是不需要的。近距下伏煤层重复采动时,充填墙体易突然失稳是造成冲击动载影响的隐患源。"二位一体"沿空留巷相较于"三位一体"沿空留巷,极限悬顶距离减少,这对留巷显然是有利的。与普通巷道相比,"二位一体"沿空留巷在回采中一侧煤体被采出,其巷道围岩结构特征明显不同。巷内采用锚网索联合支护的"二位一体"沿空留巷巷道,当巷道回采侧煤体随工作面回采被采出后,留巷巷道上覆岩层一侧悬空,另一侧由煤壁与锚索网支撑,留巷顶板在垮落前没有与冒落矸石接触,其上覆岩层形成了悬臂梁结构,如图 11-5 所示。悬臂梁结构的破断及稳定取决于巷旁支护体以及煤帮等强度的大小,同时该悬臂结构的长短及破断位置也受到支护阻力与实体煤强度得影响。此悬臂梁受力分析如下:

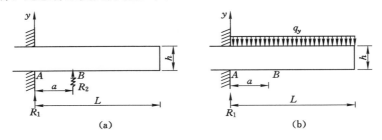

图 11-5　"二位一体"沿空留巷悬臂梁力学模型图

对于图 11-5(a)有：

$$M_{1x} = -\frac{1}{2}q(L-x)^2 \qquad (11-20)$$

对整个 L 长度进行积分：

$$\left. \begin{array}{l} EI\theta = -\dfrac{1}{6}q(x-L)3 + C_1 \\[3mm] EIy = -\dfrac{1}{24}q(x-L)4 + C_1 x + D_1 \end{array} \right\} \qquad (11-21)$$

梁的端部为固定端，则有：

$$\left. \begin{array}{l} x=0, \theta=0 : C_1 = -\dfrac{1}{6}qL^3 \\[3mm] x=0, y=0 : D_1 = -\dfrac{1}{24}qL^4 \end{array} \right\} \qquad (11-22)$$

可得：

$$v_{1x} = \frac{-\dfrac{1}{24}q(x-L)^4 - \dfrac{1}{6}qL^3 x + \dfrac{1}{24}qL^4}{EI} \qquad (11-23)$$

对于图 11-5(b)有：

$$M_{2x} = R_2(a-x) \qquad (11-24)$$

对整个 a 长度上积分：

$$\left. \begin{array}{l} EI\theta = -\dfrac{1}{2}R_2(a-x)2 + C_2 \\[3mm] EIy = \dfrac{1}{6}R_2(a-x)3 + C_2 x + D_2 \\[3mm] x=0, \theta=0 : C_2 = \dfrac{1}{2}R_2 a^2 \\[3mm] x=0, y=0 : D_2 = -\dfrac{1}{6}R_2 a^3 \end{array} \right\} \qquad (11-25)$$

可得：

$$v_{2x} = \frac{-\dfrac{1}{6}R_2(a-x)^3 + \dfrac{1}{2}R_2 a^2 x - \dfrac{1}{6}R_2 a^3}{EI}$$

根据整个约束条件，在 B 点，即 $x=a$ 时，有 $v=0$，即 $v_{1x} + v_{2x} = 0$，则有：

$$\left. \begin{array}{l} v_{1x} = \dfrac{-\dfrac{1}{24}q(x-L)^4 - \dfrac{1}{6}qL^3 x + \dfrac{1}{24}qL^4}{EI} = -\dfrac{1}{24}\dfrac{qa^2}{EI}(a^2 - 4La + 6L^2) \\[6mm] v_{2x} = \dfrac{\dfrac{1}{2}R_2 a^3 - \dfrac{1}{6}R_2 a^3}{EI} = \dfrac{1}{3}\dfrac{R_2 a^3}{EI} \end{array} \right\} \qquad (11-26)$$

可得：

$$R_2 = \frac{q(a^2 - 4La + 6L^2)}{8a}$$

$$\sigma_x = \begin{cases} \dfrac{\frac{1}{2}q(L-x)^2 - R_2(a-x)}{W_s}, & 0 \leqslant x < a \\[3mm] \dfrac{\frac{1}{2}q(L-x)^2}{W_s}, & a \leqslant x < L \end{cases} \tag{11-27}$$

由材料力学知,当顶板中的最大拉应力达到岩层的抗拉强度时,顶板悬空距离达到最大,顶板断裂,即:

$$\sigma_{\max} = R_t$$

式中:R_t 为顶板岩层的极限抗拉强度。

由式(11-27)可知,对整个梁而言,最大弯矩分别发生在实体煤端和巷旁支护体端,为:

$$M_A = \frac{qL^2}{2} - R_2 a, \quad \sigma_A = \frac{\frac{qL^2}{2} - R_2 a}{W_s}, \quad 0 \leqslant x < a$$

$$M_B = \frac{q(L-a)^2}{2}, \quad \sigma_B = \frac{q(L-a)^2}{2W_s}, \quad a \leqslant x < L$$

假设沿空留巷上方顶板力学性质相同,基本顶破断易发生在巷旁支护体处或实体煤处;只有当顶板存在局部弱化区域或横向、竖向节理裂隙时,基本顶可能在巷道上方等其他处破断。

2."二位一体"沿空留巷的适用条件

"二位一体"沿空留巷是否适用的影响因素具有很多,但可归纳为两个主要因素:地质条件与巷旁及巷内支护技术协调性。

(1)地质条件

① 顶板类型

顶板岩性对"二位一体"沿空留巷是否成功显然具有重要影响。由表1-1可知,在我国的"二位一体"沿空留巷实践中,针对砂岩、石灰岩、泥岩等软、硬顶板都有成功的案例。但对于厚硬岩层沿空留巷,则要求巷旁切顶阻力非常高,需要进行人工预裂爆破,进行巷外巷外切顶,顶板过软又会导致巷旁支护体上方顶板较为破碎,使力无法向上方顶板传递,造成留巷失败。因此,中等稳定的顶板更适应"二位一体"沿空留巷。

② 煤层厚度及埋深

从表1-1可知,"二位一体"沿空留巷实践中,煤厚从0.9 m的薄煤层至8 m左右的厚煤层,都有成功留巷的经验。但厚煤层"二位一体"沿空留巷,留巷变形大,维护困难,因此"二位一体"沿空留巷在浅埋薄煤层及中厚煤层应用较多,留巷效果也更好。

对于大倾角沿空留巷,巷旁支护体受矸石强烈侧压影响,巷旁支护体稳定性难以保证。因此,浅埋薄煤层及中厚煤层以且煤层倾角不大的矿井更加适用"二位一体"沿空留巷。

③ 瓦斯等有害气体含量

"二位一体"沿空留巷由于巷旁无充填墙体,即使对采空区进行喷涂等密闭处理,仍无法保证封闭效果,因此"二位一体"沿空留巷只适用于低瓦斯矿井。

(2)巷旁及巷内支护技术协调性

"二位一体"沿空留巷技术的支护关键在于在顶板出现离层破坏之前,能够及时提供足

表 11-1　　　　　　　　　无墙体沿空留巷在我国的应用情况

煤矿	顶板岩性	煤厚及采深	煤层倾角	巷内支护	巷旁支护	留巷效果
焦作方庄煤矿	粉砂质泥岩	5.6 m	16°～22°	刚性梯形棚	未设巷旁支护	断面收缩率 26%
位村矿	粉砂岩	5.3 m	16°	棚式支护	未设巷旁支护	断面收缩率 13.4%～18.3%
孙庄矿	石灰岩	0.9 m	5°～13°	锚网索+钢梯梁	单体支柱+人工切顶	效果良好
左权天一煤业公司	细砂岩	煤厚 1.5 m 采深 200 m		锚网索+单体支柱	人工矸石	变形不大
横河煤矿	泥岩	煤厚 8.5 m 采高 2.2 m		棚式支护	单体支柱	采空区侧变形较大
朱庄矿		3 m	5°～10°	锚网索	木点柱	留巷效果较好
葛泉矿	泥质粉砂岩	煤厚 2.35 m 采深 300 m	15°	锚网索	强制切顶支架	变形较小
山家林煤矿	泥岩、石灰岩	0.7～1.2 m	5°	架棚支护	护矸柱+矸石带	断面收缩率 8.2%
古汉山矿	砂质泥岩	4.4～6.2 m	13°～17°	锚网索	木垛+密集支柱	卧底扩刷
康城煤矿	黑色粉砂岩、炭质页岩	3.9～7.6 m	12°	锚网索	3 排密集木支柱	留巷效果较好
章村矿	灰色块状粉砂岩	1.2 m		锚网索+单体支柱	单体支柱+金属网	变形较小

够初撑力和刚度的支护,将顶板沿巷旁支护处切断。顶板破断前,巷旁支护最大载荷以达到切顶阻力为主,顶板破断后,巷旁支护后期作用必须在具有适当的双向承载性能的同时,具有较大的可缩性能,同时具有一定的抗侧压性能,以平衡采空区冒落矸石侧向压力。与采用棚式支护等被动支护体系相比,巷内支护必须使用有较高强度和快速增阻特性的主动支护,实施沿空留巷巷内单体支护和巷内锚网索联合支护,稳定采空区侧巷道,控制煤帮强烈位移并保持顶板完整性,以尽早使巷旁支护达到较高护阻力,保证切顶效果。

三、坚硬顶板切顶留巷

1. 技术工艺

根据切顶卸压沿空留巷技术原理,切顶卸压沿空留巷技术工艺如图 11-6 所示。在工作面煤层回采前,超前工作面施工顶板切缝钻孔[见图 11-6(b)],采用聚能爆破预裂技术,在回采巷道沿将要形成的采空区侧顶板切一条缝形成一个面[见图 11-6(c)],待工作面煤层回采后,在矿山压力作用下,顶板沿切缝(即切顶线)自动切落形成巷道的一个墙壁,既隔离采空区又保持该巷道的完整性,从而将自动形成的巷道作为下一个工作面的沿空巷道[见图 11-6(d)]。

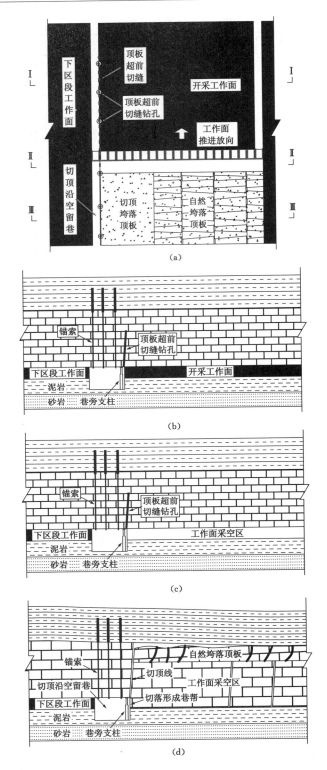

图 11-6　切顶卸压沿空留巷技术工艺示意图

(a) 技术工艺平面示意图；(b) Ⅰ—Ⅰ剖面；(c) Ⅱ—Ⅱ剖面；(d) Ⅲ—Ⅲ剖面

由于工作面的回采,支架前移,工作面后方顶板岩层失去支撑,巷道采空区侧的直接顶在自重及临时加强支护作用下,出现一次破断,破断直接顶呈倒台阶式的悬臂梁状态,留巷顶板由于直接顶垮落及基本顶下沉的带动,其变形形式主要以旋转变形为主,对巷道的影响很大。一般来说,巷旁支护体很难阻止基本顶的旋转压力。

为了保持巷道顶板的完整,以及减小顶板压力,通过预裂爆破技术将顶板沿预定方向切断,形成对上覆基本顶岩梁的支撑结构,控制基本顶的回转和下沉变形,实现卸压;切落的顶板形成巷帮,隔断采空区,从而保留工作面下平巷,实现单面单巷采掘模式。

该开采方式将顶板按设计位置切落,切断顶板的应力传递,避免采空区侧煤体受到回采动压的影响,从而保证煤体的完整性;同时,由于新形成的巷道处于矿山压力的卸压区,解除了高应力环境的威胁。该方法具有消除临近工作面煤体上方应力集中;减小采掘比,提高生产效率,操作简单,造价低廉;避免留设煤柱引发的冲击地压、瓦斯突出、自燃灾害等优势。

坚硬顶板垮落后,会导致沿空巷道巷旁支护一侧外采空区内形成较长的不易垮落的悬顶。悬顶的出现,将会对沿空留巷产生以下两方面的影响:(1)沿空巷道上方悬顶的存在,导致坚硬直接顶与基本顶之间层面接触应力明显降低,接触层面很容易因为变形的不协调而在层间产生滑移,使得接触层面发生剪切破坏;(2)悬顶给巷内支护产生较大的附加作用力,巷旁靠近采空区侧顶板下沉增大,促使直接顶与基本顶之间离层。由于悬顶梁的旋转变形以及悬伸岩层上覆压力的作用将导致巷旁支护荷载大大增加,若巷旁支护阻力较低将会被压垮,例如支护阻力较低的料石、矸石墙,为增加护巷效果不得不增加巷旁砌墙的宽度,或者采用高强充填材料。

切顶卸压沿空成巷通过顶板岩梁的超前预裂,在周期来压作用下将悬臂梁切落,充填了冒落空间,消除了悬顶现象,以减小悬臂梁上覆荷载以及旋转变形力,从而大大减小岩梁传递到巷旁和巷内支护的荷载,从根本上改善巷道的力学环境。

开采工艺方法如下:(1)首采面上下平巷施工;(2)下平巷采空侧超前加固锚索及顶板预裂爆破施工;(3)动压临时加强支护及远程实时监测系统布设;(4)工作面回采;(5)沿空挡矸高强支护,采场顶板周期来压,沿爆破切缝断裂成巷帮;(6)工作面后方矿压稳定区对沿空巷道继续实施刷帮卧底及补强等二次维护措施;(7)工作面后方成巷区进行采空区侧防漏防火等密闭措施处理。

2. 关键参数分析

根据工作面回采过程中上覆岩层顶板运动规律研究结果,随着工作面推进,当顶板达到一定悬露面积后,将在采空区内首先断裂,出现初次来压和周期来压。直接顶在下沉弯曲变形过程中,在直接顶靠近工作面两侧煤壁的端部并不一定会产生破断,此时,可将直接顶视为悬臂梁。在预裂切顶面形成后,其受力简化模型如图11-7所示,图中右侧采空区上方虚线部分为直接顶在切顶面破断下沉触底后的位态,q 为作用于坚硬顶板上的均部荷载,$P(x)$ 为巷内切顶支柱反力集度,G_m 为直接顶自重产生的重力,m_z 为直接顶板悬臂梁的厚度,h_g 为采空区高度(即为采高),L_R 为巷道宽度,L_0 为基本顶断裂处深入煤帮长度,L 为直接顶悬臂梁的长度,h_c 为预裂切顶高度(从顶板平面到切缝向上发育的最大垂直距离),α 为预裂切顶角度。

根据切顶卸压沿空留巷技术工艺,结合直接顶受力状态分析可以得出,实现直接顶按设计厚度切落形成巷帮的关键参数包括以下几个:

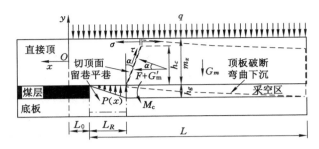

图 11-7　直接顶受力简化模型

（1）预裂切顶高度

一般来讲，如果完整直接顶岩层厚度略大于采高，且能在采空区高度 h_g 范围内实现回转失稳垮落，预裂切顶高度为直接定厚度即可。如果直接顶厚度远大于采高，且预裂切顶面未贯穿整个岩层，由于受采空区高度限制，直接顶在弯曲变形过程中就会与底板接触，要实现直接顶整体拉断，则作用在预裂切顶未贯穿面的拉力 σ 为：

$$\sigma = \frac{M(x)}{W} \tag{11-28}$$

式中：$M(x)$ 为预裂切顶未贯穿面岩梁内的弯矩，且有

$$M(x) = \frac{1}{2}P(x)(L_0 + L_R) - \frac{1}{2}q\,(L_0 + L_R)^2 - \frac{q(M_p - M)}{4Jg}\,(L_0 + L_R)^3 \tag{11-29}$$

式中：J 为顶板岩块绕点 O 的转动惯量。W 为顶板截面模量，且有

$$W = \frac{(m_s - h_s)^2}{6} \tag{11-30}$$

式中，m_s 为实际采高，h_s 为直接顶厚度。

从式（1-28）～（1-30）中可以看出，决定作用在拉力 σ 大小的决定因素就在于预裂切顶未贯穿面的厚度。因此，必须确定合理的预裂切顶高度，确保直接顶能够在自身重力及顶板下沉变形施加到直接顶上的上覆荷载作用下，实现整体拉断，为切落形成巷帮创造条件。

（2）预裂切顶角度

由于直接顶板下沉变形空间有限，其顶板切落的实现主要依靠直接顶自身重力及顶板下沉变形施加到直接顶岩层上的上覆荷载而产生的剪切作用。因此，必须要有一定预裂切顶角度 α，避免在切顶面产生较大的摩擦阻力，影响直接顶整体垮落及卸压效果。

（3）预裂爆破钻孔间距

实践证明，在顶板预裂实施中所采用的双向聚能爆破预裂技术可以按设计方向形成顶板预裂面。为避免预裂爆破过程中对预留岩体的损伤，单孔聚能装置中的装药量不能过多，因此，预裂爆破设计必须在考虑岩体强度的基础上，根据单孔装药量所产生的聚能爆破能量，通过现场实验，确定预裂爆破钻孔间距。

第三节　无煤柱沿空留巷支护设计

一、沿空留巷围岩稳定性的影响因素

留巷巷道本身的支护所采用的支护方式及支护参数涉及内容较多，对所在巷道稳定性

的影响因素也很多,主要有以下几种:

（1）煤岩层的力学性质

能够揭示煤岩层力学性质的主要因素有弹性模量、抗压强度、残余强度、内摩擦角等。以上参数直接影响留巷巷道所在煤岩层承载结构在沿空留巷过程中保持稳定的能力。由于留巷巷道煤岩层条件复杂,其参数的变化程度较大,对巷道支护的影响也大,是留巷支护设计的主要参考依据。

（2）留巷巷道的应力

留巷巷道所承受的地应力主要由留巷巷道覆岩垂直应力及所在煤岩层中的构造应力组成。

（3）工作面动压影响

工作面回采后引起留巷巷道围岩中的应力剧烈变化,主要有以下两种状况:

一是本工作面回采动压影响。工作面回采后,破坏了煤岩层中应力分布,岩体应力向回采空间周围岩层中转移,在工作面前方及侧向实体煤中的压力不同程度提高。其应力集中度与顶板岩层厚度、回采的采高有关。在工作面的前方煤岩层集中应力范围可达 30～60 m,垂直应力值能达到 $(2～3)\gamma H$,应力峰值点分布可以深入煤壁 2～10 m。

二是回采过程中相邻工作面对留巷巷道围岩稳定产生的影响。工作面回采后在工作面两侧煤岩层中形成一定增高的支承压力,一般在煤岩体内可以深入煤体 30～40 m,峰值达到 $(2～3)\gamma H$。留巷巷道处于支承压力增高区,下工作面回采时还要受到下一工作面动压影响,影响程度较大。

巷旁支护上方顶板或顶煤在工作面动压影响作用下,已比较破碎,其刚度和强度都比较低。控制巷旁支护上方顶板或顶煤完整性是实现沿空留巷成功的又一关键。如果巷旁支护前顶煤或顶板已严重塌漏,则支护体不能有效将对顶板的阻力传递给基本顶岩层,这时基本顶的旋转下沉量会加大,而过大的基本顶旋转下沉量又会造成巷道直接顶和实体煤帮严重破坏,沿空留巷围岩稳定程度差。根据沿空留巷围岩变形破坏机理和运动特点,保持留巷巷道围岩稳定的控制技术可从以下四个方面来进行有效控制。

（1）充填支护结构的合理设计

为使关键块尽快稳定,并能适应其回转下沉,充填体必须具有早强、速凝和可缩的特性。充填体的合理尺寸设计让充填体具有较高支撑能力和一定让压变形特性,从而让直接顶和充填体实现协调变形,保持留巷围岩稳定。

（2）留巷顶板支护

留巷巷道的顶板一般完整性和稳定性较差,在巷道支护上通过加强锚杆、锚索支护方式,对留巷巷道顶板在工作面回采前加强支护,阻止留巷顶板过分的离层变形,以达到保持留巷顶板稳定的效果。

（3）实体煤帮加固

在沿空留巷过程中实体煤帮是围岩变形移动的关键承载体之一,是关键块层旋转下沉的支点,实体煤帮失稳必将导致留巷顶板围岩变形过分增大。因此实体煤帮加固并保持稳定对留巷围岩的稳定作用非常大。

（4）合理支护巷道帮角

一般而言,巷道帮角存在较高的集中应力,易导致底鼓和顶板破坏。通过合理的锚杆布置加固巷道帮角,既可强化帮角的围岩强度,又可使帮角的应力集中向围岩深部转移,从而达到围岩稳定的目的。

锚杆、锚索支护不仅可以提高锚固体的力学性能,变被动支护为主动支护,充分发挥围岩的自我承载能力,还能避免巷内支护与巷旁支护匹配不合理的弊病,能适应大范围顶板的下沉、平移运动。而采用的破碎矸石灌注胶结材料作为充填材料具有支护阻力高的特点,能够与实体煤帮共同形成对顶板及基本顶关键层结构的支护作用。

二、"三位一体"沿空留巷支护设计

(一)工程概况

朱集矿1112(1)工作面主采11-2煤,煤层平均厚度1.37 m,沿11-2煤顶板回采高度为1.8 m,平均开采深度960 m。1112(1)工作面轨道平巷实行沿空留巷,与轨道平巷高抽巷联通,实现Y型通风系统。工作面直接顶为2.0~10.1 m泥岩,平均厚4.8 m;基本顶为细砂岩,1.3~7.7 m,均厚4.2 m,中厚层状,致密,较硬。直接底为0~7.7 m泥岩,平均厚4.5 m;泥岩下为11-1煤层,厚0~1.0 m,均厚0.8 m;基本底为块状粉细砂岩,致密,性脆,含植物化石,夹薄层粉砂岩。

(二)轨道平巷初始支护形式

巷道断面尺寸为5.0 m×3.0 m,掘进断面为15 m²,净断面为15 m²,采用综合机械化掘方式。

1. 顶板支护

(1)锚杆

① 规格和数量:规格ϕ22-M24-2800,共7根,间排距750 mm×800 mm。

② 钢带:M5型钢带,4 800 mm×178 mm×5 mm。

③ 金属网规格:长×宽=5 200 mm×1 000 mm。

④ 锚杆角度:靠近巷帮的顶板锚杆安设角度为与铅垂线成30°。

⑤ 螺母及垫圈:80~120 N·m扭矩螺母及配套塑料垫圈。

⑥ 托盘:采用与M型钢带配套的高强度托盘,规格150 mm×143 mm×8 mm。

⑦ 药卷:两支规格为Z2350型树脂药卷。

⑧ 锚固方式:树脂加长锚固,锚固长度为1 675 mm。

⑨ 钻孔规格:钻孔直径28 mm,钻头直径27 mm,孔深2 750 mm。

⑩ 预紧及锚固力:锚杆预紧力不低于60~80 kN,锚固力不低于120 kN,锚杆预紧力矩不小于300 N·m。

(2)锚索梁

① 规格和数量:规格ϕ21.8-6300,布置成"4—4"形式,排距800 mm,如图11-8所示;在迎头后路150 m范围内补充施工锚索,呈"5—4—5"布置,具体支护参数见图11-9。

② 梁:20#槽钢,长1.8 m、2.8 m和3.4 m三种。1.8 m布置2孔,孔中心距1.4 m;2.8 m布置3孔,孔中心距1.2 m;3.4 m布置4孔,孔中心距1.0 m。

③ 锚索角度:垂直于岩面施工。

④ 螺母及垫圈:OVM锚具。

⑤ 托盘:采用与槽钢配套的高强度平钢板,规格140 mm×100 mm×15 mm。

⑥ 药卷:三支规格为K2350型树脂药卷。

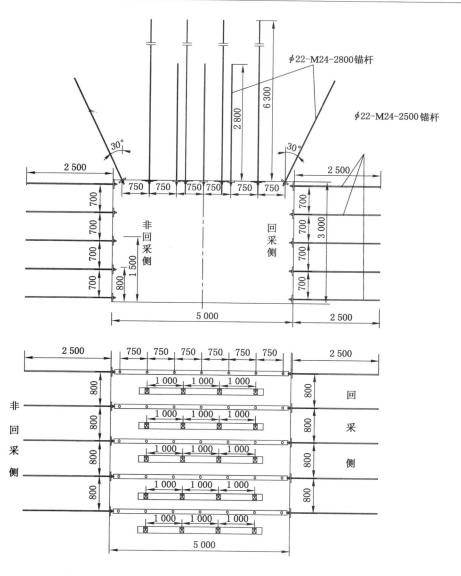

图 11-8　轨道平巷初始支护参数示意图(迎头"4—4"布置图)

⑦ 锚固方式:树脂加长锚固,锚固长度为 2 875 mm。

⑧ 钻孔规格:钻孔直径 28 mm,钻头直径 27 mm,孔深 6 000 mm。

⑨ 预紧及锚固力:预紧力不小于 100 kN,锚固力不低于 200 kN。

2．两帮支护

两帮均采用全螺纹锚杆＋钢带的支护形式,菱形金属网护帮。

① 规格和数量:规格 ϕ22-M24-2500,共 5 根,间排距 700 mm×800 mm。

② 钢带:M4 型钢带,3 000 mm×178 mm×3 mm。

③ 网:菱形网规格为 3 200 mm×1 000 mm,12$^\#$铁丝编织,菱形网相互搭接 100 mm。

④ 锚杆角度:垂直于巷道表面。

⑤ 螺母及垫圈:80～120 N·m 扭矩螺母及配套塑料垫圈。

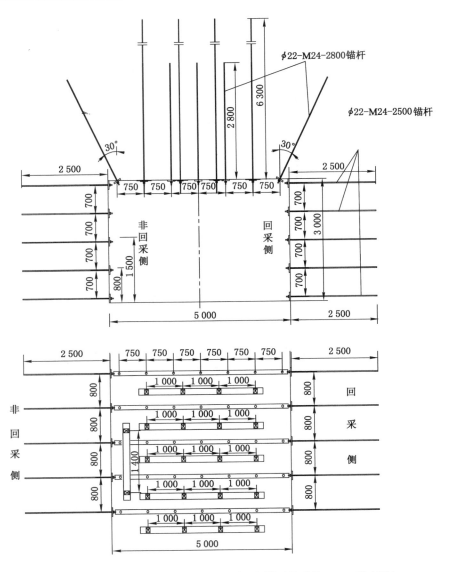

图 11-9　轨道平巷初始支护参数示意图(滞后迎头"5—4—5"布置)

⑥ 托盘:采用与 M 型钢带配套的高强度托盘,规格 150 mm×143 mm×8 mm。

⑦ 药卷:采用两支 Z2320 型树脂药卷。

⑧ 锚固方式:树脂加长锚固,锚固长度为 1 675 mm。

⑨ 钻孔规格:钻孔直径 28 mm,钻头直径 27 mm,孔深 2 450 mm。

⑩ 预紧及锚固力:锚杆预紧力不低于 60~80 kN,锚固力不低于 120 kN,锚杆预紧力矩不小于 200 N·m。

断层或围岩极为破碎,不具备锚梁网施工条件,采取架锚联合支护。采用 U29 可缩性支架,棚距为 700 mm,架棚后喷注,再在顶区施工单体锚索进行二次加固支护,锚索布置成"5—4—5"形式,排距 700 mm,钢绞线规格为 φ21.8 m×6.3 m,配 400 mm×400 mm×15 mm 的大托盘,支护参数如下(见图 11-10):

① U 形棚规格:29# U 形棚;

② 搭接长度:500 mm;

③ 拉条:每棚 4 道;

④ 卡缆:每棚 4 副,间距 300 mm;

⑤ 钢筋笆片:ϕ10 mm×560 mm×860 mm;

⑥ 棚距:600 mm

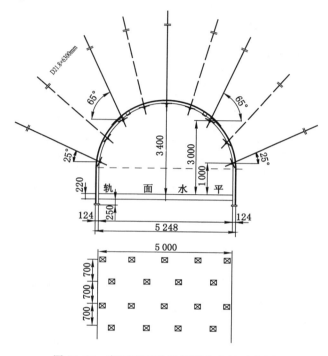

图 11-10　断层破碎段架锚联合支护示意图

(三)轨道平巷沿空留巷围岩支护方案

1112(1)轨道平巷中架棚段与锚网段交替进行,而且锚梁网段锚杆索布置形式较多变化,尤以锚索形式繁乱,锚索布置形式统计见表 11-2。支护方案的设计应针对不同支护形式以及不同地质条件提出不同的加固方案,使各方案具有较强的针对性。

表 11-2　　　　　　　　　　　　　　　　　锚索布置形式汇总

序号	锚索布置形式	巷段(进尺)/m	长度/m	排距/mm	备注
1	"3—3"	290~320	30	800	
		990~1 000	10	800	
		1445~1825	380	800	
		1 850~2 050	200	800	
2	"4—3—4"	370~560	190	800	
3	"3—4—3"	390 附近		800	此段较短
		920~990	70	800	

1. 顶板加固

在原始支护锚索为"3—3"形式巷段,顶板加固方案如下。

(1) 锚索梁加固

① 布置形式:顶板共增加四道纵向锚索梁,其中靠近回采侧、非回采侧各加两道锚索梁,增加的锚索形成"3—2—3"的布置形式,锚索总数形成"6—5—6"布置形式。从左向右数,第一、四道锚索梁使用普通锚索,第二、三道锚索梁使用中空注浆锚索,如图 11-11 所示。

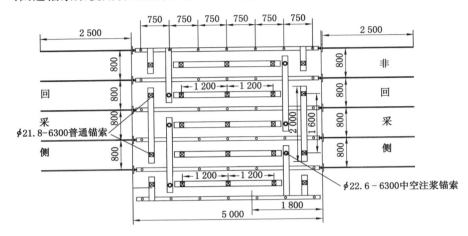

图 11-11　初始支护锚索"3—3"形式巷段补强支护示意图

② 锚索规格:锚索分为普通锚索和中空注浆锚索,普通锚索规格为 ϕ21.8-6300;中空注浆锚索选用 ϕ22.6-6300 型,锚索破断载荷 42 t。

③ 梁:使用 11$^{\#}$ 工字钢,一梁开两孔,开孔孔径 32 mm,规格均为长 2 000 mm,孔中心距 1 600 mm。靠近帮侧锚索梁可根据实际施工情况以单体锚索代替,但必须配大托盘,规格为:400 mm×400 mm×15 mm。

④ 锚索角度:从左向右,前 3 道锚索梁垂直于顶板施工,靠近非回采侧帮处锚索向外倾斜 30°。

⑤ 托盘:高强度平钢板,规格 140 mm×100 mm×15 mm。

⑥ 药卷:采用三支 Z2350 型树脂药卷。

⑦ 钻孔规格:钻孔直径 28 mm,钻头直径 27 mm,孔深 6 000 mm。

⑧ 预紧及锚固力:预紧力不低于 100 kN,锚固力不低于 200 kN。

(2) 中空注浆锚索注浆工艺

① 注浆材料:采用 425$^{\#}$ 硫铝酸盐快硬水泥,水灰比为 0.8~1。

② 注浆压力:4 MPa。

(3) 原始支护形式为"4—3—4"、"3—4—3"巷段

① 锚索梁布置形式:顶板共增加三道纵向锚索梁,其中回采侧加一道锚索梁、非回采侧加两道锚索梁,增加的锚索形成"2—2"的布置形式,锚索总数变为"6—5—6"布置形式。靠近非回采侧锚索梁,相邻两根梁中空注浆锚索与普通锚索交替布置;靠近非回采侧两道锚索梁中,最右边一道使用普通锚索,左边一道使用中空注浆锚索,如图 11-12 所示。

② 锚索角度:从左向右,前 3 道锚索梁垂直顶板施工,靠近非回采侧帮处锚索向外倾斜

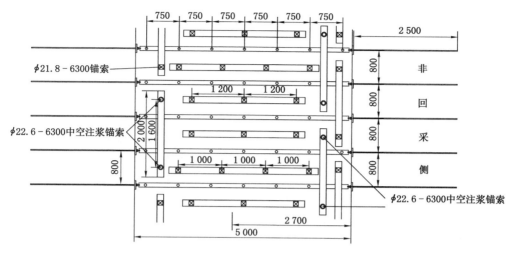

图 11-12　其他锚索支护形式加固示意图

30°,配调心球垫施工。

③ 其余支护参数同原始支护锚索为"3—3"形式巷段的加固支护参数。

2. 非回采侧帮部加固

（1）锚索梁加固

① 布置形式:非回采侧帮部共增加两道纵向锚索梁,形成"1—1"的布置形式,按图 11-13 所示位置进行施工。

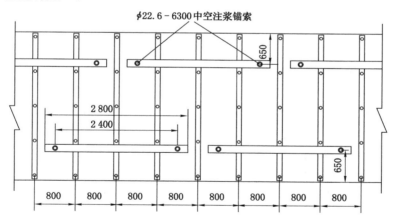

图 11-13　巷道非回采侧帮部加固方案

② 锚索规格:锚索分为普通锚索和中空注浆锚索,普通锚索规格为 ϕ21.8-6300;中空注浆锚索选用 ϕ22.6-6300 型。

③ 梁:使用 11# 工字钢,一梁开两孔,开孔孔径 32 mm,规格为长 2 800 mm,孔中心距 2 400 mm。

④ 锚索角度:上侧锚索向上抬 30°进行施工,下侧锚索下砸 30°施工。

⑤ 托盘:采用与工字钢配套的高强度平钢板,规格 140 mm×100 mm×15 mm。

⑥ 药卷:采用三支 Z2350 型树脂药卷。

⑦ 钻孔规格：钻孔直径 28 mm，钻头直径 27 mm，孔深 6 000 mm。

⑧ 预紧及锚固力：预紧力不低于 100 kN，锚固力不低于 200 kN。

（2）中空注浆锚索注浆工艺

① 注浆材料：采用 425# 硫铝酸盐快硬水泥，水灰比为 0.8～1。

② 注浆压力：4 MPa。

3. 充填区域加固方案

充填墙体的尺寸依照首采面选择，墙体宽 3 m，立模高 1.9 m，单垛充填墙体的长度为 3.0 m。为满足通风、行人、管路铺设等需求，初始留巷宽度为 3.8 m。撕帮段受超前采动影响，巷道宽度已剧减至 4.2 m 左右。按照墙体 3 m 宽，超前段 4.2 m，留巷初始宽度 3.8 m 计算，超前撕帮至少 2 600 m，墙体骑入巷道 400 mm。如图 11-14 所示。

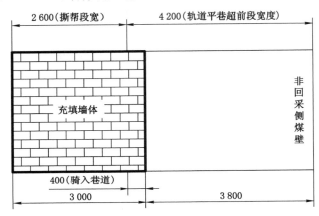

图 11-14 充填墙体尺寸及留设位置示意图

（1）预充填区加固方案

回采前对回采侧煤壁进行开缺口（撕帮）处理，开缺口超前工作面 3～5 m 以上，缺口宽度超过充填墙体 0.3 m 以上，如果存在伪顶，应将伪顶破除。采用锚索梁进行撕帮段加固。布置形式如图 11-15 所示，参数如下：

① 布置形式：每个断面三根锚索，间距 1 100 mm，排距 800 mm。

② 锚索规格：普通锚索规格为 ϕ21.8-6300。

③ 梁：使用 20# 槽钢，一梁开三孔，开孔孔径 32 mm，梁长 2 600 mm，孔中心距 1 100 mm。

④ 锚索角度：均垂直于巷道。

⑤ 托盘：配规格为 140 mm×100 mm×15 mm 的小垫板。

⑥ 药卷：采用三支 Z2350 型树脂药卷。

⑦ 钻孔规格：钻孔直径 28 mm，钻头直径 27 mm，孔深 6 000 mm。

⑧ 预紧及锚固力：预紧力不低于 100 kN，锚固力不低于 200 kN。

（2）巷道辅助加强支护

巷道内部辅助加强范围为超前工作面 60 m，滞后工作面 250 m。

超前工作面辅助加强支护方式采用 DZ35～DZ42 型单体支柱与 4.0 m 长 11# 工字钢，

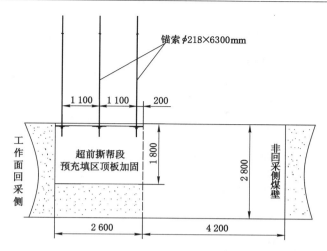

图 11-15 超前撕帮段预充填区顶板支护示意图

为一梁四柱,柱距 1 m,沿巷道走向布置。每个断面布置 5 个单体支柱,非回采侧和巷道中间各布置两道,回采侧布置一道。单体支柱要戴帽穿鞋,同时安设底梁,主动有效地控制回采期间巷道的底鼓。单体支设后及时拴防倒绳,班中注液,确保初撑力不低于 70 kN。滞后工作面保证四排单体,即拆除回采侧煤壁的一排单体。辅助加强支护单体布置如图 11-16 所示。应力调整期结束后视矿压情况用木点柱替换单体支柱。

4. 充填墙体加固方案

(1) 充填墙立模

在沿空留巷处,先对巷道顶板进行加固处理,具体如下:在巷道走向布置 4 排单体铰接梁超前挑棚,超前工作面距离不小于 60 m,在铰接梁上方使用 4 m 矿用 11# 工字钢按照顺山布置挑棚,顺山棚间距 1~1.2 m,腿子为高度适合的单体支柱。工字钢必须正向使用,工字钢伸进充填墙内的长度不小于 500 mm。其布置见图 11-17。

清理巷道底板浮矸,使用金属模具配合木板支设留巷充填模,要调整模板处于良好状态,保证与充填墙平直,将充填空间杂物清理干净,使用帆布紧贴模板内壁布置严密,并将该空间顶底板整理平整进行充填。调整好充填模板后,将充填管路架设好,准备进行充填。

立模过程中,必须沿走向在模板内放置两层最少 8 块钢筋笆片,作为墙体与墙体之间的连接。在充填过程中,放置 3 块钢筋笆片(或撕帮产生的废旧锚杆、钢带等)作为加强筋,以保证单个墙体和墙体与墙体之间的强度,如图 11-18 所示。

(2) 充填墙墙体加固

① 充填墙预埋底板加强锚杆,锚杆长 2.2 m,外露 1.0 m,间排距 1.0 m。

② 两充填墙间连接筋采用钢筋笆片,布置两排,每排三块。同时在充填墙距巷道侧 0.2 m 处紧贴顶板沿巷道走向方向纵向布置一块 5.0 m×1.0 m 金属网作为加强筋,变二维加筋为三维加筋。

③ 将回采前方刷帮摘下的旧锚杆、钢带放入墙体作为加强筋。

④ 对轨道平巷各联巷口进行喷、注浆及联巷口巷道压力较大处提前采取喷、注浆措施进行加固。另外对顶板破碎处、断层影响区域都提前采取喷、注浆方法进行加固,对局部地

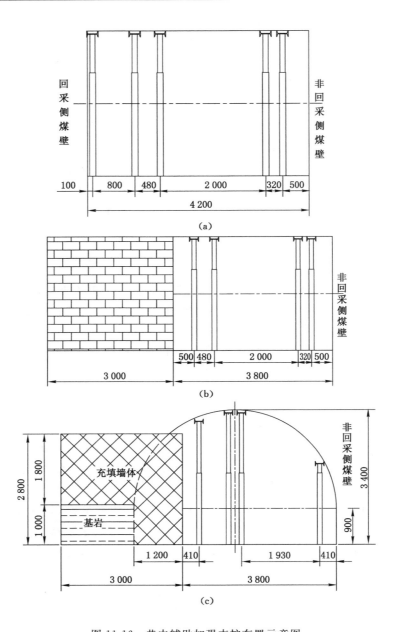

图 11-16　巷内辅助加强支护布置示意图

（a）超前工作面巷内辅助加强支护布置立面示意图；

（b）滞后工作面巷内辅助加强支护布置立面示意图（锚梁网段）；

（c）滞后工作面巷内辅助加强支护布置立面示意图（架棚段）

点加打地锚对底板进行加固，地锚采用 1.6 m 锚杆。

⑤ 留巷段尾巷内的支护为三排挑棚和木垛联合支护，将三排挑棚布置为非回采侧两排，靠近充填墙一排。同时紧贴充填墙架设木垛，木垛规格为 2.0 m×1.0 m，双面扒皮料架设，两木垛间留 1 m 间距。

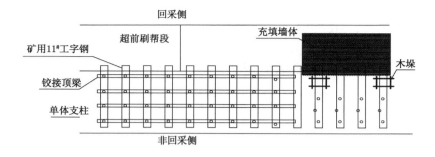

图 11-17　充填墙体处超前支护加固施工图

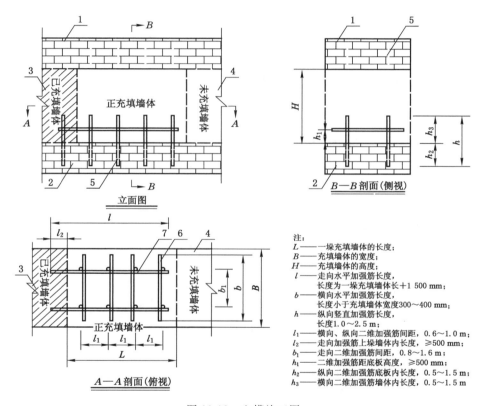

注：
L——一垛充填墙体的长度；
B——充填墙体的宽度；
H——充填墙体的高度；
l——走向水平加强筋长度，
　　长度为一垛充填墙体长+1 500 mm；
b——横向水平加强筋长度，
　　长度小于充填墙体宽度300~400 mm；
h——纵向竖直加强筋长度，
　　长度1.0~2.5 m；
l_1——横向、纵向二维加强筋间距，0.6~1.0 m；
l_2——走向加强筋上垛墙体内长度，≥500 mm；
b_1——走向二维加强筋间距，0.8~1.6 m；
h_1——二维加强筋距底板高度，≥500 mm；
h_2——纵向二维加强筋底板内长度，0.5~1.5 m；
h_3——横向二维加强筋墙体内长度，0.5~1.5 m

图 11-18　立模施工图

1——顶板；2——底板；3——已充填墙体；4——未充填墙体；5——竖向抗剪锚杆；
6——横向二维加强筋；7——走向二维加强筋

三、"二位一体"沿空留巷支护设计

（一）工程概况

老母坡煤矿 3101 工作面位于已经回采完毕的 2101 首采工作面之下，$2^\#$ 煤与 $3^\#$ 煤之间的法距一般为 7~9 m。$2^\#$ 煤埋深 200 m 左右。顶板为泥岩、细砂岩，厚度平均 4.45 m，底板为砂质泥岩、泥岩、粉细砂岩，厚度平均 7.57 m，该煤层已大部采空。$3^\#$ 煤层伪顶为炭质泥岩，厚度 0.2~0.4 m；直接顶为泥岩，厚度 1.27 m；基本顶为细砂岩，厚度 2.25 m；底板为粉砂岩，厚度 4.89 m。

3101 运输平巷为矩形巷道,尺寸为(长×高)4.2 m×2.6 m。采用无充填体沿空留巷,以实现 Y 型通风系统,并作为 3103 工作面回风巷道使用。巷道层位关系如图 11-19 所示。

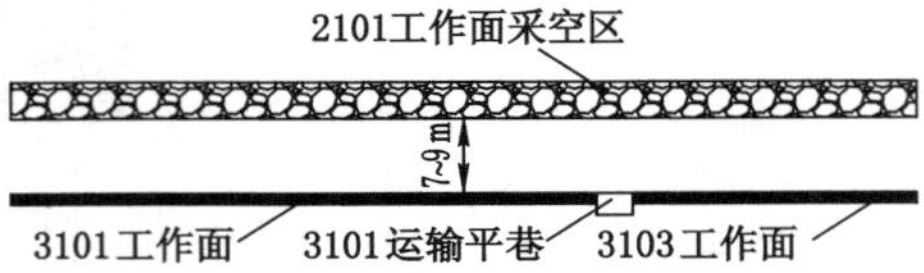

图 11-19　留巷层位关系示意图

(二)掘进期间支护形式

1. 顶板支护

(1)锚杆

① 规格和数量:规格 ϕ20-M22-2200 左旋无纵筋螺纹锚杆,共 6 根,间排距 800 mm×800 mm。

② 钢带:H 型钢筋梯子梁,ϕ12 mm 圆钢,长 4 000 mm。

③ 网:8# 菱形铁丝网,网孔规格为 60 mm×60 mm。

④ 锚杆角度:均垂直于岩面。

⑤ 螺母及垫圈:1.5 cm 厚六棱螺母,配塑料垫圈。

⑥ 托盘:碟形托盘,规格 150 mm×150 mm×10 mm。

⑦ 药卷:采用两支树脂药卷,规格为 CK2335 型。

⑧ 锚固方式:树脂加长锚固,锚固长度为 581 mm。

⑨ 钻头规格:使用 ϕ30 mm 钻头。

⑩ 预紧及锚固力:锚杆设计预紧力不小于 300 N·m,锚固力不低于 130 kN。

(2)锚索梁

① 规格和数量:规格 ϕ15.24-6000,顺巷布置三排锚索支护:两排迈步锚索梁支护,锚索为 ϕ15.24 mm×6 000 mm,分别距采空侧巷帮 940 mm,距实体煤帮 600 mm。一排点锚索支护,锚索 ϕ15.24 mm×6 000 mm,排距为 2.5 m,布置在巷道中线处。

② 钢带:14# 槽钢,长 3 m,孔中心距 2.5 m。

③ 锚索角度:垂直于岩面施工。

④ 螺母及垫圈:KM15 锚具。

⑤ 托盘:单体锚索配套使用 250 mm×250 mm×12 mm 平钢板,锚索梁采用 100 mm×100 mm×5 mm 平钢板。

⑥ 药卷:采用 3 支树脂药卷,规格为 CK2335 型。

⑦ 锚固方式:树脂加长锚固,锚固长度为 961 mm。

⑨ 钻头规格:使用 ϕ30 mm 钻头,孔深约为 5 800 mm。

⑨ 预紧及锚固力:锚索设计预紧力不小于 80~120 kN,锚固力不低于 200 kN。

2. 非回采侧帮支护

(1)锚杆

① 规格和数量:规格 ϕ18-M20-1800 左旋无纵筋螺纹锚杆,共 4 根,间排距 800 mm×800 mm。

② 钢带:H 型钢筋梯子梁,ϕ12 mm 圆钢,长 2 400 mm。

③ 网:8$^\#$菱形铁丝网,网孔规格为 60 mm×60 mm.

④ 锚杆角度:均垂直于岩面。

⑤ 螺母及垫圈:1.5 cm 厚六棱螺母,配塑料垫圈。

⑥ 托盘:碟形托盘,规格 150 mm×150 mm×10 mm。

⑦ 药卷:采用两支树脂药卷,规格为 CK2335 型。

⑧ 锚固方式:树脂加长锚固,锚固长度为 581 mm。

⑨ 钻头规格:使用 ϕ30 mm 钻头。

⑩ 预紧及锚固力:锚杆设计预紧力不小于 300 N·m,锚固力不小于 130 kN。

(2) 锚索梁

① 规格和数量:规格 ϕ15.24-6000,实体帮中部布置一套沿巷道走向锚索梁,排距 1 500 mm。

② 钢带:14$^\#$槽钢,长 2 m,孔中心距 1 500 mm。

③ 托盘:单体锚索配套使用 250 mm×250 mm×12 mm 平钢板,锚索梁采用 100 mm×100 mm×5 mm 平钢板。

④ 药卷:采用 3 支树脂药卷,规格为 CK2335 型。

⑤ 锚固方式:树脂加长锚固,锚固长度为 961 mm。

⑥ 钻头规格:使用 ϕ30 mm 钻头,孔深约为 5 800 mm。

⑦ 预紧及锚固力:锚索预紧力不小于 80~120 kN,锚固力不小于 200 kN。

3. 回采侧帮支护

回采侧帮部采用锚杆支护,具体参数如下:

① 规格和数量:规格 ϕ16-M24-1600 圆钢锚杆,共 4 根,间排距 800 mm×800 mm。

② 钢带:H 型钢筋梯子梁,ϕ12 mm 圆钢,长 2 400 mm。

③ 网:8$^\#$菱形铁丝网,网孔规格为 60 mm×60 mm。

④ 锚杆角度:均垂直于岩面。

⑤ 螺母及垫圈:1.5 cm 厚六棱螺母,配塑料垫圈。

⑥ 托盘:碟形托盘,规格 150 mm×150 mm×10 mm。

⑦ 药卷:采用两支树脂药卷,规格为 CK2335 型。

⑧ 锚固方式:树脂加长锚固,锚固长度为 581 mm。

⑨ 钻头规格:使用 ϕ30 mm 钻头。

⑩ 预紧及锚固力:锚杆预紧力不小于 300 N·m,锚固力不小于 130 kN。

(三) 工作面推进后留巷段加固设计

1. 顶板支护

单体支柱分别配合铰接顶梁和十字铰接顶梁(顺巷布置)加强顶板支护,顺巷打三排单体支柱,柱距 600 mm。其中,第一、二排单体支柱布置在巷道中心线左侧(即 3101(2)工作面采空侧),分别距中心线距离为 1 650 mm、1 050 mm,第三排单体支柱布置在巷中心线右侧(即实体煤侧),距巷中心线为 1 000 mm。第一排为单体液压支柱配合十字铰接顶梁(长 600 mm),一梁一柱,柱距 600 mm,单体液压支柱穿复合铁鞋;第二、三排为单体液压支柱配合铰接顶梁(长 1 200 mm),一梁两柱,柱距为 600 mm,单体支柱穿铁鞋。单体液压支柱支护必须保证单体初撑力大于 90 kN,并且要保证迎山有力(迎山角 $3°\sim5°$)。

2. 回采侧帮部支护

(1)回采侧帮部护帮:采用 $1.0\,m\times4.0\,m$ 的金属菱形网片和工字钢梁护腿护帮。金属菱形网片孔径为 $60\,mm\times60\,mm$,金属丝规格为 $8^\#$;工字钢梁护腿由工字钢梁加工,加工后可以和十字铰接顶梁铰接。

在工作面超前支护区域,将工作面一侧煤帮进行退锚,后将网片卷起悬挂在巷道顶部,回采过后将网片放下。在以上基础上再补加一层网片,通过 $8^\#$ 铁丝连接到巷帮顶部的网片。铺网要求:第一片网压第二片网,其搭接部分 $500\,mm$,并用铁丝单排连接,扣距 $100\,mm$。联网均为双丝双扣,每扣扭结不少于 3 圈。联网丝采用 $14^\#$ 铁丝,前片网依次压后片网。

为使护腿和单体支柱能同步下移,避免破坏十字顶梁和复合铁鞋,工字钢梁护腿长度为 $2\,200\,mm$ 和 $2\,400\,mm$,根据实际巷道高度,随时对护腿长度进行调整。护腿间距 $600\,mm$,并背不少于三根板皮,阻止采空帮变形。板皮长 $1\,400\,mm$,宽 $150\sim200\,mm$。

(2)回采侧帮部封闭

在留巷变形稳定区,对回采侧帮部及时进行喷浆,喷浆系统利用移动式黄泥注浆系统,喷涂材料为水泥、黏土、千分之二的玻璃水和玻璃纤维配比而成(水加入水泥后相对密度为 1.2,再加入黏土(红胶泥)后相对密度为 1.4,同时加入千分之二的水玻璃及适量的玻璃纤维)。为保证回采侧帮部喷浆后有良好的封闭效果,需在留巷进风口加设一道水幕,保证材料喷涂后的湿度。

3. 支护要求

十字铰接顶梁和铰接顶梁与顶板之间要求接顶严实,受力均匀;单体支柱迎山有力(迎山角 $3°\sim5°$)。单体液压支柱初撑力不小于 90 kN,活柱可缩量不小于 $500\,mm$。复合铁鞋要支设到实底并水平放置。护腿与复合铁鞋搭接 $300\,mm$,且底部与底板间距不小于 $300\,mm$。

四、坚硬顶板切顶留巷支护设计案例

(一)工程地质条件

南屯煤矿 1610 工作面位于十一采区西北部,走向长度为 982 m,倾斜长度为 242 m,开采煤层为 $16_\text{上}$ 煤,埋深 $H=470\sim590\,m$,赋存稳定,煤质较硬,煤层厚度 $0.70\sim1.35\,m$,平均 $0.94\,m$,煤层倾角 $1°\sim7°$,平均 $3°$。直接顶为 $10_\text{下}$ 灰岩,平均厚度 5.2 m,青灰色,致密坚硬,裂隙发育;基本顶为泥岩,平均厚度 5.75 m。直接底为铝质泥岩,厚度 1.43 m,灰白色,致密性脆,遇水膨胀。基本底为灰色细砂岩,厚度 $5.40\sim2.51\,m$,平均 4.05 m,灰色,致密坚硬,含水平层理。

工作面上轨道平巷为沿空留巷巷道,断面为矩形,其尺寸为 $3.0\,m\times2.0\,m$(净宽×净高),沿 $16_\text{上}$ 煤层顶板施工,采用锚网支护巷道内揭露的煤层底板铝质泥岩部分,遇断层或地质构造时采用锚网进行全断面加强支护。下轨道平巷断面为矩形,其尺寸为 $3.4\,m\times2.0\,m$(净宽×净高)。

相邻工作面实测矿压资料显示:直接顶初次垮落步距为 $14\sim25\,m$,基本顶初次来压步距为 $25\sim30\,m$,基本顶周期来压步距为 $8\sim12\,m$。

(二)切顶卸压沿空留巷关键参数确定

根据前文分析,切顶卸压沿空留巷的关键参数包括预裂切顶高度、预裂切顶角度和最佳预裂爆破钻孔间距,其中预裂切顶高度和预裂切顶角度需通过数值模拟进行计算,最佳预裂爆破钻孔间距则要在预裂切顶高度和预裂切顶角度 2 个关键参数的基础上进行现场爆破试验来确定。

1. 预裂切顶高度确定

(1) 数值计算模型及参数

根据南屯煤矿 1610 工作面具体工程地质条件,并结合已有的矿压监测结果,利用有限差分软件 FLAC³ᴰ建立三维实体模型,对比分析不同预裂切顶高度条件下,工作面回采过程中的采场及沿空平巷附近围岩位移及竖向应力分布情况,确定预裂切顶高度。

数值计算模型如图 11-20 所示。计算范围为 100 m×50 m×50 m(长×宽×高),模型侧面限制水平移动,底部固定,上表面为应力边界,施加的荷载为 15 MPa,模拟上覆岩体的自重边界。材料破坏符合 Mohr-Coulomb 强度准则。模型主要岩体物理力学参数见表 11-3。

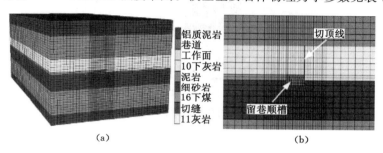

图 11-20　数值计算模型

(a) 网格剖分图;(b) 计算方案

表 11-3　　　　　　　　　　　　　模型主要物理力学参数

岩性	密度 /kg·m⁻³	体积模量 /GPa	剪切模量 /GPa	抗拉强度 /MPa	黏聚力 /MPa	内摩擦角 /(°)
$16_上$煤	1 370	0.9	0.6	0.8	1.0	28
$10_下$灰岩	2 650	6.0	3.1	5.7	3.2	31
泥岩	2 300	2.8	1.1	1.1	0.5	20
11 灰岩	2 620	5.4	2.8	5.2	3.1	32
细砂岩	2 400	4.3	2.1	1.8	0.5	20
铝质泥岩	2 360	2.7	1.2	1.2	0.5	20

(2) 计算结果分析

模拟计算所采用的预裂切顶高度分别为 2 m、5 m 和 10 m,切顶角度为 0°,即垂直于顶板[见图 11-20(b)]。计算结果详见图 11-21 和图 11-22。

顶板预裂切顶高度 2 m 切缝[见图 11-21(a)]时,切顶面两侧位移无明显区别,留巷顶板、两帮围岩变形较大;5 m 和 10 m 切缝[见图 11-21(b)和图 11-21(c)]时,切顶面两侧位移变化有明显区别,但 10 m 切缝时留巷顶板及两帮位移较 5 m 切缝时大。

从图 11-22 可以看出:顶板预裂切顶高度 2 m 切缝[见图 11-22(a)]时,回采后留巷(平

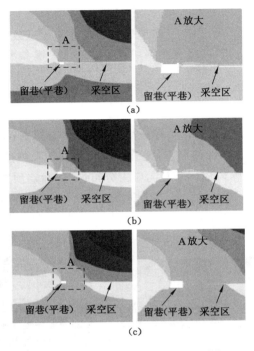

图 11-21　不同切顶高度竖向位移场（单位：m）

（a）2 m 切顶；（b）5 m 切顶；（c）10 m 切顶

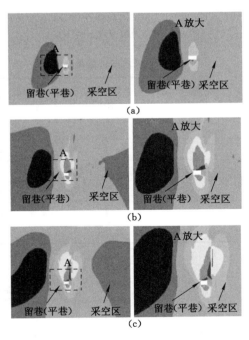

图 11-22　不同切顶高度竖向应力场（单位：Pa）

（a）2 m 切顶；（b）5 m 切顶；（c）10 m 切顶

巷)左侧存在明显应力集中区,应力集中区范围较大,应力峰值较大,且集中区比较靠近平巷左帮;5 m 和 10 m 切缝[见图 11-22(b)和图 11-22(c)]时,回采后留巷(平巷)左侧应力集中区远离巷道,其中,10 m 切缝应力集中距离及范围大于 5 m 切缝,但两种方式在留巷附近应力峰值都较小,为低应力区。

根据上述计算结果可以分析得出:

① 顶板预裂切顶高度 2 m 时,直接顶不能在下沉过程中完全切落,采空区顶板仍然保持与留巷顶板间的应力传递,从而造成平巷附近围岩应力与位移较大,不能实现沿空留巷。

② 顶板预裂切顶高度 5 m 与 10 m 均有较好的卸压效果,留巷围岩应力与位移数值均较低,有明显的卸压区。

③ 无论顶板预裂切顶高度 5 m 或 10 m,在切顶面均有部分区域应力为正,表明受采空区高度限制,垂直预裂顶板在下沉过程中自然垮落端部过早触矸,不能完全切落,从而对留巷顶板产生回转挤压,影响切顶卸压效果。其中,顶板预裂切顶高度 10 m 时,由于切顶厚度过大,对留巷顶板产生的回转挤压更为严重。

④ 综合计算结果分析可以得出,针对 1610 工作面开采条件,顶板预裂切顶高度确定为 5 m。

2. 预裂切顶角度确定

(1)计算模型及方案

从预裂切顶高度计算结果可以看出,垂直顶板实施预裂切顶,无法完全切断采空区顶板与留巷顶板间的应力传递,其原因在于顶板下沉拉开后,在垂直顶板的预裂切顶面产生较大的摩擦阻力,从而影响顶板的切落。因此,预裂切顶面向采空区偏转一定角度,将会有利于顶板切落。

为分析预裂切顶角度的影响,设计预裂切缝长度为 5 m,预裂切顶面向采空区偏转不同角度,即切顶角度为 10°和 20°两种情况,对比切顶角度为 0°时,留巷(平巷)围岩与采空区顶板的应力变化、位移变化,从而确定最适合的预裂切顶角度。计算模型见图 11-20,不同预裂切顶角度计算方案如图 11-23 所示。

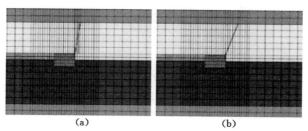

图 11-23　不同预裂切顶角度计算方案

(a) 10°切顶;(b) 20°切顶

(2)计算结果分析

不同预裂切顶角度数值模拟计算结果见图 11-24 和图 11-25。通过对计算结果分析可以得出:

① 从图 11-24 可以看出,采用 10°和 20°两种预裂切顶角度,在工作面回采后,切顶面右侧采空区直接顶位移均大于 0°切顶[见图 11-21(b)],表明预裂切顶面向采空区偏转一定角

度后,直接顶切落效果更好。

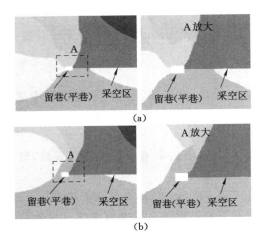

图 11-24　不同切顶角度竖向位移场(单位:m)

(a) 10°切顶;(b) 20°切顶

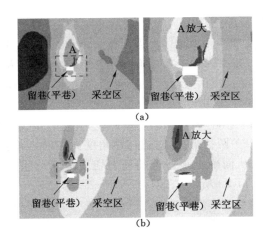

图 11-25　不同切顶角度竖向应力场(单位:Pa)

(a) 10°切顶;(b) 20°切顶

② 从图 11-25 可以看出,采用 10°和 20°两种预裂切顶角度,在工作面回采后,留巷(平巷)均处于低应力区,且围岩应力集中程度及范围均小于 0°切顶[见图 11-22(b)];同时,10°切顶面两侧仍有压应力集中,表明切落顶板回转过程中仍对留巷顶板产生一定挤压作用;而20°切顶面两侧压应力消除,应力集中区域远离留巷(平巷),表明该角度下切顶可以有效切断采空区顶板与留巷顶板间的应力传递,有利于留巷(平巷)围岩的稳定。

综合上述分析,针对 1610 工作面开采条件,顶板预裂切顶角度确定为 20°。

3. 预裂爆破钻孔间距确定

根据上述结果,通过现场爆破实验,确定预裂爆破钻孔间距。

(1) 实验参数及方案

　　根据现场工程条件，设计预裂炮孔孔径为 38 mm，炮孔向工作面方向偏转 20°，孔深设计为 5 m。

　　预裂爆破聚能管采用特制 PVC 管材，外径为 ϕ32 mm，内径为 ϕ28 mm，单根长度 1 500 mm；聚能孔直径 ϕ4 mm，孔间距 8 mm，双向开孔角度 180°。使用二级煤矿水胶炸药，规格为 ϕ27 mm×400 mm，单孔装药 7 卷，封孔长度 1 200 mm。

　　实验方案包括单孔爆破实验、600 mm 间距连孔爆破实验、800 mm 间距连孔爆破实验、1 000 mm 间距连孔爆破实验。

　　（2）实验结果

　　不同预裂爆破钻孔间距爆破实验结果如图 11-26 所示。

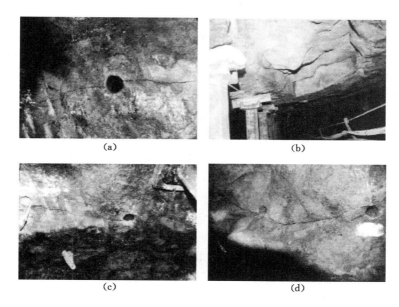

图 11-26　不同预裂爆破钻孔间距爆破实验结果
（a）单孔爆破；（b）连孔爆破（孔距 600 mm）；
（c）连孔爆破（孔距 800 mm）；（d）连孔爆破（孔距 1 000 mm）

　　① 单孔预裂爆破后［见图 11-26（a）］，爆破钻孔无破坏，顶板预裂线以钻孔为中心沿平巷走向发育，并向炮孔两侧分别延伸 450 mm 和 400 mm，表明设计爆破参数可以实现顶板的有效预裂。

　　② 600 mm 间距连孔爆破后［见图 11-26（b）］，顶板预裂线平直，贯通效果明显，但孔间出现顶板小面积垮落。

　　③ 800 mm 间距连孔爆破后［见图 11-26（c）］，顶板预裂线平直，贯通效果明显，孔间顶板未出现破坏。

　　④ 1 000 mm 间距连孔爆破后［见图 11-26（d）］，顶板预裂线弯曲，有分叉，局部切缝发育不明显。

　　从上述实验结果可以确定预裂爆破钻孔间距为 800 mm。

第十二章　煤与瓦斯共采设计

煤与瓦斯共采可以在开采煤炭资源的同时,把瓦斯作为一种资源共同采出,提高了资源的整体利用率,降低了瓦斯事故对煤炭行业安全生产的威胁,已在煤炭行业迅速推广,应用成效显著。由于煤层地质条件不同,甚至地面情况不同,因此需采取不同的瓦斯抽采体系。

第一节　地面钻井瓦斯抽采设计

井上瓦斯抽采,需要从地面施工地面钻井,地面钻井重点抽采被保护层工作面的卸压瓦斯,同时还兼顾抽采保护层工作面采空区瓦斯。只要地面具备施工钻井条件,便可采用地面钻井进行瓦斯抽采,地面钻井的施工不受井下巷道的限制,可缩短瓦斯抽采工程的施工。地面钻井特别适合于卸压煤层较多的矿区。但若工作面对应地面为村庄、湖泊等环境,则不能采用地面钻井抽采。地面钻井只适用于对上被保护层进行瓦斯抽采,对于下被保护层需要采用井下钻孔进行瓦斯抽采。

一、地面钻井瓦斯抽采概述

地面钻井瓦斯抽采方法是从地面向目标煤层的抽采区域布置施工地面钻井,架设抽采管路形成系统,通过地面钻井抽采卸压瓦斯。目前地面钻井技术已经较为成熟,在淮南、淮北、晋城、西山等多个矿区取得了较好的应用效果。

如图 12-1 所示,地面的钻井结构一般可分为表土段、基岩段和目标段。钻井首先穿过表土层,进行表土段固井后进入基岩,继续钻至距离卸压瓦斯抽采目标煤层群顶板 20～40 m,进行基岩段固井后,钻至目标煤层。

地面钻井对于下保护层开采条件下的卸压瓦斯抽采有着独特的优势,主要表现为以下几方面:

（1）目标段贯穿整个保护层上方的有效卸压段煤岩体,有效作用段距离长,单井控制的抽采范围大。

（2）完井后,其抽采时间可从保护层卸压作用显现时起,直至钻井因采动而报废,抽采期长,能够保证抽采效果。

（3）地面钻井的设计施工均独立于井下巷道系统,施工条件限制较小,只需确保能在保护层卸压影响区到达钻井设计抽采范围之前施工完毕即可。

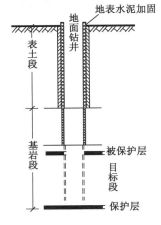

图 12-1　地面钻井结构示意图

地面钻井由于具有上述优点,近年来得到广泛的认可。根据抽采数据分析来看,其有效抽采半径可达 200 m,在设计时通常沿着工作面走向距离切眼 50～70 m 处布置第一个钻井,此后钻井间距定为 300 m。

钻井位置在倾向方向上多为工作面长度的 1/3～1/2,如图 12-2 所示。

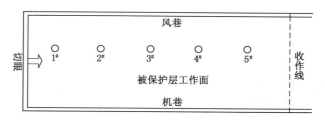

图 12-2 地面钻井布置示意图

大量工程实践表明,该方法抽采活跃期长,通常可达 2～3 个月;单井抽采量大,可达 10～30 m³/min;单井的浓度高,部分矿井抽采浓度能维持在 90％以上。地面钻井在施工过程中为了避免钻井井筒错断失效,造成钻井封闭堵塞,需采取相应技术手段确保钻井的完整性。

地面钻井是采空区、采动区瓦斯抽采的主要技术之一,在世界范围内得到了广泛应用。它既可以抽采空区瓦斯,又可以抽采动区邻近层卸压瓦斯,适用于低透气性煤层群开采。

二、地面钻井布置方法

1. 卸压区瓦斯抽采地面钻井布置

在首采层采空侧顶板至上覆卸压煤层顶板中存在顶板环形裂隙区、竖向裂隙发育区、远程卸压煤层裂隙发育区。这 3 个裂隙发育区的存在,为卸压瓦斯抽采钻井的合理布置提供了基础。

卸压瓦斯抽采地面钻井的合理位置,首先应有利于大面积、长时间、高效地进行卸压抽采,达到较高的瓦斯抽采率;其次要考虑卸压瓦斯抽采钻井的施工和保护,避免受到采动剧烈影响后使地面钻井变形错断,地下水和流沙等进入钻井,堵塞钻井造成抽采失效。卸压瓦斯抽采地面钻井布置如图 12-3 所示。

(1) 切眼外侧的"Z"型钻井:钻井井口位于采动影响边界外,井身穿过 3 个裂隙发育区,终孔位于采空侧的环形裂隙发育区,可保证钻井有长时间、大范围抽采,能保持较高的卸压瓦斯抽采率。

(2) 风巷内侧的"丨"型钻井:钻井布置在采空区内侧边缘,钻井穿过 3 个裂隙发育区域,但钻井受岩层水平移动剧烈影响,易错断,受采动影响大。

(3) 工作面前方的"L"型水平钻井:垂直于井身位于工作面前方,不受采动影响,水平井身位于卸压煤层内,可保证钻井有长时间、大范围抽采,能保持较高的卸压瓦斯抽采率。

2. 老采空区瓦斯抽采地面钻井布置

对某一具体矿井而言,老采空区瓦斯抽采地面钻井的井网布置包括以下 3 个步骤:

(1) 将该矿井的老采空区划分为不同的区域;

(2) 确定各区域内应施工的地面钻井数量及各地面钻井的具体位置;

(3) 对矿井内老采空区瓦斯抽采地面钻井进行管网选线优化。

三、效率影响因素

影响钻孔抽采效率的因素很多,但是根据其影响机理可以大体细分为两类:一类为自然客观因素,另一类为钻孔施工参数。其中,客观因素主要包括煤层瓦斯含量、采空区压实程度、采空区漏风等;钻孔施工参数主要包括钻孔终孔位置、抽采负压、钻孔布置间距及数量等。

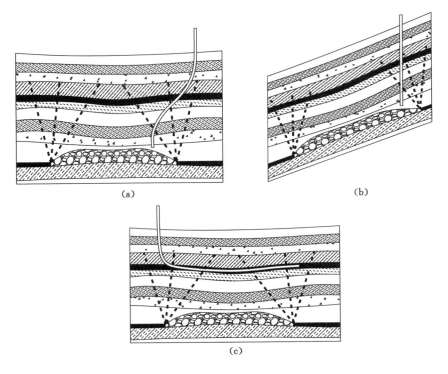

图 12-3　卸压瓦斯抽采地面钻井布置

(a)"Z"型钻井;(b)"丨"型钻井;(c)"L"型钻井

1. 自然客观影响因素

(1)煤层瓦斯含量

地面钻孔抽采出高浓度的采空区瓦斯的首要条件就是采空区内要聚集大量高浓度瓦斯,如果煤层瓦斯含量不高,采空区内无法聚集大量瓦斯,地面钻孔抽采技术相对于地下抽采技术的优势就无法体现。因此,地面钻孔抽采技术适用于高瓦斯含量的煤层或者煤层群开采,保证有较稳定的抽采瓦斯来源。

(2)采空区压实程度

地面钻孔抽采瓦斯主要以采动裂隙为流通通道,如果采空区压实程度很高,导致垮落矸石内部空隙率较低,采空区上部岩体采动裂隙场不发育,瓦斯流通通道不畅,就会影响瓦斯的抽采,进而影响抽采效率。

由于垮落岩石的可压缩性,在上覆岩层压力作用下,采空区后方的垮落岩石将逐渐被压实,从而使得垮落岩石在纵深方向上的渗透系数 K_P 具有明显的分区。根据采空区内垮落岩石碎胀系数的大小将其分为 3 个区,依次为自然堆积区、载荷影响区、压实稳定区。采空区内岩体渗透系数的分区影响着地面钻孔不同运行阶段抽采流量的变化。

(3)采空区漏风

垮落岩体内空隙的存在必然导致采空区漏风,产生采空区漏风的最根本原因是采空区内存在通风压差。在采空区自然堆积区,岩体碎胀系数最大,漏风量较大,瓦斯浓度很低。随着垮落岩体压实程度的增加,岩体内空隙变小,漏风阻力增大,漏风量逐渐减少。

采空区漏风对地面钻孔抽采具有两方面的负面影响:一方面,采空区漏风带走大量游离瓦斯,不利于采空区内瓦斯积聚;另一方面,采空区漏风一定程度上影响钻孔抽放负压的稳定。

（4）大气压力变化

大气压力变化对钻孔抽采效率的影响主要体现在对采空区瓦斯涌出的影响方面。在无其他外力的情况下,作用于采空区的压力只有通风负压和大气压力,由于机械控制,通风负压一般无变化,因此采空区及其附近只受大气压力的影响。

2. 钻孔施工及抽放参数影响因素

（1）钻孔终孔位置

根据采动裂隙O形圈理论,当持续的采动影响到覆岩关键层并导致其破断后,采空区中部的采动裂隙趋于压实,而在采空区两侧仍然各保持一个裂隙发育区。从平面看,在采空区四周存在"外空中实"的沿层面横向连通的采动裂隙场。采动裂隙O形圈就是采空区附近卸压瓦斯的主要储存空间与流动通道。

理想情况下,由于采动裂隙O形圈的存在,采空区内进风巷与回风巷附近的瓦斯浓度应该近似相同,但是由于漏风流的影响,实际采空区内的瓦斯浓度并不是处处相同。一般,在垂直于工作面的走向上,随距工作面距离的增大,瓦斯浓度逐渐增高,在采空区深处,瓦斯浓度趋于平均。在平行于工作面的方向上,在漏风流影响区域,进风侧的瓦斯随风流向回风侧运移,在远离工作面漏风流涉及不到的地方,瓦斯浓度趋于平均。因此靠近回风巷侧布置地面抽采钻孔,可以抽放到高浓度的采空区瓦斯,提高瓦斯抽采效率。

（2）抽采负压

地面钻孔抽采瓦斯的本质是利用地面与地下的压力差把瓦斯抽采出地面,因此,压力差的大小将会影响到抽采流速的大小,从而影响抽采效率。如果抽采负压过小,会导致流量过小,达不到理想抽采效率;而如果负压过大,则可能因为流速过大而影响抽采气体瓦斯浓度。

（3）钻孔数量和间距

具体结构的地面钻孔都有一定的抽采能力,而一个采区煤炭储量有限,其采空区内聚集的瓦斯总量不可能无限多。如果一个工作采区内布置的钻孔数量过多,钻孔间距过小,就会发生钻孔工作期间彼此影响,导致抽采瓦斯浓度降低,降低抽采效率,造成经济、工程上的极大浪费。

（4）抽放管径和瓦斯泵站抽放能力

为了保持相对稳定和高浓度的瓦斯抽放流量,地面管道直径应与钻孔直径和瓦斯泵站抽放能力相匹配。通常情况下,瓦斯泵站的总能力为预期的瓦斯涌出量的2～3倍,这样抽放系统才能有更好的表现,并能对工作面瓦斯进行更好的控制。

第二节　综掘工作面煤与瓦斯共采设计

一、本煤层巷道掘进期间巷内煤与瓦斯共采

1. 顺层钻孔设计

本煤层巷道（如机巷、风巷、切眼等）在掘进期间,可以向煤体施工顺层钻孔,抽采煤体的瓦斯,以区域性消除煤体的突出危险性。顺层钻孔的间距与钻孔的抽采半径和抽采时间有关,通常为2～5 m,直径一般为90～120 mm,钻孔长度根据工作面倾向长度设计,且保证钻

孔在工作面倾斜中部有不少于 10 m 的压茬长度,如图 12-4 所示。

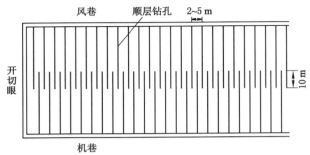

图 12-4　工作面倾向顺层钻孔布置示意图

如果煤层的厚度大,在厚度方向上布置一排顺层钻孔不足以充分抽采煤层瓦斯,则可在煤层厚度上布置 2~3 排钻孔,如郑煤集团大平煤矿的二$_1$煤层采用顺层钻孔采前抽采瓦斯方法,煤层厚度 8 m 左右,钻孔间距 2 m,则在煤层厚度方向上布置了 3 排顺层钻孔。

顺层钻孔通常是从工作面的机巷、风巷内施工的,只需要控制工作面开采范围内的煤体(应注意停采线外侧的控制范围),但应保证钻孔布置的均匀性。对地质构造变化造成的顺层钻孔控制空白带,必须采取补充措施,切实保障工作面煤层瓦斯能够得到均匀、充分抽采。

顺层钻孔可用聚氨酯等高分子材料封孔,封孔深度在 10 m 以上,封孔段长度不小于 3 m,抽采负压在 13 kPa 以上。

顺层钻孔预抽的抽采时间以实际抽采情况确定,即将钻孔控制范围内的瓦斯压力或瓦斯含量降至消除突出危险性的临界指标值以下。但通常情况下顺层钻孔的抽采时间不低于 5 个月。

顺层钻孔瓦斯抽采模式具有广泛的适用性,是突出煤层保护层工作面瓦斯治理的主要方法,在许多矿区均有采用。

2. 顺层长钻孔递进掩护设计

对于煤层赋存稳定、煤层倾角小、突出危险性相对较小的突出危险煤层,可采用顺层钻孔递进掩护采前抽采法。这种方法是利用已有的煤层巷道(上区段工作面机巷)向邻近工作面煤层施工顺层长钻孔,预抽钻孔控制范围内(上半工作面)的煤层瓦斯;经过一段时间的抽采,区域性消除钻孔控制区域的突出危险性后,在留有 10~15 m 预抽超前距的前提下施工工作面腰巷;然后在腰巷中继续向工作面下部煤体施工倾向顺层长钻孔,预抽钻孔控制范围内(下半工作面)的煤层瓦斯,经过一段时间抽采,区域性消除顺层钻孔控制区域的突出危险性后,在留有 10~15 m 预抽超前距的前提下施工工作面机巷;风巷、切眼均处于预抽范围内,可直接施工。至此,风巷、机巷、切眼施工完成,形成工作面生产系统,如图 12-5 所示。

新圈出的采煤工作面要做到与上区段采煤工作面等长布置,则需要从上区段机巷的末端向工作面外侧施工近似扇形的顺层钻孔,控制 15 m 宽以上、长度与机巷顺层钻孔相当的煤层区域,以满足切眼(上半部分)掘进时的工作面外侧控制范围要求;同样,也需要从工作面腰巷末端施工近似扇形的顺层钻孔,控制 15 m 宽以上、长度与腰巷顺层钻孔相当的煤层区域,以满足切眼(下半部分)掘进时的工作面外侧控制范围要求。

该方法的工作面长度取决于顺层钻孔的长度,而顺层钻孔的长度又取决于钻机的施工

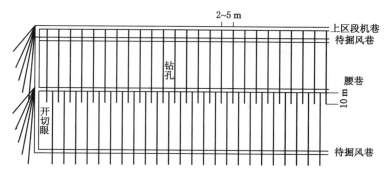

图 12-5 递进式掩护瓦斯抽采钻孔布置示意图

能力和煤层的赋存条件。通常情况下,两次或三次钻孔递进即可布置一个采煤工作面,两次钻孔递进形成的工作面需要一条腰巷,而三次钻孔递进形成的工作面需要两条腰巷。

顺层钻孔递进掩护采前抽采法中,钻孔长度要大于腰巷或机巷至少 15 m。

根据我国煤层及瓦斯赋存的特点,结合煤矿现场钻孔施工的实际,确定顺层钻孔直径为 90~120 mm,间距 2~5 m。如果煤层厚度大,可适当增加煤层厚度上的钻孔数。

顺层钻孔可用聚氨酯等高分子材料封孔,封孔深度在 10 m 以上,封孔段长度不小于 3 m,抽采负压保持在 13 kPa 以上。

顺层钻孔递进掩护采前抽采的时间以实际抽采情况确定,即将钻孔控制范围内的瓦斯压力或瓦斯含量降至消除突出危险性的临界指标值以下,通常情况下抽采时间不低于 5 个月。

利用顺层钻孔递进掩护方法,实现煤层巷道的安全掘进及工作面的高效回采,不需要布置底板岩巷,工程量小;钻孔均为煤孔,钻孔利用率高,但多施工了工作面腰巷。

该方法适用于煤体硬度大(0.5 以上)、倾角小(10°以下)、赋存稳定,构造相对简单,突出危险性相对较小且易于成孔的煤层。另外,一些高瓦斯煤层采用该方法采前抽采工作面煤层瓦斯,可有效降低煤层的瓦斯含量,减少采掘过程中的瓦斯涌出。

该方法与施工瓦斯专用巷模式相比不需要施工底板巷,因此瓦斯治理工程量相对较小。

二、本煤层巷道掘进瓦斯专用巷煤与瓦斯共采

1. 底板瓦斯专用巷穿层钻孔设计

底板岩巷密集穿层钻孔采前抽采煤巷条带瓦斯是在工作面煤巷(机巷、切眼、风巷)底板 15~25 m 左右的岩层中,布置底板岩巷,构成全负压通风系统;然后在底板岩巷中隔一定距离施工一个钻场,向工作面煤巷位置及煤巷两边需控制范围内施工网格式的密集穿层钻孔,采前预抽煤巷条带内瓦斯,力争在较短的时间内区域性消除工作面煤巷及其周围需要控制范围煤体危险性,使之具备煤巷掘进的条件。可见,底板岩巷密集穿层钻孔条带采前抽采是为工作面煤巷掘进服务的。底板岩巷密集穿层钻孔采前抽采钻孔布置如图 12-6 所示。

以上的煤巷条带采前抽采方法适应于工作面倾向上、下均未采动的条件下。如果工作面的上区段已经回采,即工作面风巷紧邻上区段工作面的采空区,则由于煤体已经历了较长时间的瓦斯排放,形成自消除突出危险区;风巷留设 3~5 m 的小煤柱时,风巷及其掘进需控制范围处于自消除突出危险区内,不存在煤与瓦斯突出的可能性,可在安全防护措施的保

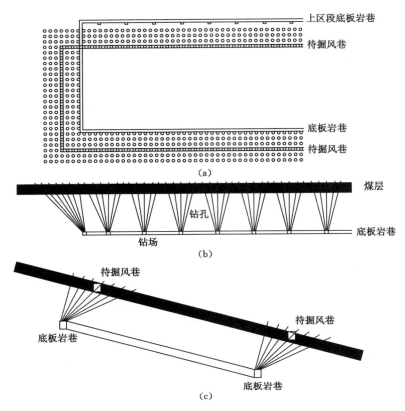

图 12-6 底板岩巷密集穿层钻孔条带预抽钻孔布置示意图

(a) 平面图;(b) 走向剖面图;(c) 倾向剖面图

护下进行掘进,但在煤巷掘进过程中需对工作面前方和下方进行消除突出危险性验证。这时仅需要在工作面机巷底部布置一条底板岩巷,然后通过采区边界上山与上区段底板岩巷沟通构成全负压通风系统。

钻孔控制回采巷道外侧的范围为:对于倾斜或者急倾斜煤层,控制范围为巷道上帮轮廓线外 20 m 以上,下帮 10 m 以上;对于水平煤层,为巷道两侧轮廓线外各 15 m 以上。因此,底板岩巷穿层钻孔条带采前抽采需要控制工作面煤巷(机巷、风巷、切眼)及其两侧需要控制的煤体。

根据我国煤层及瓦斯赋存的特点,结合煤矿现场钻孔施工的实际,确定穿层钻孔直径为 90~120 mm,钻孔间距 3~10 m,钻孔深度以煤层顶板为准;钻孔贯穿煤层,进入煤层顶板 0.5 m;钻孔在煤层内均匀布置,施工完成后钻孔在煤层倾向截面上应呈均匀、规则的网格状。

穿层钻孔可用水泥砂浆封孔,封孔长度在 8 m 以上,抽采负压在 25 kPa 以上。

抽采时间以实际抽采情况确定,即将钻孔控制范围内的瓦斯压力或瓦斯含量降至消除突出危险性的临界指标值以下,但通常情况下穿层钻孔采前抽采时间不小于 6 个月。

2. 底板瓦斯专用巷网格式上向穿层钻孔抽采法

如图 12-7 所示,底板岩巷网格式上向穿层钻孔抽采需要在抽采目标煤层底板预先布置岩石巷道,在岩巷钻场内预抽区域施工上向网格钻孔。为了保证岩巷掘进安全,避免误揭煤层,并考虑控制网格钻孔工程量,通常将岩巷布置于煤层底板法线 15～25 m 处。

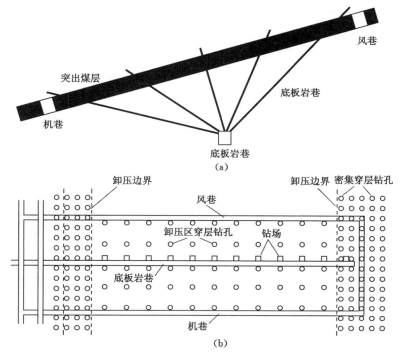

图 12-7　底板岩巷网格式上向穿层钻孔抽采示意图

(a) 剖面图;(b) 平面图

穿层钻孔的布置通常呈扇形分布,穿透煤层至顶板,覆盖整个抽采目标区域。对于下保护层开采,钻孔间距以煤层顶板面为准,通常为 30～40 m。对于上保护层开采,钻孔间距与被保护层所在层位有关,若被保护层位于底鼓裂隙带内,则钻孔间距不应超过一倍层间距,保证钻钻孔的有效作用范围能够覆盖抽采区域,防止卸压瓦斯进入保护层工作面,造成超限;若被保护层位于底鼓变形带内,穿层钻孔间距设计为 20～30 m。此外在保护层开采卸压范围以外的区域,应当适当加密钻孔(间距可为 5～10 m),避免被保护层的回采范围内出现抽采不充分区域。

底板岩巷网格式穿层钻孔虽然准备工程量大,准备周期长,但其具备特殊的技术优势,主要可概述如下:

(1) 工艺适用性强。对不同位置关系保护层开采条件,均可通过此种方法进行卸压瓦斯抽采,钻孔施工方便,布置灵活,针对性强。

(2) 工艺的系统可靠性高。在抽采过程中可根据现场效果,对应调整抽采方案,适当加密钻孔,确保抽采效果。

(3) 岩巷位于抽采目标煤层下方,便于施工考察钻孔,对目标煤层的相关参数可进行测定,检验保护层开采效果。

该抽采模式在全国应用效果较好,实践表明,在钻孔的有效作用期内,瓦斯抽采量大(单孔可高于 1 m³/min),抽采期长(约 4 个月),抽采率高(通常在 60% 以上),能够可靠地降低煤层的瓦斯压力、瓦斯含量,消除目标煤层突出危险性。

网格式穿层钻孔卸压瓦斯抽采模式为最常规、适用性最广、效果最好的一种卸压瓦斯抽采方法,但不适用于被保护煤层位于裂隙带内的情况。

3. 顶板瓦斯专用巷穿层钻孔设计

井下巷道卸压瓦斯抽采方法主要利用采动形成的顶板岩层裂隙及施工高抽巷作为瓦斯运移通道,在抽采负压影响下,卸压瓦斯沿裂隙通道向高抽巷道运移汇集,后经抽采管路排出。该模式主要适用于被抽采的被保护层处在顶板岩层内的断裂带内,常用的有走向高抽巷法,如图 12-8 所示。在近距离的上保护层工作面开采过程中,可在保护层工作面顶板岩层内布置高抽巷,通过裂隙抽采采空区瓦斯,消除保护层工作面的安全开采隐患,再根据实际条件,配合其他的抽采方法,彻底消除被保护层的突出危险性,如图 12-9 所示。高抽巷一般是从采区回风巷内以一定的角度施工一段穿层斜巷,到达设计位置变平后施工水平巷道。高抽巷在倾向上位于工作面回风巷侧,与工作面回风巷的水平距离由工作面长度决定。高抽巷断面不小于 5 m²。沿走向高抽巷不需要施工至工作面切眼位置,可留有一定距离,在高抽巷末端向切眼方向施工部分穿层钻孔,可解决保护层工作面初采期间的瓦斯涌出问题。在地质构造带常采用倾斜高抽巷法,但需要具备施工倾斜高抽巷的条件。

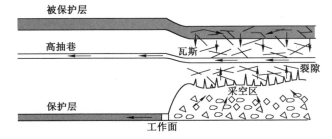

图 12-8　被保护层处于裂隙带条件的高抽巷瓦斯抽采示意图

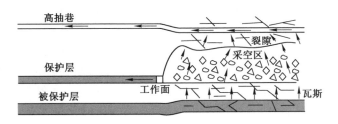

图 12-9　近距离上保护层开采条件高抽巷瓦斯抽采示意图

高抽巷卸压瓦斯抽采模式瓦斯抽采能力大,适用于瓦斯涌出量大于 30 m³/min 的保护层工作面。

4. 顶板瓦斯专用巷下向网格式穿层钻孔法

顶板岩巷下向网格式穿层钻孔瓦斯抽采方法的钻孔布置原则与底部岩巷上向穿层钻孔方法类似,不同之处是用于施工穿层钻孔的岩石巷道的层位不同,前者布置在被保护层的顶板岩层内,后者布置在被保护层的底板岩层内。顶板岩巷穿层钻孔多为下向孔,对于倾斜煤层、急倾斜煤层也存在部分上向孔,如图 12-10 所示。由于下向孔施工困难,钻孔容易积水,造成抽采效果不佳,因此顶板岩巷下向网格式穿层钻孔抽采方法应用较少,一般在煤层顶板有现成巷道的情况下使用。对于急倾斜煤层的上保护层开采,可从保护层工作面巷道中施工顶板穿层钻孔抽采被保护层卸压瓦斯。

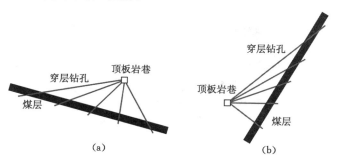

图 12-10 顶板下向穿层钻孔抽采示意图

（a）缓倾斜煤层；（b）倾斜、急倾斜煤层

第三节 综采工作面煤与瓦斯共采设计

沿空留巷穿层钻孔卸压瓦斯抽采是一种适用于保护层无煤柱条件下的卸压瓦斯抽采方法，该方法通过从留巷内向被保护层工作面施工一定量的穿层钻孔抽采被保护层的卸压瓦斯，如图 12-11 所示。

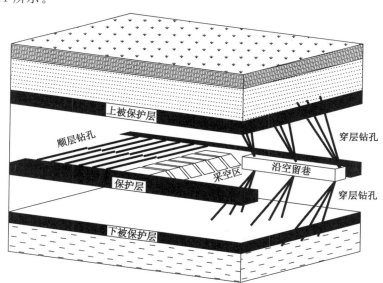

图 12-11 沿空留巷穿层钻孔瓦斯抽采

由于巷道的位置条件限制，仅仅依靠穿层钻孔来控制整个被保护层工作面难度较大，因此该模式在实际应用中，往往需要在岩层中施工单独的抽采巷道配合穿层钻孔来抽采被保护层卸压瓦斯，图 12-12 为淮南新庄孜煤矿 10 煤层保护层开采沿空留巷钻孔布置图。

保护层的卸压瓦斯除了由穿层钻孔抽出外，还有少量卸压瓦斯由采动形成的层间裂隙进入保护层工作面采空区，因此在采用此种模式时，还需要配合保护层工作面采空区埋管抽采方法，在留巷巷帮填充时需预埋抽采管路。

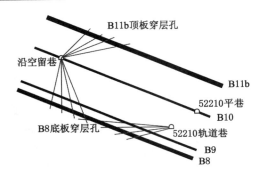

图 12-12　新庄孜煤矿 10 煤层保护层开采沿空留巷钻孔布置图

沿空留巷穿层钻孔卸压瓦斯抽采模式适用于近距离保护层开采、保护层工作面瓦斯涌出量较大的工作面。

第十三章 巷道高效掘进与支护设计

我国煤炭开采以地下开采为主,由于煤层赋存条件复杂,呈现多样性,煤层厚度从零点几米到几十米之间变化,为了开采煤炭,需要开掘大量的煤岩巷道。但综掘的发展远滞后于综采的发展,随着综采技术的发展,国内已出现了年产几百万吨级甚至千万吨级超级工作面,使年消耗回采巷道数量大幅度增加,从而使巷道高效掘进成为煤矿高效集约化生产的共性及关键性技术。高效机械化掘进与支护技术是保证矿井实现高产高效的必要条件,也是巷道掘进技术的发展方向。快速掘进以进尺为指标,与地质条件、掘进装备、工人熟练水平和巷道支护方案等因素息息相关,而高效掘进,则必须把各工序效能充分发挥出来。

第一节 巷道高效掘进装备机组概述

一、煤巷悬臂式掘进机

我国煤巷悬臂式掘进机的研制和应用始于 20 世纪 60 年代,以 30~50 kW 的小功率掘进机为主,研究开发和生产使用都处于试验阶段。80 年代初期,为适应煤矿机械化生产发展的需要,我国引进了 AM50 型、S-100 型掘进机两种机型,对发展我国综掘机械化起到了推动作用。同时,国内加强对引进机型的消化吸收工作,积极研制开发了适合我国地质条件和生产工艺的综合机械化掘进装备。

经过近几十年的消化吸收和自主研发,我国已形成年产 100 余台的掘进机加工制造能力,研制生产了 20 多种型号的掘进机,初步形成系列化产品,基本能够满足国内市场的需求。我国现用煤巷悬臂式掘进机主要技术性能参数见表 13-1。

表 13-1 我国煤巷悬臂式掘进机主要技术性能

技术参数	掘进机型号						
	AM50	S-100	EBJ-120TP	EBZ160TY	S150J	ELMB-75C	EBJ-160SH
断面/m²	6~18	8~23	8~18	9~21	9~23	6~17	8~24
可截割硬度/MPa	60	70	60	80	80	70	80~100
质量/t	26.8	27.0	36.0	51.5	44.6	23.4	53.0
总功率/kW	174	145	190	250	205	130	314
截割功率/kW	100	100	120	160	150/80	75	160
适应坡度/(°)	16	16	16	16	16	16	16
系统压力/MPa	16	16	16	23	16	16	16
外形尺寸/m×m×m	7.5×2.1×1.65	12.2×2.8×1.8	8.6×2.1×1.55	9.8×2.55×1.7	9.0×2.8×1.8	8.22×2.5×1.56	10.8×2.7×1.5

AM50 型、S-100 型掘进机均为国外 20 世纪 70 年代的产品,设备功率小、重量轻、可靠性差,仅适合在条件较好的煤巷中使用。近年来,我国相继开发了以 EBJ-120TP 型掘进机

为代表的替代机型,整体技术性能达到了国际先进水平,正在推广应用。EBJ-120TP 型掘进机于 2002 年通过了中国煤炭工业协会组织的鉴定,2003 年获中国煤炭工业科技进步特等奖,2004 年获国家科技进步二等奖。

我国研制的新一代煤巷掘进机具有以下技术特点:① 整机结构紧凑,设计合理;② 机身矮,重心低,工作稳定性好;③ 生产能力大,破岩能力强,适应性好;④ 采用液压马达直接驱动装载机构,结构简单,工作稳定,可靠性高,减少了维护量;⑤ 采用无支重轮履带行走机构和履带导向轮黄油缸张紧装置,提高了履带行走机构的可靠性;⑥ 液压系统简单可靠,增设了自动加油装置,提了液压系统的可靠性;⑦ 电气系统采用了 PLC 控制,具有工矿检测和故障诊断功能。

二、大断面煤巷连续采煤机

连续采煤机是一种具有较大截割宽度的集落煤、装运及行走为一体的综合机械化掘采设备,在国外广泛应用于矩形断面的双巷或多巷快速掘进,以及短壁开采,已成为现代高产高效矿井的重要设备。

我国引进连续采煤机始于 1979 年,大体经历了单机和成套设备引进两个阶段。我国神东公司、晋城煤业、万利公司、晋神公司、鲁能集团、伊东公司及伊泰公司等矿区使用连续采煤机用于大断面煤巷的掘进和短壁开采。

连续采煤机掘进工作面设备配置按工作面运输方式一般分为两种:一种是间断式运输方式,工作面配置为连续采煤机、运煤车或梭车、给料破碎机、锚杆钻车、铲车及带式输送机;另一种是连续运输方式,工作面配置为连续采煤机、锚杆钻车、连续运输系统、铲车及带式输送机。

连续采煤机在大断面煤巷掘进时,与锚杆钻车采用交叉换位作业方式,如图 13-1 所示,连续采煤机在运输巷道掘进的同时,锚杆钻车正在回风巷道进行锚杆支护作业,当连续采煤机完成一个掘进循环时,与锚杆钻车交换位置。为满足机器调动和运输的要求,两条巷道之间每隔 50 m 掘一条联络巷。

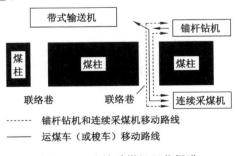

图 13-1　连续采煤机双巷掘进

我国神东矿区使用连续采煤机进行煤巷掘进取得了较好的成绩,平均月进尺在 2 000 m 以上,并创造了多项全国纪录,为高产高效矿井生产准备提供了最佳技术途径。2005 年神东公司榆家梁煤矿采用 4 个连采队,全年完成掘进进尺 63 368 m,其中月进尺最高达 7 802 m,为全国之冠。2004 年神东公司上湾矿连采二队使用 12CM27-11D 型连续采煤机,掘进断面 6 m×4.4 m,日进尺 163 m,双巷掘进月进尺 3 070 m。2003 年神东公司上湾矿连采一队使用单机三巷掘进,完成月进尺 4 656 m,创全国掘进纪录。除神东矿区外,在地质条件复杂的宁煤集团羊场湾矿使用连续采煤机煤巷掘进，最高月进尺达 40 m，月进尺 1 000 m。

我国连续采煤机实现煤巷高效掘进的使用经验表明，连续采煤机用于长壁工作面运输巷和回风巷及三巷掘进，完全可以满足高产高效综采工作面月推进速度的要求，而且掘进成本比采用悬臂式掘进机（如 S100）降低 160 元/m。但由于需要较好的煤层赋存条件，不能实现单巷掘进，连续采煤机用于煤巷掘进具有一定条件限制。

三、掘锚机组

掘锚机组是适用于高产高效矿井煤巷高效掘进的掘锚一体化设备，是在连续采煤机或悬臂式掘进机的基础上发展的一种新型掘进机型。掘锚机组将掘进与支护有机地组合起来，减少掘进与支护设备的换位作业时间，在同一台设备上完成掘进和支护工艺。

掘锚机组主要分两种：一种是以连续采煤机为基础的掘锚机组；另一种是悬臂式掘进机机载锚杆机的掘锚机。掘锚机组与连续采煤机作业相比具有掘锚平行作业、单巷快速掘进及顶板及时支护等优点。

（1）掘锚机组

掘锚机组按作业方式可分为两类：一类是同时实现掘锚作业的掘锚机组，另一类是先截割后支护的掘锚机组。ABM20 型掘锚机组为第一类，12CM15-15DDVG 型掘锚机组为第二类。ABM20 型掘锚机组是掘锚机组的典型代表，其作业方式是截煤和安装锚杆平行作业，即割煤滚筒连同装载运输机构整体向前推进割煤，与此同时，锚杆钻机则与发生履带主机架停在原位固定，锚杆钻机向顶板的侧帮打眼安装锚杆。随后，行走机构带着机体及锚杆机向前移动，完成一个掘进循环。

2003 年晋城煤业集团引进一台 ABM20 型掘锚机组，在成庄矿四盘区 4214 巷道进行了试验，巷道断面为 4.9 m×3.3 m。2004 年 1 月开始试验，2 月份掘进进尺为 251 m，3 月份进尺为 402 m，4 月份进尺 550 m。试验期间最高班进尺为 12 m，最高日进尺为 30.4 m，该套设备具备了月进 900 m 的生产能力。2003 年神东公司引进一台 JOY12CM15-15DDvc 型掘锚机组，在乌兰木伦矿 3^{-1} 煤 63112 运输巷和 63114 回风巷的掘进工作面使用。两巷道断面形状均为矩形，其中 63112 运输巷断面 5.4 m×3.4 m。掘进作业时，掘进循环 1.2 m，当顶板完整，顶煤厚度在 500 mm 以上时，循环进尺可放宽为 12 m，工作面最大空顶距为 14.89 m。月掘进进尺 1 200 m，锚杆支护数量 4 020 套。生产小班最少进尺为 26 m，日进尺最高为 45 m。

2005 年兖州煤业集团公司鲍店煤矿使用 ABM20S 型掘锚机组最高班进尺 21 m，日进尺 53 m，月进尺 1 100 m（巷道断面为 4.9 m×3.2 m）；山西鲁能电煤公司上榆泉煤矿使用 ABM20 型掘锚机组创出了日进 138 m（巷道断面 17.5 m²）的国内使用掘锚机组的最好成绩。掘锚机组在我国取得了初步成功，但掘进进尺还有待进一步提高。由于机器庞大，对巷道条件要求高，适应范围较小。

（2）悬臂式掘进机机载锚杆钻机

煤巷掘进过程中，掘进机掘进与巷道顶板支护之间的矛盾一直未能很好地解决，尤其是巷道采用锚杆支护后，支护时间所占比重过大，使得这一矛盾尤为突出。我国曾在掘进机上机载锚杆钻机的研究上做了一些有益的尝试，相继研制了与 AM50 型和 S-100 型掘进机配套的机载锚杆钻机，同时在 20 世纪末也引进了带有多台锚杆机的英国 LH1300H 型掘进机和日本 MRH-5220 型掘进机。但这一类"机载锚杆机"与国外掘锚机组有相当大的区别,因为悬臂式掘进机在设计时未考虑锚杆机配置问题。

掘锚机组的施工作业线配置的主要设备一般包括掘锚机、破碎机、转载机、带式输送机等。组装实物图见图 13-2。

图 13-2 掘锚机组装图

1. 掘锚机的适用条件

(1) 适用巷道掘进断面为高度不小于 3 m、宽度为 4.7～5.2 m。

(2) 掘锚机行驶和截割作业时巷道的最大侧倾角不得大于±4°。

2. 掘锚机主要技术特征

MB670 型掘锚机技术参考见表 13-2。

表 13-2 　　　　　　　　　　　　　　**MB670 型掘锚机技术参数表**

技术特征	主要参数	技术特征	主要参数
长×宽×高	11.2 m×4.7 m×2.8 m	离地间隙	310 mm
质量	105 t	行走速度	可调,3.5、7.0、15 (m/min)
总功率	510 kW	输送机速度	2.2 m/s
电压	1 140 V	尾部旋转角度	左右 45°
截割头宽度	4.7～5.2 m	滚筒直径	1 150 mm
采高	3～4 m	最大落煤能力	1 260 t/h
支护高度	2.8～4.2 m	最大输送能力	1 500 t/h

3. 配套运输设备

掘锚机后配套运输装备是指跟随在掘锚机之后能把掘锚机截割、转运来的物料经储存、破碎、均匀转载至带式输送机的成套设备。为了保证掘锚机能够最大限度地发挥效能,掘锚机组的后配套系统选择也很重要,否则落下的煤炭将无法从工作面有效运出,影响连续掘进效率。

目前,国内现有的掘锚机后配套系统有以下 3 种:

(1) 梭车＋给料破碎机＋带式输送机后配套系统;

(2) 带式转载机＋带式输送机后配套系统;

(3) 行走式破碎转载机＋带式转载机＋带式输送机后配套系统。

行走式破碎转载机＋带式转载机＋带式输送机后配套系统如图 13-3 所示。该后配套

系统布置在掘锚机的后方,可以快速地把掘锚机截割的煤炭转运到巷道后方接续的带式输送机上。适用条件如下:

(1)掘锚机后配套设备是配备掘锚机组使用的煤巷快速掘进设备,适用于采用锚杆支护的单巷掘进,破碎机可破碎硬度 $f \leqslant 6$ 的煤和矿石。

(2)该设备适用于煤层倾角 8°以下,巷道坡度±8°以内,巷道宽度 4.5 m 以上,巷道高度 3.0 m 以上,顶板中等稳定,底板遇水不膨胀的煤巷掘进中。

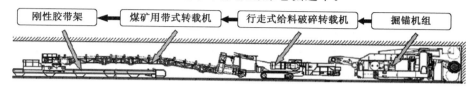

图 13-3　掘锚机及其后配套设备配套图

综上所述,连续采煤机及掘锚机组适用于适合锚杆支护的煤巷高效掘进。在这类巷道条件下,连续采煤机及掘锚机组能够发挥其优势,具有成巷速度快、掘进工效高、巷道成型好、工人劳动强度低等优点,特别是大断面煤巷掘进优点更为突出。

四、全液压钻车配侧卸装岩机

我国大断面岩巷快速高效机械化综合配套作业线以 CMJ17 型履带式全液压钻车配 ZC-3 型履带式侧卸装岩机为代表,在岩巷掘进中取得了较好的成绩。CMJ17 型履带式全液压钻车主要优点为:① 双臂凿岩,凿岩速度快,工作效率高,凿岩速度可达 0.8~2.0 m/min;② 液压系统先进,设有凿岩机自动返回及防卡钎装置,操作方便,安全可靠;③ 机身小、结构紧凑、重心低、机动灵活,采用履带行走方式,工作稳定,爬坡能力强,对工作面、顶板、侧帮、底板均能进行全断面凿岩作业;④ 采用模块式结构,拆装方便,动力单一化,能耗低,噪声低,可大幅度改善工作环境,提高施工效率和施工质量。国产履带式全液压钻车主要技术参数见表 13-3。

表 13-3　　　　　　　国产履带式全液压钻车主要技术参数

技术参数	履带式全液压钻车型号		
	CMJ17	CMJ17A	LC12-2B
钻孔速度/m·min⁻¹	0.8~2.0	0.8~2.0	0.8~2.0
钎杆长度/m	2.745	2.745	2.745
孔径/mm	27~42	27~42	27~42
孔深(一次推进)/m	2.13	2.13	2.13
适应断面(宽×高)/m×m	2×2~5.02~5.53	2×2~5.02~5.53	2×2~5.02~5.53
行走速度/km·h⁻¹	3	3	3
爬坡角度/(°)	14	14	14
配凿岩机型	HYD200	HYD200	HYD200
外形尺寸/mm×mm×mm	7 200×1 030×1 600	7 200×1 030×1 600	7 200×1 030×1 600
电动机容量/kW	45	45	55
电压等级/V	660 或 380	660 或 380	660 或 380
整机质量/t	8	8	9

该机械化配套作业线主要具有以下特点：

（1）凿岩和装岩速度快，单进和效率高。大断面岩巷钻凿 70 余个炮眼，液压钻车可在 60 min 内完成全部钻孔，而气腿式凿岩机单孔约需 20 min；侧卸装岩机生产效率比普通耙斗装岩机提高 2 倍，凿岩速度和装岩生产率的提高，促进了单进的提高。

（2）劳动强度低，人员少，安全可靠。

（3）实现了大断面岩巷的全断面一次钻眼、一次定炮、一次起爆、一次支护的掘进技术，保证岩巷全断面支护的整体性，提高了支护质量。开滦集团公司钱家营矿－850 m 水平东翼轨道大巷，半圆拱形断面，锚喷支护和锚网喷支护，掘进面积为 5.1 m×3.85 m，采用 CMJ17 型履带式全液压钻车配 ZC-3 型履带式侧卸装岩机作业线，2005 年累计进尺 1 202.6 m，折合标准岩巷 1 648.6 m，平均月进尺 100.2 m，折合标准岩巷月进尺 137.4 m，工效为 2.18 m/（月·人），实现了快速、高效施工。

五、全岩巷重型悬臂式掘进机

重型悬臂式掘进机用于大断面岩巷的掘进在我国还处于试验阶段。国内使用的掘进机截割岩石普氏系数仅为 $f=6\sim8$，在遇到断层多、地质条件复杂的岩层时，极易出故障，掘进效率低下。AHM105 型重型掘进机是奥地利奥钢联公司的巷道掘进设备，已在美国、澳大利亚、南非等国使用。AHM105 型重型掘进机截割功率 30 kW，适应 $f\leqslant12$ 的岩石。

新坟矿业集团公司经对比分析，认为 AHM105 型掘进机比较适应复杂的地质条件，于 2006 年引进 1 台 AHM105 型掘进机，用于龙固矿北区辅助运输大巷的掘进。该巷道为全岩巷道，巷道断面，净宽 5.64 m，净高 4.5 m。AHM105 型掘进机从 2006 年 10 月开始使用，3 个月累计进尺 240 m，消耗截齿 35 把，最高日进尺 6 m，曾实现 15 d 进尺 90 m。截割最硬的岩石为细砂岩，普氏系数 $f=10$，日进尺 2.4 m。试验反映机器的稳定性好，故障点少，遥控器的使用给操作带来了方便，但存在拱形巷道成型比较困难和湿式除尘器使用效果不好等问题。

岩巷机械化高效掘进也是淮南矿业集团岩巷掘进面临的技术瓶颈问题，通过调研论证，提出了引进岩巷掘进机的技术方案。MK3 型重型掘进机由英国多斯科公司生产制造，具备岩巷掘进月进尺 430 m 以上的能力。MK3 型重型掘进机截割功率 250 kW，适应 $f\leqslant12$ 的岩石，在潘二矿进行试验，掘进巷道为半圆拱形，断面 5.4 m×4.2 m，全岩巷道，岩石为石英砂、钙质砂岩，$f=4\sim5$。使用 2.5 月，累计进尺 430 m，最高月进尺 180 m，截齿消耗 0.5 把/m，其中含有一段长 10 m 左右，夹有 4 m 厚的白砂岩，$f=7.2$。试验反映配备的断面显示功能对巷道超挖控制较为实用，但铲板前伸功能作用不突出，掘进面降尘效果不好。

目前，我国超重型掘进机的研制尚处在起步阶段，但发展迅速，已取得了部分研究成果，已开始了井下工业性试验。超重型掘进机主要技术参数为：整机质量 80～125 t，截割功率 260～318 kW，可经济截割普氏系数 $f\leqslant12$，适应巷道断面面积 16～35 m²，装机总功率不大于 550 kW，供电电压 1 140 V，机型以煤炭科学研究总院太原分院 EBH315，石家庄煤机公司 EBH300，佳木斯煤机公司 EBZ260、EBZ260H 和三一重工 EBZ318 等为主。其中 EBZ260H 型悬臂式掘进机主要特点如下：

（1）截割能力强

截割头采用国际一流技术，设计单刀力大，截齿布置合理，破岩过断层能力强。大惯量保证了载荷波动小,小截割头可增大切割力。采用截割头载荷计算软件,优化了截齿数、崩裂角、齿向角等,可最大限度地改善截齿受力,降低机器工作时的振动,减少截齿和齿座的磨损。采用岩巷掘进专用截齿,提高了其耐磨度。采用有效的截割双速技术,截割电动机功率260/200 kW,截割扭矩大,是 EBZ200 标准型截割扭矩的近 1.5 倍。能有效、经济地截割硬度 90 MPa 的全岩断面,最大定位截割断面可达 30 m²,截割硬度可达 110 MPa。增加了可调力的水平支撑。EBZ260H 型岩巷掘进机创新地设计了伸出后可顶到帮、收回后与机身同宽的水平支撑液压缸,其压力可调,这相当于机重增加了 40 t,有效地加强了机器工作时的稳定性。接地比压小,适应底板范围广。0.168 MPa 的接地比压使得其能适应软底板。

（2）除尘效果好

操作者可以不用戴口罩工作,方便操作,且不向迎头排水。截割岩石时,据测量,硬度高的砂岩巷道粉尘含量可高达 1 000 mg/m³。EBZ260H 型硬岩掘进机配备了一种专利设计的高效除尘系统,充分利用掘进机巷为独头巷的特点,可根据断面面积大小、压入风量的多少来合理配备机载高效长压短抽式除尘系统,其少水浴式除尘方式的总除尘效率可达到95％以上,能将粉尘完全压制在迎头两三米的范围内,从而有效减少粉尘对操作手的伤害,保证井下工作人员的身心健康。

（3）高效装运

岩石装运很容易在铲板和一运处卡料,这是制约进尺的难题。EBZ260H 型硬岩掘进机的第一运输机采用了双大扭矩驱动马达,铲板部采用特殊的防卡料设计,输料连续通畅,极少卡料,且排卡时间短。

第二节 巷道高效掘进工序

完整的巷道高效掘进工序为:探→破→装→运→支→测。

一、超前探测

在巷道掘进过程中,探测其前方一定范围内的隐伏地质构造、瓦斯赋存情况和水文地质条件,对于确保巷道的安全掘进有着极其重要的意义,可以为煤矿灾害的防治提供依据,从而减少和避免安全事故的发生。

"有疑必探,先探后掘"的原则要求,巷道在掘进前要对其前方的地质构造情况进行探测。以"物钻探相结合"为原则要求,在巷道掘进前利用物探超前探测同时结合巷道顶、底板超前钻探对巷道前方及两帮进行探测,对异常区再进行加密探测。对查明的导含水构造和瓦斯积聚区域,采用合理的方式进行治理后方可继续掘进;若掘进头前方未发现异常区,则留足超前距离后可以继续掘进。

几种常用的矿井掘进超前探测仪器及其综合对比见表 13-4。

目前煤矿井下探测大多是地面物探技术加防爆技术,针对井下的应用条件研究还不够深入,不同的方法还没有形成相应的技术规范。利用现有仪器进行井下巷道掘进前方超前勘探,只能确定前方异常区位置,无法确定异常类型,而且准确率还不能达到令人满意程度,需要结合钻探结果进行分析。

掘进工作面两巷掘进过程中均要连续施工底板超前钻孔,超前距及帮距均留设 50 m,钻孔布置如图 13-4 所示。

表 13-4　　　　　　　　　　　常用矿井掘进超前探测仪器综合比较

项目	DZ-2 型防爆直流电法仪	FTL 型防爆地质雷达仪	MRD-2 型防爆雷波勘探仪	EMS-2 型多波分量地震勘探仪
勘探方法	矿井直流电法	防爆地质雷达	瑞雷波勘探	多波地震勘探
理论基础成熟度	理论依据有待完善	成熟	有待进一步研究	近年来研究成果
勘探敏感目标体	水文地质问题	构造体、断层、异常变化带、陷落柱、含水带	岩溶、裂隙/空洞	构造体、断层、异常变化带、陷落柱
勘探距离/m	60～80	20～30	20～30	150～200
操作方便程度	施工复杂	要求掘进面平整	需要简单固定，要求尺寸测量准确	需要简单固定，激振力不好控制
主要干扰因素	铁轨、电气设备	大型机械、金属体	噪声	噪声
勘探实例	多	较多	较多	试验工程实例

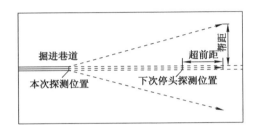

图 13-4　超前钻探布置图

施工地点悬挂地质探查综合管理牌板，每个钻孔应设置孔口牌并规范填写。按照设计参数进行施工并建立专项记录，详细记录施工参数、岩性及施工过程遇到的异常情况。施钻顺序为先通高压风水冲洗湿润钻杆、钻头，再开动机械钻进。钻速由慢到快，钻压由低到高，逐步调整稳定后再匀速钻进。

钻进记录是判断岩层构造、孔内情况的最直接、最真实的第一手资料，因此要求在记录中明确记录地层情况、泥浆返水情况，包括泥浆颜色、钻渣形状、充填物、水量变化、钻进参数变化情况、孔内瓦斯情况、钻头使用情况、钻进参数情况等。

钻孔孔口配置专业瓦斯检测员，检测孔口瓦斯浓度，每钻进 1 m 检测一次孔口瓦斯等浓度，并详细记录。

若钻孔钻进过程中出水，要观测水压、水温、水量，并取水样化验，判断水源。钻孔内水压过大时，应采取反压和有防喷装置的方法钻进，并有防止孔口管和煤(岩)壁突然鼓出的措施。钻终孔后，要及时采用水泥进行全孔封闭，若封孔后钻孔出水，必须进行处理或重新进行封孔。

二、破岩(煤)

传统的巷道掘进以炮掘为主，巷道高效掘进破岩(煤)则以机械方式为主。如果采用连续采煤机掘进，则破岩(煤)工艺如下：

(1)开切口。连续采煤机主要功能是破煤和装煤。在每次掘进巷道前，将采煤机调整到巷道前进方向的左侧，并以激光线确定位置，开始向正前方煤壁逐步切割，直至切入深度达 1 m。这一工序称为开切口，如图 13-5(a)所示。

（2）采垛。完成开切口，调整连续采煤机到巷道右侧，用帮部激光线定位，开始截割巷道宽度的剩余部分。这一工序称为采垛，如图 13-5（b）所示。

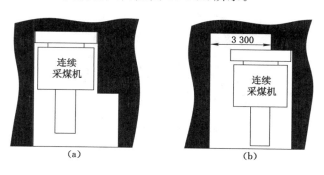

图 13-5　连续采煤机采煤工序

（a）开切口；（b）采垛

（3）截割循环。无论是开切口还是采垛工序，连续采煤机截割时，首先将采煤机截割头调整至巷道顶板，即升刀；扫去上一刀预留的 200 mm 左右煤皮，即扫顶；将截割头降低 200 mm 左右向前切入煤体 1 m，即进刀；调整截割头向下截割煤体，直至巷道底板，即割煤；割完底煤，使巷道底板平整，并装完余煤，即挖底；将煤机截割头调整在巷道顶板接着进行下一个循环。

采煤机完成从顶板至底板再到顶板这一过程就称一个截割循环，每一个截割循环工作面向前推进约 1 m。这种截割循环反复进行，直到掘完一个循环，连续采煤机移到另一条巷道掘进。如图 13-6 所示。

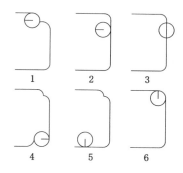

图 13-6　连续采煤机截割循环过程

1——扫顶；2——进刀；3——割煤；4——挖底；

5——调整截割头至巷道顶板；6——降低截割头准备进刀

若采用掘进机、掘锚机组等方式，掘进工作面破岩（煤）是由截割机构的运动来完成的，截割头能到达工作面任意部位，准确地截割出设计断面。

截割速度的快慢取决于许多因素。例如，煤岩运输的均衡性和材料供应的及时性、设备的效能，以及工人的技术水平和配合的密切程度等。但是，决定性的因素是煤在巷道掘进断面上所占的百分比和岩石的硬度。

应根据工作面的岩性采用不同的截割落煤方式：

（1）对于一般较均匀的中等硬度煤层，可采取自下向上的方式进行截割，如图 13-7 所示。

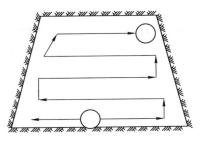

图 13-7　自下向上的截割方式

（2）对于半煤岩巷道，可采取先软后硬，沿煤岩分界线的煤侧进行开切，沿线掏槽的方式进行截割，如图 13-8 所示。

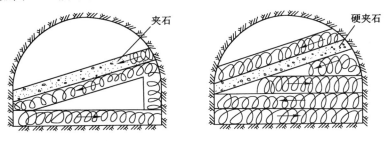

图 13-8　先软后硬、沿煤岩分界线的煤侧进行开切的截割方式

（3）对于层理和节理发达的软煤，可采取中心开钻、四面刷帮的方法进行截割，如图 13-9 所示。

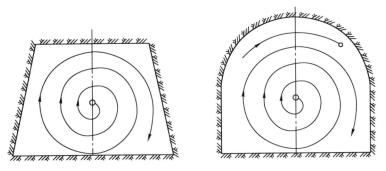

图 13-9　中心开钻、四面刷帮的截割方式

（4）对于硬煤，采用自上而下的方式进行截割，这样可避免截落大块煤，有利于装运，如图 13-10 所示。

（5）对于较破碎顶板，采用适当留顶煤的方式进行截割，如图 13-11 所示。

（6）对于要超前支护的破碎顶板，可采用先截割断面四周，然后进行超前支护，最后再掘中间煤体的方法进行截割，如图 13-12 所示。

（7）大断面时，可以采用把断面分成左、右两部分来掘进截割的方式，如图 13-13 所示。

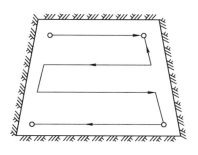

图 13-10　自上而下的截割方式

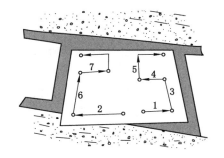

图 13-11　留顶煤的截割方式

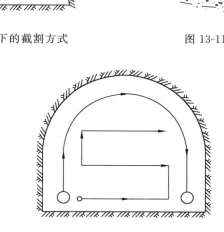

图 13-12　截四周、再支护、后掘中间的截割方式

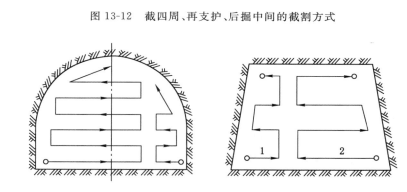

图 13-13　左、右两部分掘进截割

三、装载、运输

无论是连续采煤机还是掘进机等设备,截割破煤都是连续进行的,要求装运工作必须与其相适应。

连续采煤机能够实现自行装煤。连续采煤机上设有装载机构(装煤铲板和圆盘耙杆装载机构)和中部输送机。连续采煤机割煤时,煤炭落在装煤铲板上,同时圆盘耙杆连续运转,将煤炭装入中部输送机,输送机再将煤装入后面等待的梭车。

工作面运煤由梭车来完成。梭车往返于连续采煤机和给料破碎机之间,将煤机割下的煤运至给料破碎机,再由工作面运输巷的带式输送机将煤运出掘进工作面。

掘进完成一个循环后连续采煤机退出所掘进的巷道,降下铲板,用连续采煤机先将巷道内的浮煤进行初步清理,然后,将梭车和连续采煤机退出巷道,FBZL16 型防爆装载机进入,清理完空顶以外巷道浮煤后,采用锚杆机进行支护。待支护完成后,装载机再次清理工作面浮煤。在清理浮煤时,应注意巷道两帮的水管、电缆及电气设备。

对于掘进机等设备,一般在半煤岩巷道掘进时,可以使用各种类型的刮板输送机和带式输送机进行转送和运输。煤岩混运时,一般先运进井下煤仓,然后提升到地面洗选。

通常掘进机等设备本身带有运输设备。例如 AM-50 型掘进机的前面配有蟹爪,装载由蟹爪完成。机头截割下的煤岩由蟹爪集中,再由机体下面中间的输送机(机身自带)运到后面,紧接着进入桥式转载机。其卸载端搭接在刮板输送机上,完成转载工作。随后,刮板输送机的卸载端与带式输送机搭接,输送机的另一端与卸载仓相连,煤岩入仓,完成运输工作。

随着工作面的推进,不断接长相对固定的带式输送机。由于采用可伸缩的带式输送机,随着掘进循环进尺的增加,延长带式输送机是比较方便的。当带式输送机的可伸长度用完时,再铺设一条新的带式输送机。在装载过程中,对于直径达到 80 cm 的大块煤和岩石,必须用截割头或人工破碎,防止在转载、运输和卸装过程发生卡料事故。

四、支护

机掘工作面的掘进主要是截割和支护两大工序的交替进行。装载、运输是与截割同时进行的,支护工作则单独占用循环工时。

对于连续采煤机掘进,巷道支护一般采用锚杆支护。锚杆机在连续采煤机掘进后形成的空顶区内进行支护,支护从外向里逐排进行。支护刚掘进完的巷道之前,装载机清理完空顶以外巷道浮煤,然后锚杆机进行支护。锚索支护利用班中空余时间进行。顶煤厚度大于 500 mm 时锚索滞后工作面距离不大于 30 m,顶煤厚度小于 500 mm 或顶板破碎时锚索滞后工作面距离不大于 14 m。掘进、支护完毕立即支护锚索。

对于掘进机掘进,煤巷机掘工作面基本上是用棚式支架和锚杆支护,棚式支架包括矿用工字钢棚、U 形钢拱形棚、可缩性的金属支架以及木支架等。

工作面掘出一定距离需要架棚时,停止截割落煤,用截割部把棚腿窝直接掘出,把棚腿立好。可利用掘进机的截割臂作为工作台,工人站在上面工作。

采用锚网支护巷道,一般在掘进机另一侧配备一台锚杆打眼安装机。工作面需要安装锚杆时,掘进机稍向后退一段距离,并将截割臂转向一侧伏在底板上,为锚杆打眼安装机工作提供方便条件。锚杆打眼安装机的工作臂犹如机械手,可在工作面前方旋转 270°,因此巷道两侧及顶部均可打孔和安装锚杆。

对于掘锚机组掘进,在支护方面,使用掘锚机机身上的液压锚杆钻机进行支护作业,不需要退机,不需要另引液压管路。应熟练掌握机载锚杆机的操作方法,合理优化支护工序,减少锚杆支护用时,加快巷道掘进速度。

由于连续采煤机和掘进机的结构所限,二者并不能实现掘锚一体化。掘锚机由于自身配备液压锚杆钻机,则可以实现掘锚同步。

五、监测

及时有效地掌握巷道围岩变形量,准确预测预报巷道变形特征及规律,对保障工作面生产系统的正常运营具有重要意义。

1. 巷道表面收敛

巷道表面收敛反映巷道表面位移的大小及巷道断面缩小程度,可以判断围岩的运动是否超过其安全最大允许值,是否影响巷道的正常使用。具体包括顶板下沉量及下沉速度、底鼓量及底鼓速度、实体煤侧巷帮移近量及移近速度、充填墙体的移近量及移近速度。

表面收敛观测的仪器采用特制带钩短锚杆和测绳及收敛计。通过对巷道回采全过程围岩移近的观测,得出巷道变形全过程速度、变形曲线。

传统的巷道表面收敛观测主要采用十字断面法进行位移收敛观测,基本要求如下(图13-14):

(1) 按设计在巷道帮顶及底板正中,安装 ϕ20-M22-800 短锚杆定位,螺纹段 100 mm,锚固剂 500 mm,孔深 700 mm。施工完毕后换特制带钩螺母(图 13-15)。

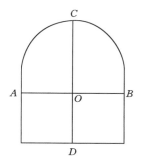

图 13-14　表面位移测点布置示意图

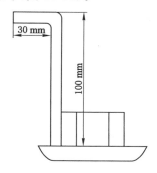

图 13-15　螺母钩结构示意图

(2) 十字断面法观测需对 OA、OB、AB、OC、OD、CD 均进行观测。必要时多测几次,取平均值。

(3) 正常观测频度为每 1～2 日一次,测站临近采煤时采动影响剧烈,采前 30 m 至采后 50 m,加大观测频度至每日 1～2 次。

(4) 测点处应悬挂专用观测记录牌板,定期记录。

(5) 观测结束及时填报数据监测记录表(表 13-5),进行数据结果分析处理并报送相关单位,判断是否进行支护设计参数调整。

表 13-5　　　　　　　　　巷道表面位移观测原始数据记录表

日期	距工作面距离/m	AO		OB		AB		OC		OD		CD		记录人
		距离	差值	距离	差值	距离	差值	距离	差值	距离	差值	距离	差值	

2. 巷道深部围岩活动规律

巷道围岩深部活动规律分析的目的在于确定参与巷道围岩位移的范围及变化趋势,准确判断巷道围岩零位移圈。主要观测的内容为顶板 8 m 范围内的岩层位移规律。通过巷道深部围岩的顶板岩层离层、裂隙发育观测,可掌握顶板活动规律和裂隙发展发育情况,研究基于锚杆的支护体的结构稳定规律,判断顶板锚固区内、外围岩的离层情况以及锚杆支护参数的合理性。

巷道围岩深部活动规律分析的观测仪器主要为多点位移计,基本要求如下:

(1) 安装顺序要以先深后浅的原则。安装杆不要放在有水或污泥的地方,以防下次安装杆的螺纹和丝扣不能顺利连接。安装完毕时多点位移计应能自由转动,注意不要被锚索(网)等卡住影响读数。

(2)测站位移计安装孔的直径一般不低于$\phi 32$ mm,测量爪的尺寸应与钻孔匹配。

相邻两个基点深度间隔应尽量保持一致,基点深度最大的安装爪应大于锚索(杆)的锚固深度,以准确反映不同深度围岩的离层值。

(3)在安装多点位移计(图13-16)时应保持每个基点有一个初始读数,且滑块与表面贴实,确保读数更加准确。安装完毕时要在附近喷漆表面测站并挂好标牌,并在每次下井测量时更新数据观测和日期。

(4)在读取数据时每一次都应从内测读取数据,眼睛正对仪器的刻度读数。在采集数据时若发现数据异常(变化超过5 cm),要查看仪器是否被人为移动;若是人为移动应重新调整好仪器。

(5)正常观测频度为每1~2日一次,测站临近采煤时采动影响剧烈,采前30 m至采后50 m,加大观测频度至每日1~2次。

(6)采集数据要及时记录整理,进行数据处理时应剔除一些特别异常数据,以保证整体数据精确性。及时总结分析位移变化情况,绘制观测数据结果曲线,根据曲线变化,判断围岩深部位移情况,以期全面掌握围岩活动规律,为后续支护措施施工提供依据。

图13-16　机械式多点位移计

第三节　巷道高效掘进与支护方案、参数设计

巷道作为煤矿井下生产的脉络,保持其畅通和完好状态对改善井下的劳动条件和作业环境以及防止巷道顶板事故,保证矿井安全生产具有重要意义。

锚杆支护作为一种有效的采准巷道支护方式,由于对巷道围岩强度的强化作用,可显著提高围岩的稳定性,加之具有支护成本较低、成巷速度快、劳动强度低、能提高巷道断面利用率、简化工作面端头维护工艺、明显改善作业环境和安全生产条件等优点,因而成为世界各国矿井巷道的一种主要支护形式,代表了煤矿巷道支护技术的主要发展方向。

一、锚杆支护围岩分类

地下岩体工程十分复杂,影响围岩稳定性的主要因素有岩体强度和围岩应力等。岩体强度与岩块性质、地质构造、弱面性质、风化程度、水的作用、施工状况及岩石的矿物成分等因素密切相关,在不同条件下它有各种类型;围岩应力也有自重应力、构造应力、采动影响和相邻巷道扰动应力等复杂状态。

在目前技术水平条件下,要准确定量描述岩体强度和围岩应力还存在较大困难。即使得到二者的准确数值,理论上也难以用数学力学方法对开巷后围岩破坏过程中的加力-应变特征及支护荷载的变化规律进行准确的表述、分析和计算。为便于工程设计与施工,需要对岩体的物理力学及水化学工程特性(可钻性、可爆性、稳定性、吸水膨胀性等)进行科学分类,以达到技术先进、经济合理、施工安全的目的。

围岩分类和支护参数设计是整个支护设计过程的两个阶段。两者既有密切联系又相对独立。围岩分类结果用来进行支护方案的选择,参数设计是支护方案的具体量化体现。

围岩稳定性分类以巷道支护设计为目的,分类指标除考虑岩体强度及岩体结构面特征之外,还应将原岩应力影响考虑进来。

1. 中国煤矿巷道松散岩层分类

中国煤矿巷道松散岩层分类详见表 13-6 和表 13-7。

表 13-6 中国煤矿巷道松散岩层分类

围岩属性		一级(1分)	二级(2分)	三级(3分)
松散破碎	松散	弱胶结松散岩体	无胶结松散岩体	有水有泥松散岩体
	破碎	破碎块体,块度小于 $\phi 0.3 \sim 0.4$ m	碎块体间含有小于 30%的断层泥	碎块间含小于 30%的断层泥,含饱和水
塑性流变		$R_c = 20 \sim 8$ MPa 较弱致密流变	$R_c = 8 \sim 1$ MPa 较弱裂隙流变	$R_c < 1$ MPa 较弱致密,极易流变
膨胀		$W = 25\% \sim 50\%$	$W = 50\% \sim 90\%$	$W > 90\%$
高地应力		$\gamma H / R_c = 0.3 \sim 0.4$	$\gamma H / R_c = 0.4 \sim 0.6$	巷道在高应力区

注:R_c 为围岩点荷载强度;W 为岩块干饱和吸水率;γH 为自重应力。

表 13-7 中国煤矿巷道松散岩层分类表(B)

软岩分类判别标准		I	II	III
前期	累计得分/分	$1 \sim 3$	$4 \sim 6$	>7
	水平变形量/mm	<150	$150 \sim 300$	>300
后期	围岩松动圈/m	$1.5 \sim 2.0$	$20. \sim 3.0$	>3.0
	支护难易程度	架棚、直墙拱碹仍出现破坏	架棚、直墙拱碹经 $1 \sim 2$ 次翻修稳定	架棚、直墙拱碹经多次翻修仍难稳定

这种分类方法主要是针对中国煤矿松软岩层的,它采用前期和后期两种指标确定围岩的类别,在煤田开发初期矿井建设之前,可用前期指标对围岩进行初始分类,作为设计依据。在矿井建设过程中再根据实测的数据(后期指标)对初始分类进行调整。

2. 围岩变形量分类方法

围岩变形量分类方法是根据围岩变形量的大小定量评价支护难度的一种分类方法。围岩变形的影响因素主要是两大类,一是地质力学因素,如原岩应力、岩体结构、岩石的物理力学性质和岩石的矿物组成等;另一类是工程因素,即施工方法、支护结构、支护阻力、支护时间、巷道断面形状及大小以及巷道布置等。围岩变形量是多因素的作用结果,它的大小反映了支护的困难程度,因此是一个受多种因素影响的综合指标。

苏联研究人员经过大量的观测和模型实验,提出利用围岩变形量对回采巷道围岩稳定性进行分类的思想方法。中国煤炭科学研究院建井所段振西教授提出以围岩的变形量大小分类围岩的理论及方法,见表 13-8。

表 13-8 　　　　　　　　**按围岩变形量制定的围岩分类和支护结构参数表**

围岩类别	开挖后围岩变形量/mm	支护结构	
		巷道跨度 $B<5$ m	巷道跨度 5 m$<B<$10 m
I	<5	不支护	30～50 mm 厚喷射混凝土
II	6～10	50 mm 厚喷射混凝土	80～100 mm 厚喷射混凝土,必要时局部锚杆
III	11～50	80～100 mm 厚喷射混凝土,局部加锚杆或网	100～150 mm 厚喷射混凝土,设锚杆或加网
IV	50～200	二次支护:100～150 mm 厚喷射混凝土,设锚杆或加网;锚喷网支护;锚喷网、钢拱架	二次支护:150～200 mm 厚喷射混凝土,锚杆加网;锚喷网、钢拱架混合支护
V	>200	二次支护:150～200 mm 厚喷射混凝土、锚杆、网和钢拱架桁架混合支护	二次支护:200～250 mm 厚喷射混凝土、锚杆、锚索网和钢拱架桁架混合支护

二、锚杆支护设计方法

目前,锚杆支护设计方法主要是工程类比法和经验公式计算法。特别是矿山井巷锚杆支护设计,面对岩性和岩体结构变化大,荷载影响因素多,采准巷道维护时间短,支护材料和结构可能选择的范围小等实际情况,在设计时,使用工程类比法和经验公式计算法,设计简单、推广容易、实用性强、效果较好。

(一)经验公式计算法

1. 岩巷锚喷支护

锚杆长度

$$L=N(1.3+W/10)$$

式中　W——巷道或硐室跨度,m;

　　　L——锚杆总长度,m;

　　　N——围岩影响系数(表 13-9)(围岩类别按《煤矿井巷工程锚杆、喷浆、喷射混凝土支护设计试行规范》中的围岩分类)。

表 13-9 　　　　　　　　　　　　**围岩影响系数表**

围岩类别	II	III	IV	V
围岩影响系数 N	0.9	1.0	1.1	1.2

锚杆间距:$M\leqslant0.4L$。

锚杆直径:$d=L/110$。

在应用经验公式计算的基础上,岩巷锚喷支护设计应结合井巷工程实际和开采深度,考虑在 IV 类围岩条件以下、构造影响区域和受采动影响的巷道中增加金属网、钢筋梯子梁等支护结构组件,以形成以锚杆支护为主体的柔性封闭支护组合结构,做到在让压抗载过程中支护结构不失稳。

岩巷锚喷支护设计要对喷浆功能和工序做出明确说明。实践证明：喷浆应以充填围岩裂隙、封闭围岩、平整巷道轮廓为主，应采用先喷后锚的施工工序，创造锚杆支护结构与围岩密贴接触条件，使锚杆能够及早、充分发挥对围岩的加固、支护作用。复喷（除水仓外）厚度以小大于 70 mm 为好，使锚喷围护结构对围岩变形能够有较好的适应性和防止喷层过厚开裂后变成危石。

除应对上述因素考虑外，岩巷锚喷支护还应对光面爆破提出要求。没有光爆要求的锚喷支护设计是不完整的。光爆是铺喷支护的基础，实施光爆能够减少爆破振动裂隙、防止过多降低围岩强度，有利于锚喷支护结构与围岩的良好接触，实现各工序间良好的施工协调配合，使锚杆支护作用得到充分发挥。

2. 煤巷锚杆及与网、梁组合支护

锚杆长度：$L=N(1.5+W/10)$。

锚杆间距：$M\leqslant0.9/N$。

锚杆直径：$d=L/110$。

经验公式计算法用于锚杆支护设计，计算得到的仅为锚杆支护的主要参数，是锚杆支护设计的一部分，不是全部，还要对其他参数和材料做出选择。例如，锚杆杆体的结构形式、材质，锚固剂材料、锚固长度，托板、螺母结构形式和强度等。这些参数、结构形式及材料选择也都很重要，是完成整个锚杆支护设计不可缺少的内容，必须在这几种全面考虑。这关系到锚杆支护力系能否合理匹配、支护强度能否充分发挥和支护结构能否有效控制围岩的问题。

（二）工程类比法

工程类比法通常有直接类比和间接类比两种方法。直接类比法一般是把已开掘巷道（采用锚杆支护并取得成功）的地质条件与待开掘巷道进行比较，在条件基本相同的情况下，可以参照已开掘巷道，凭借工程师的经验和对工程的分析判断能力选定待开掘工程的锚杆支护类型和参数。间接类比法一般是根据现行锚喷支护技术规范，按照围岩分类和锚喷支护设计参数表确定待开掘工程的锚喷支护类型和参数。

中国部分矿区在做了大量和长期的巷道支护技术基础工作后，为更有效地发展锚杆支护，提出了自己矿区的巷道围岩稳定性分类和锚杆支护设计推荐参数。这些根据自己矿区的实际建立起来的围岩分类和锚杆支护设计推荐参数，使用起来简明扼要、直观易行，更具有针对性。

1. 直接类比法

（1）直接类比方法

对待开掘的巷道进行工程条件分析，选择与其条件类似、已实践成功的巷道进行比较。比较要细致、全面，对差异性因素应做出专门分析研究，任何细微的地方都不应忽略，以便于在对待开掘的巷道进行锚杆支护设计时，参照已有工程，选择锚杆支护结构和参数，并进行适当调整。这样既体现了类比的重要性，也能较好地体现工程师的经验和分析判断能力对锚杆支护结构和参数选取的指导作用。

直接类比的内容如下：

① 围岩力学性质。对于煤层巷道，顶板以直接顶为主，同时要了解 1～1.5 倍巷道宽度范围内顶板的岩石条件。煤层和底板是巷道围岩的重要组成部分，对巷道稳定性影响较大，

比较时要同时进行。对于岩巷,则要对巷道宽度1~1.5倍范围内的围岩做全面对照。在对岩石力学性质比较时,应以单抽抗压强度、分层厚度和层间结合情况为主,并要进行岩石的水理性质对比。岩巷维护时间一般都较长,岩石遇水潮解、泥化和膨胀的性质对要求长期稳定的巷道影响特别大。

② 地质构造影响程度。煤系地层中的区域构造及构造的产状对应力有较大影响,往往使一个区域的应力大小和方向发生变化,尤其是积聚在岩体中的构造应力,对井巷工程稳定影响较大。大型断裂构造对岩体的整体性、黏聚力和稳定状况影响较大。这些地质构造对巷道工程支护结构和参数选取起关键性作用。因而,要对比它们是否存在和对巷道的影响程度。

③ 开采深度。开采深度可直接进行数值比较,差别直观。随着开采深度的增加,地应力在增加,煤系地层中的岩石多数在采深超过 800 m 以后变得相对软弱,巷道维护难度加大。因此,采深是巷道支护必须考虑的重要因素。

④ 煤柱尺寸。煤柱尺寸可直接比较,简单易行。采煤工作面布置在采空区侧的巷道,受支撑压力影响,与煤柱尺寸大小关系密切。煤柱支撑压力可划分为三个区,即免压区,煤柱宽度 $B \leqslant 8$ m;应力集中区,煤柱宽度 $B = 9 \sim 29$ m;原始应力区,煤柱宽度 $B \geqslant 30$ m。实践表明,单巷掘进,工作面采空区侧留设 3~5 m 煤柱沿空掘巷,有利于巷道维护,且已有大量的锚杆支护成功范例。

⑤ 巷道断面形状与尺寸。可以进行直接比较,差别较为直观。巷道断面虽然多种多样,但岩巷多为半圆拱形,煤巷多为矩形或斜矩形。与斜平顶形相比,巷道顶部为半圆拱形能够改善围岩受力条件,有利于巷道顶板控制。巷道跨度大小对巷道维护有较大影响。根据跨度大小,煤矿巷道断面分类如表 13-10 所示。

表 13-10　　　　　　　　　　　煤矿巷道断面分类

巷道断面类别	小断面	中断面	大断面	硐室断面
跨度/m	≤3	3.1~4	4.1~5	≥5.1

⑥ 开采时间、空间影响因素。先要了解巷道开掘的开采边界条件和巷道位置与其周围开采煤层的空间关系。巷道受采动影响分为三个时段,即采动影响前、采动影响中和采动稳定后。在不同时段施工巷道,其受影响的程度差异很大。一般是采动稳定后掘进巷道受采动影响最小,有利于巷道稳定和维护。矿井中也存在这样一种情况,即巷道上方始终存在煤柱,受其压力影响,非常不利于巷道维护。在巷道位置与其周围开采煤层的空间关系上,一般可将其分为四种情况:巷道与开采煤层间垂直距离大于 25 m,在传递支撑压力影响区外;巷道与开采煤层间垂直距离小于 25 m,在传递支撑压力影响区内;巷道与开采煤层间垂直距离大于 25 m,在传递支撑压力影响区内;巷道与开采煤层间垂直距离小于 25 m,在传递支撑压力影响区外。一般以巷道与开采煤层间垂直距离大于 25 m,位于传递支撑压力影响区外最为有利于巷道稳定和维护。

(2) 支护结构参数的确定

用工程类比法设计锚杆支护结构参数,在正常情况下,待开掘巷道与所选择的类比巷道条件不会有大的差异(否则就不能用于直接类比),一般都能够直接参照使用。

用工程类比法设计锚杆支护结构参数,完全相同的条件不多,因此,要综合对比分析巷道工程条件,寻求不同点,找出差异性,依据待开掘巷道工程对已开掘巷道工程各种影响因素的减弱或强化程度,对已开掘巷道工程锚杆支护结构参数做出修正,为待开掘巷道工程所用。这样设计出来的锚杆支护结构参数一般都能满足实际工程需要。

用直接工程类比法设计锚杆支护结构参数,实质就是用待开掘巷道工程条件对比已开掘巷道工程,找出不同和差别,确定修正系数。现将经验选取修正系数的方法介绍如下:

① 基本条件:"三软"煤层或破碎复合顶板煤层,巷道宽 4 000 mm,高 3 000 mm,支护巷道面积 12 m²,矩形断面,煤体侧巷道。② 基本支护结构:锚杆、钢筋梯梁、金属网、锚索支护结构。③ 基本支护参数:锚杆长 2 000 mm,直径 18 mm,支护密度 2.04 根/m²,锚索支护密度 0.12 根/m²。

根据直接类比法的原则,考虑以下影响因素:

① 采动影响因素。若巷道位置由煤体侧改变为采空区侧,其他基本条件不变,由于巷道位置变化,增加了支撑压力影响因素,锚杆长度和直径经验修正系数均为 1.1,锚索支护密度经验修正系数为 1.5。若采煤工作面由顺序开采改变为孤岛开采,其他基本条件不变,这时巷道受力条件变化较大,高支撑压力持续作用于巷道,锚杆长度和直径经验修正系数均为 1.2,锚索支护密度经验修正系数为 1.5。

在巷道施工接替安排上,一般不应出现区段工作面正在回采,而邻近该工作面的相邻区段工作面巷道正在近距离跟踪或逆向掘进,因为在这种情况下,正在掘进的巷道是很难维护的。

② 地质构造影响因素。若巷道基本条件不变,增加了地质构造影响因素,如向斜、背斜和褶曲等则要分两种情况:

A. 巷道位于向斜或背斜轴轴心及较近位置,地质构造应力影响很大,锚杆长度和直径经验修正系数均为 1.1,锚索支护密度经验修正系数为 1.5。即使如此,巷道也不能一次支护完成,应考虑进行二次支护。

B. 巷道位置处向斜或背斜轴轴心较远,地质构造应力影响相对较弱。锚杆长度和直径经验修正系数均为 1.11,锚索支护密度经验修正系数为 1.5。巷道可做到一次支护成功.

③ 巷道断面影响因素。在基本条件中,巷道跨度由 4.0 m 缩小到 3.0 m,锚杆长度经验修正系数为 0.9,锚索支护密度经验修下系数力 0.5~0.7。巷道跨度由 4.0 m 增大到 5.0 m,锚杆长度经验修正系数为 1.2~1.3,锚杆直径经验修正系数为 1.2。锚索支护密度经验修正系数为 1.5~2。

④ 围岩条件影响因素。巷道开掘在煤层中,煤体坚固系数 $f=1.5\sim2.5$,顶板中等稳定,类比的巷道围岩条件为"三软"煤层或破碎复合顶板煤层。这种情况可类比性相对较差。依照"三个基本"(基本条件、基本支护结构和基本支护参数)框架,除了要修正支护参数外,还要对支护结构做出相应调整,因为岩性类别是影响锚杆支护结构最主要的因素。顶板由锚梁网索支护结构调整为锚梁支护结构,两帮由锚梁网支护结构调整为锚梁或锚网支护结构。锚杆长度修正系数为 0.9,锚杆直径修正系数为 1.0,支护密度修正系数为 0.7~0.8。巷道开掘在煤层中,顶板也为煤体,煤的坚固性系数 $f=1.5\sim2.5$,类比对照巷道围岩条件为"三软"煤层或破碎复合顶板煤层。按照"三个基本"框架,顶板锚杆长度修正系数为 1.1~1.2,顶板锚杆直径修正系数为 1.1,两帮由锚梁网支护结构调整为锚梁结构,支护密度修正系数为 0.7~0.8。

2. 间接类比法

（1）间接类比方法

可以直接对照表 13-11～表 13-16（以徐州矿区为例）进行间接类比。

表 13-11　　　　　　　　　　　**锚杆喷射混凝土支护技术规范围岩分类**

围岩类型	主要工程地质特征							无支护硐室（巷道）稳定情况
	岩体结构	构造稳定程度：结构面发育和组合状态	岩石强度指标		岩体声波指标		岩体强度应力比	
			单轴饱和抗压强度/MPa	点荷载强度/MPa	岩体纵波速度/km·s⁻¹	岩体完整性指标 K_v		
I	整体状态及层间结构良好的层状结构	构造影响轻微，偶有小断层，结构面不发育，仅有 2～3 组，平均间距大于 0.8 m，以原生和构造节理为主，多数闭合，无泥质充填，不贯通，层间结构良好，一般不出现不稳定块体	>60	>2.5	>5	>0.75		跨度 5～10 m 时长期稳定，一般无碎块掉落
II	同 I 类围岩结构	同 I 类围岩特征	30～60	1.25～2.5	3.6～5.2	>0.75		跨度 5～10 m 时，围岩能维持较长时间（数月至数年）稳定，仅出现局部小块掉落
	块状结构和层间结构较好的中厚层或厚层结构	构造影响较大，有少量断层，结构面较发育，一般三组，平均间距 0.4～0.8 m，以原生和结构节理为主，多数闭合，偶有泥质充填。贯通性较差，有少量软弱结构面。层间结构较好，偶有层间错动和层面张开现象	>60	>2.5	3.7～5.2	>0.5		
III	同 I 类围岩结构	同 I 类围岩特征	20～30	0.85～1.25	3.0～4.5	>0.75	>2	跨度 5～10 m 时，围岩能维持 1 个月以上的稳定，主要出现局部掉块、塌落
	同 II 类围岩：块状结构和层间结合较好的中厚层或厚层结构	同 II 类围岩：块状结构和层间结合较好的中厚层或厚层状结构围岩特征	30～60	1.25～2.5	3.0～4.5	0.5～0.75	>2	
	层间结构良好的薄层和较硬岩互层结构	构造影响严重，结构面发育，一般为三组以上，平均间距 0.2～0.4 m，以构造节理为主，节理面多数闭合，偶有泥质充填。岩层为薄层或以硬岩为主的软硬岩互层，层间结合良好，少见软弱夹层、层间错动和层面张开现象	>60（软层>20）	>2.5	3.0～4.5	0.3～0.5	>2	

围岩类型	岩体结构	构造稳定程度：结构面发育和组合状态	主要工程地质特征				岩体强度应力比	无支护硐室（巷道）稳定情况
			岩石强度指标		岩体声波指标			
			单轴饱和抗压强度/MPa	点荷载强度/MPa	岩体纵波速度/km·s⁻¹	岩体完整性指标 K_v		
Ⅲ	碎裂镶嵌结构	构造影响严重，结构面发育，一般为三组以上，平均间距0.2～0.4 m，以构造节理为主，节理面多数闭合，少数有泥质充填，块体间牢固咬合	＞60	＞2.5	3.0～4.5	0.3～0.5	＞2	跨度5～10 m时，围岩能维持1个月以上的稳定，以局部掉块、塌落为主
	同Ⅱ类围岩：块状结构和层间结合较好的中厚层或厚层结构	同Ⅱ类围岩块状结构和层间结合较好的中厚层或厚层状结构围岩特征	10～30	0.42～1.25	2.0～3.5	0.5～0.75	＞1	
Ⅳ	散块状结构	构造影响较重，一般为风化卸载带。结构面发育，一般三组，平均间距0.4～0.8 m，以构造节理、卸载风化裂隙为主，贯通性好，多张开，夹泥，厚度一般大于结构面起伏高度。咬合力弱，构成较多的不稳定块状	＞30	＞1.25	＞2.0	＞0.15	＞1	
	层间结构不良的薄层、中厚层和软硬岩互层结构	构造影响严重，结构面发育，一般为三组以上，平均间距0.2～0.4 m，以构造、风化节理为主，大部分微张(0.5～1 mm)，部分张开(1.0 mm)，有泥质充填。层间结构不良，多数夹泥，层间错动明显	＞30（软层＞10）	＞1.25	2.0～3.5	0.2～0.4	＞1	跨度5 m时，围岩能维持数日至1个月的稳定，主要失稳形式为冒落或片帮
	碎裂状结构	构造影响严重，多数为断层影响带或强风化带，结构面发育，一般为三组以上，平均间距0.2～0.4 m，大部分微张(0.5～1 mm)，部分张开(1.0 mm)，有泥质充填，形成许多碎块体	＞30	＞1.25	2.0～3.5	0.2～0.4	＞1	
Ⅴ	散块状结构	构造影响严重，多数为破碎带、全风化或强风化带、破碎带交汇，构造及风化节理密集，节理面及其组合杂乱，形成大量碎块，块体间多为泥质充填，甚至呈石夹土状			＜2			跨度5 m时，围岩稳定时间很短，约数小时至数日

表 13-11 的使用说明如下:① 岩体结构类型划分见表 13-12;② 地质构造影响程度和结构发育情况见表 13-13 和表 13-14;② 对Ⅲ、Ⅳ类围岩,当地下水较发育时,应根据地下水类型、地下水水量、软弱结构面多少及其危害程度,适当降级。

表 13-12 **块状岩体按结构体块度的划分**

岩体结构类型	块度尺寸(以结构面平均间距表示)/m
整体状结构	>0.8
块状结构	0.4~0.8
碎裂镶嵌与碎裂状结构	0.2~0.4
散体状结构	<0.2

表 13-13 **地质构造影响程度与岩体结构类型**

等级	地质结构作用特征	结构类型
轻微	地质构造变动小或远离大断层和侵入接触带,偶有小断层,层状岩体为平缓褶皱,单斜构造层状结合好,节理不发育	整体状或层状
较重	距大断层或侵入接触带较远,位于断层或褶皱邻近地段,可有少量断层和层间错动,岩体构造变动大,节理较发育,一般多位于强烈褶皱轴两翼	块状
严重	一般靠近大断层或侵入接触带,岩体构造变动强烈,节理裂隙发育。层状岩体多为强烈褶皱的轴部脆性岩石,多破碎,软质岩石多扭曲、揉皱拖拉现象	破裂状
很严重	位于大断层、侵入接触带或各种断层交会带内,岩体多为碎块状、角砾状断层泥、糜棱岩	散体状

表 13-14 **结构面发育程度与岩体完整性**

等级	基本特征	完整程度
不发育	一般 1~2 组规则节理,多为原生和构造型,间距大多大于 1 m,闭合延伸长度<3 m	完整
较发育	一般 2~3 m 规则节理,少数不规则节理,以原生和构造节理为主,多数间距 0.3~1 m,多闭合,延伸长度<10 m,个别张开,有泥膜和岩屑充填	中等完整
发育	节理在 3 组以上,不规则节理多,以构造和风化型为主,多数间距<0.3 m,构造型风化后多张开,夹泥,有延伸长度>10 m 的大裂隙	完整性差
很发育	节理 3 组以上,紊乱无序,间距多小于 0.2 m,多张开,夹泥,并有许多伸长大裂隙	破碎

表 13-15 **煤矿锚喷支护巷道围岩分类**

分类		岩性描述	巷道开掘后围岩的稳定状况(3~5 m 跨度)	岩种举例
类别	名称			
Ⅰ	稳定岩层	(1) 完整坚硬,R_b>60 MPa,不易风化 (2) 层状岩层间胶结好,无软弱夹层	围岩稳定,长期不支护无碎块掉落现象	完整的玄武岩,石英质砂岩,奥陶纪灰岩,茅口灰岩,大冶厚层灰岩
Ⅱ	稳定性较好岩层	(1) 完整比较坚硬岩层,$R_b = 40 \sim 60$ MPa (2) 层状岩层,胶结较好 (3) 坚硬块状岩层,裂隙面闭合,无泥质充填物,R_b>60 MPa	围岩基本稳定,较长时间不支护出现小块掉落	胶结好的砂岩、砾岩,大冶薄层灰岩

分类		岩性描述	巷道开掘后围岩的稳定状况(3～5 m 跨度)	岩种举例
类别	名称			
Ⅲ	中等稳定岩层	(1) 完整的中硬岩层,$R_b = 20 \sim 40$,60 MPa (2) 层状岩层,以坚硬层为主,夹有少数软弱岩层 (3) 比较坚硬的块状岩层,$R_b = 40 \sim 60$ MPa	围岩能维持 1 个月以上的稳定,有时会产生局部岩块掉落	页岩,砂质页岩,粉砂岩,石灰岩,硬质灰岩
Ⅳ	稳定性较差岩层	(1) 较软的完整岩层,$R_b < 20$ MPa (2) 中硬的层状岩层 (3) 中硬的块状岩层,$R_b = 20 \sim 40$ MPa	围岩稳定时间仅有几天	页岩,泥岩,胶结不好的砂岩,硬煤
Ⅴ	不稳定岩层	(1) 易风化潮解剥落的松软岩层 (2) 各类破碎岩层	围岩很容易产生冒顶、片帮	炭质页岩,花斑泥岩,软质凝灰岩,煤,破碎的各类岩石

注:1. 岩层描述将岩层分为完整的、层状的、块状的、破碎的四种:① 完整岩层——层理和节理裂隙的间距>1.5 m;② 层状岩层——层与层间距<1.5 m;③ 块状岩层——节理裂隙间距 0.3～1.5 m;④ 破碎岩层——节理裂隙距离<0.3 m。

2. 当地下水影响围岩的稳定性时,应考虑适当降级。

3. R_b 为岩石的单轴饱和抗压强度。

表 13-16　　　　　　徐州矿区主采煤层巷道围岩稳定性分类

类别		巷道顶板岩性描述	煤层分布及开采条件	顶底板移近量 h/mm
Ⅰ	非常稳定	细砂岩、中粒砂岩;f 值一般>6;岩体完整	夹河、张双楼 9# 煤;三河尖西翼 7# 煤	$h < 200$
Ⅱ	稳定	粉砂岩、砂页岩;f 值一般 4～6;岩体较完整	东部矿区、夹河 9# 煤;庞庄、夹河 7# 煤实体	$200 \leqslant h < 400$
Ⅲ	中等稳定	7# 煤、砂页岩、泥岩;f 值一般 2～5;岩体完整	三河尖 7# 煤全煤实体;庞庄、夹河 7# 煤、2# 煤实体	$400 \leqslant h < 800$
Ⅳ	不稳定	砂页岩、泥岩、砂泥岩;f 值一般 2～5;岩体完整性差或破碎	张双楼 9# 煤沿空掘巷;庞庄、夹河 7# 煤、2# 煤沿空掘巷;东部 3# 煤实体	$800 \leqslant h < 1200$
Ⅴ	极不稳定	7# 煤、泥岩;f 值一般为 2～4;煤、岩体完整性极差,松散破碎	东部 3# 煤沿空掘巷;三河尖 7# 煤全煤巷道,沿空留巷	$h \geqslant 1\ 200$

注:7# 煤、9# 煤顶板岩性变化大,存在完整的砂岩、砂页岩互层和松散、破碎的泥岩等多种沉积形态,导致上述煤层巷道围岩稳定性类别相差较大。确定巷道围岩稳定性类别需要充分考虑顶板岩性和开采条件等因素。

巷道的稳定性最终反映在巷道的变形上,徐州矿区巷道服务期内顶、底板移近量与巷道围岩稳定及维护状况的关系如下:

$h < 200$ mm　　　　　　　围岩稳定,不需修护;

200 mm$\leqslant h < 400$ mm　　　巷道顶板、两帮稳定,底板需简单清理;

400 mm$\leqslant h < 800$ mm　　　巷道顶板、两帮稳定,底板需做卧底处理;

$800\ mm \leqslant h < 1\ 200\ mm$ 巷道顶板稳定,底板需卧底,两底角需少量扩刷;

$h \geqslant 1\ 200\ mm$ 巷道顶板基本稳定,底板需卧底,两帮需刷帮。

(2) 支护参数的确定

根据多年的实践经验,中国煤炭系统总结制定了岩石巷道和硐室锚喷支护参数(见表13-17),可用于锚喷支护设计的工程类比法。由于该规范制定使用时间偏长,锚喷支护技术又有了新的发展,在使用时应注意以下几个方面:① 应更加重视锚杆的支护作用。在锚喷支护设计中,把锚杆支护强度凸现出来,锚杆杆体直径和材质在表中的缺项是必须予以补充的。现在已有大量的螺纹钢树脂锚杆应用于岩巷工程,锚杆长度也有加长的趋势,长度1.6 m的锚杆在稳定性较差的岩层巷适中已很少使用,长度在2.0~2.4 m的锚杆在Ⅳ类、Ⅴ类围岩巷道(净跨度3~5 m)中,已应用较为广泛。② 应把喷射混凝土的支护作用放在次要地位,把喷层厚度降下来。初喷充填岩体裂隙,增加岩体强度,有较好的支护作用。复喷的支护功能比较微弱,只是填凹补平,美化巷道,封闭岩体、锚杆和金属网等外露部分,防止岩体风化和支护材料锈蚀。因此,喷厚一般不应超过100 mm。喷厚过大,巷道变形容易使喷层张裂变为危石。③ 应重视网和锚杆组合形成的柔性支护结构功能,把钢筋网的直径降下来,使其更加适应深井和受采动影响巷道的维护。这里需注意,粗钢筋混凝土对可准确计算的静荷载条件适应性较好,但不宜用于高应力、动荷载区域的巷道支护(支护成本高、修护难度大)。许多矿井在Ⅳ类、Ⅴ类围岩巷道(净跨度3.5 m)中已普遍使用了金属网与锚杆的组合支护。

表 13-17 锚喷巷道混凝土参数

围岩分类		锚喷支护参数 服务年限10以上								
		净跨度<3 m			净跨度3~5 m			净跨度5~10 m		
类别	名称	喷混凝土(砂浆)厚度/mm	锚杆/mm 锚深	锚杆/mm 间距	喷混凝土(砂浆)厚度/mm	锚杆/mm 锚深	锚杆/mm 间距	喷混凝土(砂浆)厚度/mm	锚杆/mm 锚深	锚杆/mm 间距
Ⅰ	稳定岩层				10~20			(10~20)		
Ⅱ	稳定性较好岩层	50~70			70~100			100~200 ~ 50~70	1 400 ~ 1 600	800 ~ 1 000
Ⅲ	中等稳定岩层	70~100 ~ 50~70	1 400 ~ 1 600	800 ~ 1 000	120~150 ~ 70~100	1 600 ~ 1 800	800 ~ 1 000	100~200	1 600 ~ 1 800	600 ~ 800
Ⅳ	稳定性较差岩层	70~100	1 600 ~ 1 800	600 ~ 800	100~120	1 600 ~ 1 800	600 ~ 800	120~150	2 000	600 ~ 800
Ⅴ	不稳定岩层	100~120	1 600 ~ 1 800	600 ~ 800	120~150	1 800 ~ 2 000	600	150~180	2 000 ~ 2 200	500 ~ 600

续表 13-17

围岩分类		锚喷支护参数								
		服务年限10以下								
		净跨度<3 m			净跨度3～5 m			净跨度5～10 m		
类别	名称	喷混凝土(砂浆)厚度/mm	锚杆/mm 锚深	锚杆/mm 间距	喷混凝土(砂浆)厚度/mm	锚杆/mm 锚深	锚杆/mm 间距	喷混凝土(砂浆)厚度/mm	锚杆/mm 锚深	锚杆/mm 间距
I	稳定岩层							(10～20)		
II	稳定性较好岩层	(10) (20)			50 (10～20)	1 400	1 000	50～70 (20～30)	1 400	1 000
III	中等稳定岩层	50 (10～20)	1 400	800～1 000	50～70 (10～20)	1 600	800～1 000	(70～100) (20～30)	1 600	600～800
IV	稳定性较差岩层	50～70 (20～30)	1 600	800～1 000	70～100 (20～30)	1 600	800～1 000	100～120 (20～30)	1 600	600～800
					加网			加网		
V	不稳定岩层	(20～30)	1 600	600～800	(20～30)	1 800	600～800			

　　我国煤炭系统根据巷道顶板、底板及两帮岩石和煤体的单轴抗压强度,岩体完整性指数,巷道埋藏深度,本区段采动影响及相邻区段采动影响因素等 7 个指标,采用模糊聚类分析法,将煤巷围岩稳定性分为非常稳定、稳定、中等稳定、不稳定和极不稳定五个类别,在此基础亡,编制了《煤巷锚杆支护技术规范》,其推荐的锚杆基本支护形式与主要参数如表13-18 所示。

表 13-18　　　　　　　　巷道顶板锚杆基本支护形式与主要参数

巷道类别	巷道围岩稳定情况	基本支护形式	主要支护参数
I	非常稳定	整体砂岩、石灰岩类岩层:不支护	端锚: 杆体直径:>16 mm 杆体长度:1.6～1.8 m 间排距:0.8～1.2 m 设计锚固力>64～80 kN
		其他岩层:单体锚杆	
II	稳定	顶板较完整:单体锚杆	端锚: 杆体直径:16～18 mm 杆体长度:1.6～2.0 m 间排距:0.8～1.0 m 设计锚固力>64～80 kN
		顶板较破碎:锚杆＋网	

续表 13-18

巷道类别	巷道围岩稳定情况	基本支护形式	主要支护参数
Ⅲ	中等稳定	顶板较破碎：锚杆＋W 形钢带（或钢筋梯梁）＋网，或增加锚索；桁架＋网，或增加锚索	端锚： 杆体直径：16～18 mm 杆体长度：1.8～2.2 m 间排距：0.6～1.0 m 设计锚固力＞64～80 kN 全长锚固： 杆体直径：18～22 mm 杆体长度：1.8～2.4 m 间排距：0.6～1.0 m
Ⅳ	不稳定	锚杆＋W 形钢带（或钢筋梁）＋网，或增加锚索桁架＋网，或增加锚索	全长锚固： 杆体直径：18～22 mm 杆体长度：2.0～2.6 m 间排距：0.6～1.0 m
Ⅴ	极不稳定	(1) 顶板较完整：锚杆＋金属可缩支架，或增加锚索 (2) 顶板较破碎：锚杆＋网＋金属可缩支架，或增加锚索 (3) 底鼓严重：锚杆＋环形可缩支架	全长锚固： 杆体直径：18～22 mm 杆体长度：1.8～2.4 m 间排距：0.6～1.0 m

注：1. 巷帮锚杆支护形式与主要参数视地应力大小、巷帮煤（岩）强度、节理状况、护巷煤柱尺寸、巷道断面是否被断层切割等，参照顶板锚杆确定。

2. 对于复合顶板，破碎围岩，易风化、潮解、遇水膨胀围岩，可考虑在基本支护形式基础上采取增加锚索加固，或注浆加固封闭围岩等措施。

3. 锚杆各构件强度应与相应锚固力匹配。

4. "顶板较完整"指节理、层理分级的 Ⅰ、Ⅱ、Ⅲ 级，"顶板较破碎"指 Ⅳ、Ⅴ 级，见表 13-19。

表 13-19　　　　　　　　　　　　节理、层理发育程度分级

节理、层理分级	Ⅰ	Ⅱ	Ⅲ	Ⅳ	Ⅴ
节理、层理发育程度	极不发育	不发育	中等发育	发育	很发育
节理间距 D_1/m	＞3	1～3	0.4～1	0.1～0.4	＜0.1
层理厚度 D_2/m	＞2	1～2	0.3～1	0.1～0.3	＜0.1

根据多年巷道服务期内围岩变形量实测数据，徐州矿区采用量、形对照分析法，对主采煤层进行了围岩稳定性分类。这个分类以围岩变形量为综合指标进行聚类，以聚类的围岩性质、强度指标和开采条件、煤层类别作为分类的判定条件并依照分类结果，推荐了徐州矿区煤巷锚杆支护结构和参数（表 13-20）。表 13-20 具有针对性强，实用性好，简单易行，方便设计人员直接选用等优点。

（三）锚杆支护结构形式和参数合理选择分析

按照工程类比法选出支护参数和结构后，应用于工程实践，这个设计过程并没有结束。设计是个动态的过程，要关注工程的实施和效果，要组织开展矿压观测和工程支护效果调查，跟踪施工过程，了解巷道施工与设计支护结构和参数的一致性，检查施工质量是否符合

表 13-20　　　　　　　　　　　　　徐州矿区煤巷锚杆支护结构参数

类别	煤层	巷道位置	f(顶板)	支护结构与锚固方式	顶板支护参数	煤帮支护参数
I	9	煤体侧	＞8	单体锚杆 端头锚固	杆体直径:16～18 mm 杆体长度:1.6～1.8 m 间排距:0.8～1.2 m	杆体直径:16～18 mm 杆体长度:1.6～1.8 m 间排距:0.8～1.2 m
	7	煤体侧	＞6			
II	9	煤体侧	4～6	锚杆＋钢筋梯梁 端头锚固	杆体直径:18 mm 杆体长度:1.6～2.0 m 间排距:0.8～1.2 m	杆体直径:16 mm 杆体长度:1.6 m 间排距:0.8～1.0 m
	7	煤体侧				
III	9	煤体侧	2～3	锚杆＋钢筋梯梁＋网 端头或加长锚固	杆体直径:18～20 mm 杆体长度:1.8～2.2 m 间排距:0.7～0.9 m	杆体直径:16～18 mm 杆体长度:1.6～2.0 m 间排距:0.7～0.8 m
	7	煤体侧	3～4			
	2	煤体侧				
IV	9	煤体侧	2～4	锚杆＋钢筋梁或 W 形钢带 ＋锚索 加长锚固或全长锚固	杆体直径:18～20 mm 杆体长度:2.0～2.4 m 间排距:0.7～0.8 m 锚索直径:15～24 mm 锚索长度:6～8 m 支护密度:0.05～0.1 根/m²	杆体直径:18～20 mm 杆体长度:1.8～2.0 m 间排距:0.7～0.8 m
	7	沿空侧	3～4			
	3	煤体侧	2～4			
	2	沿空侧	3～4			
	1	煤体侧	2～4			
V	3	沿空侧	2～4	锚杆＋钢筋梯梁或 W 形钢 带梁＋锚索 加长锚固或全长锚固	杆体直径:20～22 mm 杆体长度:2.2～2.4 m 间排距:0.7～0.8 m 锚索直径:15～24 mm 锚索长度:6～8 m 支护密度:0.05～0.1 根/m²	杆体直径:18～20 mm 杆体长度:1.8～2.2 m 间排距:0.7～0.8 m
	9	煤体侧	2～3			

设计和质量标准要求,以便分析巷道维护效果受施工质量因素影响的程度。

矿压观测数据要真实完整,能够反映巷道整个服务期间内的矿压显现规律和强度。用矿压观测数据评判巷道支护设计的适应性、合理性及存在问题,提出修改意见,使其不断完善。

要做好现场写实调查,调查锚杆支护结构的作用效果、破坏部位及数量、结构缺陷。结合矿压观测数据,进行量、形对照分析,衡量巷道能否满足安全生产需要及其适应性,找出支护结构中的薄弱环节,在理论的指导下加以改进和优化。

1.锚杆支护结构形式选择分析

(1)单体锚杆

单体锚杆是锚杆支护结构中最简单的支护结构形式,每根锚杆是一个个体,单独对顶板起作用,但通过岩体的联系又把每根锚杆的作用联合起来,每根锚杆集合作用的结果,控制了不规则弱面的发展、危石的掉落,增强了岩体强度,形成了加固岩梁,共同支撑外部荷载。

(2)锚梁结构

锚梁结构是指锚杆和钢筋梯梁或 W 形钢带组合的支护结构。锚杆通过钢筋梯梁或 W 形钢带扩大锚杆作用力的传递范围,把个体描杆组合成锚杆群共同协调加固巷道围岩,这种组合大大增强了锚杆群体的作用和护表功能。

（3）锚梁网结构

锚梁网结构是锚杆托梁、梁压网、网护顶的组合锚杆支护结构。它是在锚梁结构的基础上发展起来的，除具有锚梁结构的支护功能和作用外，由于使用金属网把锚梁间裸露的岩体全部封闭起来，护帮功能更强。

（4）锚梁网索结构

锚梁网索结构是在锚梁网支护结构基础上增加锚索的组合支护结构。它凸显了锚索对锚梁网的补强作用，增大了支护强度，改善了巷道受力条件，提高了巷道维护的安全可靠程度。

在选择锚杆支护结构时应注意各类锚杆支护结构的适应性和特点：

单体锚杆支护结构主要适应：一是岩石稳定、层厚较厚、坚固性系数 $f \geqslant 6$、节理裂隙不发育的顶板条件；二是岩石稳定、层厚较厚、坚固性系数 $f = 4 \sim 5$、顶板节理裂隙不发育，且采深较浅、围岩应力较小的条件。单体锚杆支护的特点：巷道支护施工方便，工序简单，有利于单进水平提高；对围岩的护表功能较弱，用于较差围岩条件，围岩表层容易首先破坏，内表及里，导致锚杆失效。

锚梁支护结构主要适用于：围岩强度较大，节理裂隙较发育的Ⅱ、Ⅲ类围岩条件。锚梁支护的特点：支护操作方便，施工简单，有利于单进水平提高。

锚梁网支护结构主要适用于：厚煤层沿底板掘进的煤层顶板、岩煤交替沉积层厚较薄的复合顶板和岩体松软、压力大的Ⅳ、Ⅴ类巷道围岩条件。锚梁网支护的特点：适应性强，护表效果好，加固岩体性能稳定。支护结构相对复杂，操作工序增多，对掘进速度有一定影响。

锚梁网索支护结构主要适用于：复杂地质开采条件下的巷道支护，包括厚煤层沿底板掘进的煤层顶板，岩煤交替沉积、层厚较薄的复合顶板和岩体松软、压力大的Ⅳ、Ⅴ类巷道围岩条件，以及巷道断面加大、位于采空区侧巷道，孤岛开采的工作面两巷，受构造影响区域的巷道等。锚梁网索支护的特点：支护强度大，护表效果好，适应范围宽，安全可靠性高，支护结构相对复杂，施工工序和难度相对较大，对掘进速度有一定影响，支护成本较高。

2. 锚杆支护参数合理选择

锚杆支护参数选择应在理论指导下进行，且应经过实践检验。首先应分析巷道锚杆支护参数对围岩承载能力增量的影响，了解各参数对围岩承载能力增量影响的权重，以便更好地进行锚杆支护参数合理选择。围岩承载能力增量计算原理及围岩强度变化如图 13-17 所示。

$$\Delta \sigma_1 = \cot^2(45° - \varphi/2) \Delta \sigma_3$$

$$\Delta \sigma_3 = \frac{p}{sb}$$

$$\Delta T = \frac{\cot^2(45° - \varphi/2) tp}{sb}$$

式中　ΔT——每米巷道承载能力增量，kN；

　　　p——锚杆的承载能力，kN；

　　　φ——岩石的内摩擦角，(°)；

　　　t——有效锚固承载圈厚度，m；

s,b——锚杆的间距、排距，m。

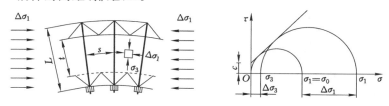

图 13-17　巷道围岩强度曲线

锚杆直径分别为 16 mm、18 mm、20 mm，锚杆间排距均为 700 mn 时，锚杆长度度对承载能力增量的影响见图 13-18。

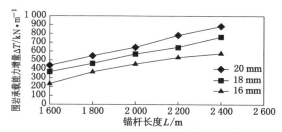

图 13-18　围岩承载能力增量与锚杆长度的关系

锚杆长度分别为 1 800 mm、2 000 mm，锚杆直径相同时，锚杆间排距对承载能力增量的影响见图 13-19。锚杆直径分别为 18 mm、20 mm，锚杆长度一定时，其间排距对承载能力增量的影响见图 13-20。

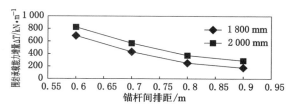

图 13-19　锚杆直径相同时的间排距与承载能力增量的关系

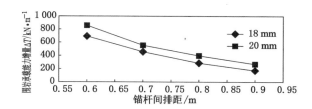

图 13-20　锚杆长度相同时间排距与承载力增量的关系

普通刚性锚杆的长度 1 800 mm，间排距为 700 mm 时，锚杆承载能力对巷道围岩承载能力增量的影响见图 13-21。

从图 13-18 至图 13-21 可以看出，锚杆支护不仅可给巷道提供一定的支护阻力，而且可提高巷道围岩的承载能力；锚杆长度越长，巷道围岩承载能力增量越高；大直径锚杆随其长

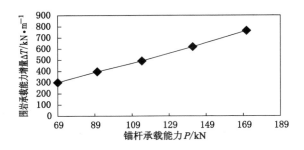

图 13-21 锚杆承载能力对巷道围岩承载能力增量的影响

度加大,巷道围岩承载能力增量幅度增大;锚杆间排距越小,巷道围岩承载能力增量越大,间排距 800 mm 的承载能力增量约为 600 mm 的一半;锚杆承载能力越大,巷道围岩承载能力的增量越大。

在采用工程类比法进行锚杆支护设计时,应结合巷道工程地质和开采技术条件,对需要增加巷道围岩承载能力的,在工艺和机具性能具备的条件下,根据上述理论分析,可以选择加大锚杆长度的途径。在增加锚杆长度受到限制时,也可以通过减小锚杆间排距和增加锚杆本身的强度来实现。通常情况下,减小锚杆间排距取得的效果要比增加锚杆长度更好。

第十四章　掘进工作面作业规程编制

第一节　编制概要

（1）每一个工作面，在开工前，按照程序、时间和要求，编制作业规程；不得沿用、套用其他作业规程进行施工。

（2）规程编写人员在编写前应做到以下几点：明确施工任务和计划采用的主要工艺；熟悉现场情况，进行相关的分析研究；熟悉有关部门提供的技术资料。

（3）作业规程一般应具备下列图纸：

① 巷道布置平面图、剖面图。

② 地层综合柱状图，地质平面图、剖面图。

③ 巷道开口大样图，巷道支护断面图，临时支护平面图、剖面图。

④ 掘进机截割顺序图、设备布置示意图、供电系统示意图。

⑤ 炮眼布置正视图、侧视图、俯视图，装药结构示意图等。

⑥ 通风系统、运输系统、排水系统、防尘系统示意图。

⑦ 抽放瓦斯系统、安全监测仪器仪表布置示意图。

⑧ 避灾路线示意图。

（4）巷道布置应因地制宜，以安全、经济为原则。

（5）掘进作业规程按章节附图表，并按顺序编号。

（6）《煤矿安全规程》《煤矿安全技术操作规程》、上级文件中已有明确规定的，且又属于在作业规程中必须执行的条文，只需在作业规程中写上该条文的条、款号，在学习作业规程时一并贯彻其条文内容；未明确规定的，而在作业规程中需要规定的内容，必须在作业规程或施工措施中明确规定。

（7）专项安全技术措施编制要求如下：

① 专项安全技术措施，由施工单位的工程技术人员根据施工现场生产条件发生变化的实际情况进行编写。

② 编写的专项安全技术措施要有预见性、针对性、可行性。编制前，编写人员必须先到现场勘察工作面的实际情况，掌握现场施工条件；要使安全技术专项措施符合工程设计文件的规定。

③ 出现下列情况之一者，应编写专项安全技术措施：施工过程中突然遇到地质构造，过较大的断层、褶曲构造、老空，瓦斯异常、透水等；遇冲击地压、煤与瓦斯突出、冒顶区、应力集中区；施工过程中遇松软的煤、岩层或流沙性地层；在火区附近、注浆采区下分层威胁施工安全；施工现场地质条件、施工方法、支护方式发生变化，与作业规程不符；作业规程有关规定不具体或未包括的内容；其他可能受到危害或威胁的施工。

④ 安全技术专项措施编制的内容，包括施工方法、工艺、工序安排等；支护方式和支护

材料;生产系统与原规程不同的,在措施中说明;工程的规格尺寸等,要有附图;其他与措施有关的内容。

(8) 巷道贯通专项安全技术措施如下:

① 必须符合《煤矿安全规程》的规定。

② 工序安排,在掘进巷道贯通前,综合机械化掘进巷道在相距 50 m 前、其他巷道在相距 20 m 前,只准从一个掘进工作面向前贯通,另一个工作面必须停止作业。

③ 工作面加强顶板支护。

④ 贯通前长探短掘,明确探眼的位置、角度、深度、数量,附三视图。

⑤ 制定爆破制度,设定警戒位置,对有关设施采取保护措施。

⑥ 明确水、火、瓦斯及其他有害气体的检查和处理办法。

⑦ 明确贯通前通风,贯通后调风的方法,附贯通前后通风示意图。

⑧ 有水患的巷道贯通,制定探水、放水、排水的办法。

(9) 预防瓦斯突出专项安全技术措施如下:

① 说明煤与瓦斯突出的预兆。

② 选定防突措施。

③ 明确注水措施技术参数。

④ 选定预测指标和临界值。

⑤ 明确预测方法。

⑥ 明确操作要求。

⑦ 制定安全防护措施及防止灾害扩大的措施。

(10) 出现下列情况之一时必须重新编写作业规程:

① 地质条件围岩有较大变化。

② 改变了原巷道规格和支护形式。

③ 改变了原施工工艺和主要工序安排。

④ 原作业规程与现场情况不符,失去可操作性。

第二节　规　程　编　制

一、概况

1. 内容

(1) 巷道名称、位置,与煤(岩)层、相邻巷道的关系,巷道的用途、设计长度、工程量、坡度、服务年限、开(竣)工时间等。

(2) 施工中的特殊技术要求,需要重点说明的问题。

(3) 按比例绘制巷道布置平面图。

2. 编写依据

(1) 经过审批的设计及其批准时间等。

(2) 地质部门提供的地质说明书,提交批准时间和编制内容必须符合《矿井地质规程》的规定。

(3) 有关矿压观测资料。

（4）其他技术规定。

二、地面相对位置及地质情况

1. 地面相对位置及邻近采区开采情况

（1）巷道相应的地面位置、标高，区域内的水体和建（构）筑物对工程的影响等。

（2）巷道与相邻煤（岩）层、邻近巷道的层间关系，附近已有的采掘情况对工程的影响。

（3）分析老空区的水、火、瓦斯等对工程的影响。

2. 煤（岩）层赋存特征

（1）叙述煤（岩）层产状、厚度、结构、坚固性系数（f），预计巷道揭露的各煤层间距，顶、底板岩性及特征分析。

（2）预测巷道瓦斯涌出量、瓦斯突出倾向、煤层自然发火倾向、煤尘爆炸指数、地温等。

（3）其他煤（岩）层技术特征分析。

（4）按比例绘制地层综合柱状图。

（5）根据相关参考规定对围岩进行分类。

3. 地质构造

（1）描述巷道煤（岩）层产状要素（走向、倾向、倾角），断层，褶曲，裂隙，火成岩侵入的岩墙、岩床，陷落柱，导水性及其控制程度等参数。

（2）受冲击地压威胁的煤（岩）层或应力集中区掘进对施工的影响，应有技术分析。

（3）在突出煤层顶底板掘进岩巷时，必须使用经定期验证的地质资料。

（4）按比例绘制地质平面图、剖面图，按比例绘制瓦斯地质图。

（5）根据普氏岩分类法对围岩进行分类。

4. 水文地质

（1）分析巷道区域的主要水源，有影响的含水层厚度、涌水形式、涌水量、补给关系、影响程度等。

（2）分析巷道区域的图纸资料，分析相邻老巷、老空积水，钻孔终孔位置，封孔质量，构造导水等对施工安全的影响程度。

（3）分析第四纪砂砾层水、承压水等的水量、水压及其与工程的距离和关系，进行隔水层安全厚度计算。

（4）积水区域附近掘进巷道，应在掘进工程平面图上标出其"三线"（积水线、探水线和警戒线）。

（5）根据隔水层安全厚度、导水断裂带发育高度的计算参考公式，确定相关参数。

三、巷道布置及支护说明

1. 巷道布置

（1）描述巷道布置：层位、水平标高、断面、工程量、坡度、中腰线、开口的位置、方位角等。

（2）巷道净断面的设计，必须按支护最大允许变形后的断面计算。

（3）突出矿井巷道布置原则：充分利用保护层，避开地质破碎带，避开应力集中区，掌握施工动态和围岩变化情况等。

（4）巷道开口施工：开口方法和步骤，开口前的准备工作，开口附近的支护加固，一次成巷、支护方式等。

（5）巷道施工顺序：巷道为分段定向施工时，逐段说明巷道中线方向、坡度、各段长度、与煤层的相对位置等。

（6）特殊地点的施工：如车场、硐室、溜煤眼、交叉点、绞车房等，该巷道顶部或底部老巷道的岩层厚度，要将其空间位置、坡度和特殊要求描述清楚。特殊工程应按设计要求绘制大样图，标出开口的位置，转变点，起坡点，平、竖曲线等计算数据。

（7）按比例绘制巷道剖面图，按比例绘制开口大样图。

（8）根据巷道断面形状及其适用条件确定最优巷道。

2. 矿压观测

（1）观测对象：矿压显现明显、跨度大的巷道，松软的煤、岩层或流沙性岩层中的巷道，破碎带的巷道，"三软"（顶板软、煤层软、底板软）及煤（岩）与瓦斯突出煤层的巷道，不支护巷道，各类支护巷道等。

（2）观测内容：顶底板活动规律分析；不支护巷道表面位移量观测，支护巷道顶板离层量、底板及两帮变形相对移近量监测，支护质量动态监测，锚杆锚索锚固力检测等。

（3）观测方法：主要包括矿压观测仪器、仪表的选型、安设位置，矿压观测方式、观测时段等。根据掘进巷道顶板压力显现状况，安设顶板离层仪、锚杆压力指示仪等，对锚杆受力及围岩位移进行适时观测。

（4）数据处理：监测数据与支护设计不符时，应重新计算，改进设计。

3. 支护设计

（1）根据巷道围岩性质、矿压观测资料、施工现场实际情况，选择科学的支护设计，确定巷道支护形式，选择支护参数等。

（2）巷道支护设计，可采用以下办法：

① 解析法：根据巷道围岩的物理学性质、坚固程度，地压作用方向及大小，巷道的不同用途、条件，合理选择支护方式与参数。

② 工程类比法：参照煤炭系统总结的经验，根据本煤矿或邻矿同煤（岩）层矿压观测资料、支护方式与参数和经验公式进行设计。

③ 围岩松动圈分类法：根据巷道围岩松动圈分类及锚喷支护建议进行支护设计。

（3）巷道临时支护的方式：明确临时支护的方式，确定工作面与临时支护、与永久支护间的最小和最大距离。

（4）坚硬稳定的煤、岩层中巷道不设支护的条件和要求如下：

① 巷道开凿后，岩体不发生明显的变形和位移。

② 巷道在整体均匀的岩层中，无冲击地压危险。

③ 煤和半煤岩巷道中，煤层无自然发火危险。

④ 岩体位移测定自然稳定，或有相邻矿井同类地质条件不设支护的巷道为依据。

⑤ 制定不设支护的安全措施。

（5）复合顶板、软岩巷道或特殊地点需锚索时，可根据现场实际确定锚索长度及布置方式。

（6）位于软岩中的巷道和受动压影响的巷道，采用柔性或可缩性支护形式，有底鼓的应明确防治办法。

（7）按比例绘制巷道支护平面图、断面图，按比例绘制临时支护平面图、剖面图。

（8）根据巷道支护分类规定确定巷道主要支护形式参考表，确定支护设计或锚喷支护参数。

4. 支护工艺

(1) 各类支护工艺及要求如下。

① 锚杆及联合支护：

Ⅰ 锚杆(锚网、锚索)的材质、规格、间排距、安装(包括药卷的种类、数量及使用要求)、锚固力等。

Ⅱ 锚杆的孔位、孔深和孔径应与锚杆类型、长度、直径相匹配。

Ⅲ 锚网的铺设与锚杆或其他锚固装置连接牢固。

Ⅳ 软岩使用锚杆支护时，必须全长锚固。

Ⅴ 喷射材料(水泥标号，速凝剂型号，砂子、石子的颗粒等)，根据混凝土强度要求，计算出配比、混合料的搅拌、速凝剂用量、喷射工艺等。

Ⅵ 喷射混凝土的风压、水压、温度等。

Ⅶ 对粉尘浓度及喷射混凝土回弹率的规定等。

Ⅷ 巷道涌水的处理方式。

Ⅸ 备用材料数量、规格、存放地点。

Ⅹ 支护质量与要求。

② 支架支护：

Ⅰ 钢混支架：钢件和钢筋混凝土加工件的品种、制造形状、规格尺寸、强度，配件、背板、充填材料的规格、质量等。

Ⅱ 金属支架：支架必须构件齐全；撑杆(拉杆)、垫板、背板的规格，支架的顶部、两帮背紧、背牢、充满填实，安设方式等要分别要求；可缩性支架可缩量应与围岩的变形相适应。

Ⅲ 备用支架的数量、规格、存放地点。

Ⅳ 支护质量与要求。

③ 砌碹支护：

Ⅰ 预制混凝土块、料石等规格：砌体厚度、基础槽深度、砂浆配比、强度设计、砌体壁后充填质量、砌体灰缝质量等。

Ⅱ 碹台结构尺寸、碹台的间距、倾斜巷道迎山角度、支设方法、固定方式、脚手架设置等。

Ⅲ 筑碹体操作工艺、砌体顺序、一次砌体长度、砌体壁后充填材料的选择、高冒区的处理方式等。

Ⅳ 备用砌拱材料的品种、数量、规格、存放地点。

Ⅴ 支护质量与要求。

(2) 明确各支护工序的安排及要求。

四、施工工艺

1. 施工方法

(1) 确定巷道施工方法。

(2) 巷道开工施工方法：从支设巷道开口临时棚开始，到支上固定棚为止，对施工顺序做必要的描述。

(3) 特殊条件下的施工方法如下：

① 石门揭开煤层时的施工方法:放振动炮、打超前钻排放瓦斯等。

② 硐室的施工方法:交叉点位于Ⅰ类、Ⅱ类围岩宜采用全断面施工法,位于Ⅲ、Ⅳ类围岩中的宜用分层施工法。

③ 交叉点的施工方法:位于Ⅰ、Ⅱ类围岩宜用全断面施工法,位于Ⅲ、Ⅳ类围岩宜用分部施工法,位于Ⅴ类宜用导硐施工法。

④ 倾斜巷道的施工方法:支架应有迎山角,支架防倒采用上、下撑拉杆,增设防滑、防跑车装置,掘进、扒装机械固定等。

2. 凿岩方式

(1)确定凿煤(岩)方式。

(2)确定机械作业方式,截割顺序等。

(3)确定炮掘施工工序安排,工艺流程等。

(4)描述全岩巷、半煤岩巷、煤巷掘进施工不同的钻爆、扒装、运输方式等。

(5)选择不同施工方式的机具、钻具、供电、照明、湿式凿岩(煤)、通风、设备布置方式等。

(6)在有煤与瓦斯突出倾向的巷道掘进,采取先抽后掘的施工方式等。

(7)开掘斜交、正交巷道时,必须有准确的实测图;明确当两个巷道接近时、斜巷与上部巷道贯通时的施工方式等。

(8)绘制设备布置示意图、掘进机截割顺序图。

3. 爆破作业

(1)爆破条件:巷道断面、顶板,通风方式,瓦斯含量,掏槽方式,周边眼与设计轮廓线关系,循环进度,炸药的种类,雷管的型号,炮眼利用率,炸药、雷管消耗量等。

(2)掘进采用锚喷支护钻爆法施工时,必须采用光面爆破。爆破参数宜符合下列规定:

① 炮眼的深度为 1.8～3.5 m;

② 周边炮眼的间距为 350～600 mm;

③ 周边炮眼的密集系数为 0.5～1.0;

④ 周边炮眼的药卷直径为 20～25 mm。

(3)爆破说明表:炮眼的名称、眼距、角度、深度、数量,使用炸药、雷管的品种,装药结构、装药量、封泥长度、连线方式、起爆方式、爆破顺序等数据。

(4)炮眼布置图:标明巷道岩石的厚度,断面形状、尺寸,炮眼的位置、个数、深度、方向、角度,炮眼编号等参数。

(5)在有瓦斯或有煤尘爆炸危险的掘进工作面,爆破应全断面一次起爆;不能全断面一次起爆的,必须注明采取的安全措施。要具体说明光面爆破作业采取的措施等。

(6)绘制炮眼布置正面图、平面图、剖面图,装药结构示意图。

4. 装载与运输

(1)确定装载与运输方式。

(2)装载、运输机械及其配套设备的名称、型号、安装位置、固定方式,安全设施的安设方式,运输距离等。

(3)煤、矸、材料、设备等的运输方式。

(4)人员进、出工作面与物料运输安全隔离方式及要求。

（5）耙装机固定、防滑、防出槽、机身照明方式,耙装机与掘进工作面的最大和最小的允许距离等。

（6）小绞车及回头轮的安装、固定方式等。

（7）装载与运输各工序安排、与其他工序协调等。

（8）绘制运输系统示意图。

5. 管线及轨道敷设

（1）风筒、风管、水管、缆线等吊挂方式,与工作面保持间距等。

（2）敷设轨道的型号,中心线距、轨距、轨枕等参数,临时轨道、永久轨道、道岔、调车场质量要求等。

6. 设备及工具配备

列表说明所需设备、工具的名称、型号、规格、单位、数量等。

五、生产系统

1. 通风

（1）选择通风方式、通风设备、设施。

① 采用压入式、抽出式通风方式,或采用混合式通风方式。

② 高瓦斯区域、瓦斯抽放对通风的特殊要求。

③ 局部通风机、压风机、配套通风设施及防尘、隔爆、监测设施的安装位置等。

④ 风筒选择、敷设方式。

（2）说明瓦斯喷出区域、高瓦斯矿井、煤(岩)与瓦斯(二氧化碳)突出矿井,装设"三专"(专用变压器、专用开关、专用线路)、"两闭锁"(风电、瓦斯电闭锁)设施,装备"双风机、双电源",自动切换、自动分风的功能。低瓦斯矿井局部通风机采用装有选择性电保护装置的电线路供电,或与采煤工作面分开供电;采用风电、瓦斯电闭锁的方式等。

（3）掘进工作面风量计算:掘进工作面实际需要风量,应按各煤矿企业制定的"一通三防"规定或根据瓦斯、二氧化碳涌出量,炸药用量,同时工作的最多人数,局部通风机的实际吸风量等因素分别计算,并选取其中最大值。

① 按瓦斯涌出量计算

$$Q = 100qk \tag{14-1}$$

式中　Q——掘进工作面实际需要风量,m^3/min。

　　100——单位瓦斯涌出量配风量,根据回风流瓦斯浓度不超过1%或二氧化碳浓度不超过1.5%得出的换算值。

　　q——掘进工作面平均绝对瓦斯涌出量,m^3/min。

　　k——掘进工作面因瓦斯涌出不均匀的备用风量系数,应根据实际观测的结果确定(掘进面最大绝对瓦斯涌出量与平均绝对瓦斯涌出量之比)。通常,机掘工作面$k=1.5\sim2$,炮掘工作面$k=1.8\sim2.0$。

低瓦斯高二氧化碳矿井还必须按二氧化碳涌出量计算,可参照按瓦斯涌出量的计算方法。

② 按炸药使用量计算

$$Q = 25A \tag{14-2}$$

式中　Q——掘进工作面实际需要风量,m^3/min;

　　25——每千克炸药爆炸不低于$25\ m^3$的配风量;

A——掘进工作面一次爆破所用的最大炸药用量，kg。

③ 按工作人员数量计算

$$Q = 4n \tag{14-3}$$

式中　Q——掘进工作面实际需要风量，m^3/min；

4——每人每分钟应供给的最低风量，m^3/min；

n——掘进工作面同时工作的最多人数。

④ 按局部通风机的实际吸风量计算

$$Q = Q_{局}IK_f \tag{14-4}$$

式中　Q——掘进工作面实际需要风量，m^3/min；

$Q_{局}$——掘进工作面局部通风机的额定风量，m^3/min；

I——掘进工作面同时运转的局部通风机台数，台；

K_f——为防止局部通风机吸循环风的风量备用系数，一般取 1.2～1.3，进风巷中无瓦斯涌出时取 1.2，有瓦斯涌出时取 1.3。

Q 大于或等于掘进工作面实际需要风量与风筒实际漏风量之和，需实测确定。

（4）根据上述计算的工作面需要风量要求，进行局部通风机、风筒规格选型。

① 局部通风机风量的确定

$$Q_f = \frac{Q_J}{60\Phi_C} \tag{14-5}$$

式中　Q_f——局部通风机风量，m^3/s；

Q_J——掘进工作面需要风量，m^3/min；

Φ_C——风筒的有效风量率。

有效风量率（Φ_C）是指风筒送往掘进工作面的风量与局部通风机吸风量之比的百分数。

$$\Phi_C = \frac{Q_a}{Q_f} \times 100\% \tag{14-6}$$

式中　Φ_C——有效风量率；

Q_a——风筒送往掘进工作面的实际风量，m^3/min；

Φ_f——局部通风机吸风量，m^3/min。

漏风率（L_1）是指风筒的漏风量与局部通风机吸风量之比的百分数。

$$L_1 = \frac{Q_1}{Q_f} \times 100\% \tag{14-7}$$

式中　L_1——漏风率；

Q_1——整列风筒的总漏风量，m^3/min；

Φ_f——局部通风机吸风量，m^3/min。

② 局部通风机风压的确定

局部通风机压入式通风时的工作全压为：

$$h_{ft} = 3\,600RQ^2 + h_v \tag{14-8}$$

$$Q = \sqrt{3\,600Q_fQ_a} \tag{14-9}$$

$$h_v = \frac{1}{D_4} \times 3\,600Q_a^2 \tag{14-10}$$

式中　h_{ft}——局部通风机工作全压，Pa；

R——风筒风阻，N·s²/m⁴；

Q——风筒平均风量，m³/min；

Q_f——局部通风机吸风量，m³/min；

Q_a——风筒出口风量，m³/min；

h_v——风筒出口动压，Pa；

D_4——风筒出口直径，m。

③ 局部通风机选型

压入式通风时需计算局部通风机全压工作风阻 R_{ft}：

$$R_{ft} = \frac{h_{ft}}{60Q_a} \qquad (14\text{-}11)$$

式中　R_{ft}——局部通风机全压工作风阻，N·s²/m⁴；

h_{ft}——局部通风机工作全压，Pa；

Q_a——风筒出口风量，m³/min。

抽出式通风时，需计算局部通风机全压工作风阻 R_{fs}：

$$R_{fs} = \frac{h_{ft} - h_{fv}}{Q_f^2} \qquad (14\text{-}12)$$

$$h_{fv} = \frac{1}{2}\rho\left(\frac{Q_f}{S_0}\right)^2 \qquad (14\text{-}13)$$

式中　R_{fs}——局部通风机静压工作风阻，N·s²/m⁴；

h_{ft}——局部通风机工作全压，Pa；

h_{fv}——局部通风动压，Pa；

ρ——空气密度，kg/m³；

Q_f——局部通风吸风量，m³/min；

S_0——局部通风机出风口断面积，m²。

（5）掘进工作面风量验算如下：

① 按最低风速验算如下：

Ⅰ 岩巷掘进工作面的最低风量 $Q_{岩}$（单位：m³/min）：

$$Q_{岩} \geqslant 9S_{岩} \qquad (14\text{-}14)$$

式中　9——根据岩巷掘进工作面最低风速得出的换算系数；

$S_{岩}$——岩巷掘进工作面的断面积，m²。

Ⅱ 煤巷掘进工作面的最低风量 $Q_{煤}$（单位：m³/min）：

$$Q_{煤} \geqslant 15S_{煤} \qquad (14\text{-}15)$$

式中　15——根据煤巷掘进工作面最低风速得出的换算系数；

$S_{煤}$——煤巷掘进工作面的断面积，m²。

② 按最高风速验算，岩巷、煤巷或半煤岩巷掘进工作面的最高风量 Q（单位：m³/min）为：

$$Q \leqslant 240S \qquad (14\text{-}16)$$

式中　240——根据掘进工作面最高风速 4 m/s 得出的换算系数；

S——掘进工作面的断面积，m²。

③ 按掘进工作面温度和炸药量验算,见表 14-1。

表 14-1 掘进工作面温度和炸药量

炸药量/kg	<5			5～20			>20		
温度/℃	16以下	16～22	23～26	16以下	16～22	23～26	16以下	16～22	23～26
需要风量/m³·min⁻¹	40	50	60	50	60	80	60	80	100

④ 按有害气体的浓度验算:回风流中瓦斯或二氧化碳的浓度不得超过 1%;其他有害气体的浓度应符合《煤矿安全规程》中的有关规定。

$$\frac{p_瓦}{Q_掘} \leqslant 1\% \tag{14-17}$$

式中 $Q_掘$——掘进工作面需要风量,m^3/min;

       $p_瓦$——瓦斯绝对涌出量,m^3/min。

掘进工作面风量经验算必须同时满足以上 4 个条件,如果有其中任何一项不符合条件要求,需重新对局部通风机选型。

(6)安装局部通风机的地点,应保证全风压风量要大于局部通风机吸风量,还应保证局部通风机吸入口至掘进工作面回风口之间的最低风速,全岩巷道不得低于 0.15 m/s,煤巷和半煤岩巷不得低于 0.25 m/s 的要求等。

(7)绘制通风系统示意图。

(8)根据常用局部通风机吸风量参考表、柔性风筒有效风量率及漏风率参考表、胶皮风筒摩擦阻力系数表、局部通风机与风筒配套选用参考表及掘进工作面需要风量参考表确定需要的相应参数。

2. 压风

(1)确定掘进工作面风源、压风方式。

(2)说明移动压风设备的名称、型号、规格、管路长度、管径、风压、安装位置、敷设路线等。

① 空气压缩机的选择。总耗风量应按下式计算:

$$Q = \alpha\beta\gamma\sum(nKq) \tag{14-18}$$

式中 Q——总耗风量,m^3/min;

       α——管路漏风系数;

       β——风动机械磨损消耗风量增加的系数,宜为 1.10～1.15;

       γ——高原修正系数,海拔每增加 100 m,系数增加 1%;

       n——同型号风动机具使用数量,台;

       K——凿岩机、风镐同时使用系数;

       q——风动工具耗风量,m^3/min。

② 各个施工阶段的风量供应变化较大时,备用风量应为设计风量的 20%～30%。

(3)绘制压风系统示意图。

（4）根据管路漏风系数参考表、凿岩机及风镐同时使用系数参考表确定所需系数。

3．瓦斯防治

（1）说明掘进工作面临时抽放瓦斯泵站安设的地点，瓦斯抽放管路安设方式、敷设长度、管路中混合瓦斯浓度，设置警戒、超限报警，通风方式，风量要求，抽出瓦斯引排地点，抽放瓦斯操作工序等。

（2）说明突出威胁区内掘进作业对煤层突出危险程度的预测办法。

（3）说明突出危险区内掘进作业必须采取的综合防治措施。

（4）超限报警设备、报警系统安设方式，超限报警时处理程序等。

（5）入井人员必须按规定携带甲烷检测报警仪、自救器等。

（6）绘制抽放瓦斯系统示意图。

4．综合防尘

（1）说明防尘供水水源、水量、水压及管路系统，安设除尘风机、水幕、防爆水袋、降尘设施个数及位置；掘进机内、外喷雾装置；湿式钻眼、水炮泥、爆破喷雾、冲洗巷帮、装煤（岩）洒水、净化风流、个体防护等综合防尘措施。

（2）绘制防尘系统示意图。

5．防灭火

（1）说明相邻采区、相邻煤层、邻近巷道火区情况。

（2）在容易自燃和自燃煤层中掘进巷道时，对砌碹或锚喷后的巷道空隙和冒落处必须用不燃性材料充填密实，沿空掘进巷道临近火区、老空前必须探明情况，采取预防性充填等措施。

（3）说明巷道施工时，消防供水管路系统、防灭火器材的存放方式和地点等。

6．安全监控

（1）说明相邻采区、相邻煤层、邻近巷道瓦斯涌出变化等情况。

（2）明确掘进工作面瓦斯浓度控制规定，安设瓦斯监控系统情况。

（3）绘制安全监测仪器仪表布置示意图。

7．供电

（1）供电设计：① 选择电压等级、供电方式，防爆设备的选型，计算电力负荷等；② 进行电气保护整定计算。

（2）绘制供电系统示意图。

8．排水

（1）预测掘进工作面最大涌水量。

（2）确定排疏放水方式，选择排水设备型号、管路规格、临时水仓的地点和容积、排水路线等。

（3）绘制排水系统示意图。

9．运输

（1）选择运输方式、设备型号、运输路线等。

（2）绘制运输系统示意图。

10．照明、通信和信号

（1）机掘工作面，运输兼作人行道的巷道，绞车、压风、变配电硐室的照明设施、位置等。

（2）掘进工作面与调度室、绞车房、车场、变配电硐室等的通信设施、位置。

（3）掘进工作面提升、运输、转载信号装置的种类和用途。

（4）绘制照明、通信、信号系统示意图。

六、劳动组织及主要技术经济指标

1. 劳动组织

说明掘进作业方式、劳动组织、劳动力配备、出勤率（附劳动组织图表）。

2. 循环作业

根据掘进工艺流程、循环作业方式（每日、每班循环个数）、循环进尺，编制正规循环作业图表，以提高工时利用率。

3. 主要技术经济指标

编制主要技术经济指标表。

七、安全技术措施

1. 一通三防

（1）局部通风机安全管理技术措施。

（2）综合防尘安全管理技术措施。

（3）防灭火安全管理技术措施。

（4）高温巷道施工降温安全技术措施。

（5）高瓦斯矿井、突出矿井、低瓦斯矿井高瓦斯区和瓦斯异常区的局部通风机通风实行"三专两闭锁"，装备"双风机、双电源"，实现"自动切换、自动分风"功能的安全管理技术措施。

（6）无煤柱开采、沿空送巷、沿空留巷防止漏风的安全技术措施。

（7）在瓦斯突出煤层中掘进巷道，采用预抽瓦斯的安全管理技术措施。

（8）排放瓦斯必须制定专项安全技术措施。

（9）其他"一通三防"安全技术措施。

2. 顶板

（1）在松软煤（岩）层、流沙性地层、地质破碎带、复合顶板掘进巷道的安全技术措施。

（2）三岔门、四岔门、巷道贯通采取加强支护的安全技术措施。

（3）使用前探支护、防倒支架，严禁空顶作业的安全技术措施。

（4）顶板压力观测、定期分析审查的安全技术措施。

（5）其他顶板控制安全技术措施。

3. 爆破

（1）使用爆破器材的安全技术措施。

（2）按照规定爆破的安全技术措施。

（3）特殊情况下爆破的安全技术措施。

（4）两条平行掘进工作面、间距在 20 m 以内时，贯通、遇断层、老巷、破碎顶板等特殊情况下爆破的安全技术措施。

（5）掘进巷道卧底、刷帮、挑顶、浅眼爆破的安全技术措施。

（6）处理拒爆、残爆的安全技术措施。

（7）其他爆破安全技术措施。

4．防治水

（1）掘进巷道受水威胁、撤出人员的安全技术措施。

（2）说明当掘进工作面遇有下列情况之一时，必须有疑必探、先探后掘的安全技术措施：

① 接近水量大的含水层；

② 接近导水裂隙、断层；

③ 接近被淹井巷、老空；

④ 接近矿井隔离煤柱；

⑤ 掘进过程中发现有透水预兆。

（3）探放老空积水时，加强防突水及对有害气体的检查和防护的安全技术措施。

（4）其他防治水安全技术措施。

5．机电

（1）掘进机、装岩机、喷浆机等移动设备的安装、固定、使用、维修、移动、撤除等的安全技术措施。

（2）掘进机、耙装机、喷浆机作业运行范围内，严禁进行其他工作和行人的安全技术措施。

（3）防止电气设备失爆、短路、过负荷、漏电，带电搬迁、维修等的安全技术措施。

（4）动力、照明、信号、通讯缆线的敷设、吊挂、管理等安全技术措施。

（5）其他机电安全技术措施。

6．运输

（1）运输、转载设备管理的安全技术措施。

（2）下山施工防止跑车伤人的安全技术措施。

（3）上山掘进施工 25° 以上的斜巷时，溜煤（矸）道与人行道分开的安全技术措施。

（4）利用倾斜巷道、煤仓、溜煤眼等运输的安全技术措施。

（5）掘进巷道提升、运输、转载系统的声光信号装置与启动装置闭锁的安全技术措施。

（6）其他运输安全技术措施。

7．其他

（1）提高工程质量的安全技术措施。

（2）实现安全、文明生产方面的安全技术措施。

八、灾害应急措施及避灾路线

（1）发生火灾、瓦斯爆炸、煤尘爆炸、煤（岩）与瓦斯（二氧化碳）突出、透水、冒顶、提升事故等的应急措施。

（2）制定发生灾害时快速有效的传报技术和办法、撤出人员的区域和避灾路线、实施自救的条件、防止灾害扩大的措施、统计井下人数及其他应急措施等。

（3）绘制避灾路线示意图。

第三节 掘进工作面作业规程样本

_____煤矿掘进工作面作业规程

编号(掘号):

工作面名称:

编制人:

施工负责人:

总工程师:

主管矿(井)长:

批准日期:　　　年　　　月　　　日

执行日期:　　　年　　　月　　　日

会审意见

会审单位及人员签字

总工程师：　　　　　　年　　　月　　　日

生　　　产：　　　　　　年　　　月　　　日

通　　　风：　　　　　　年　　　月　　　日

机　　　电：　　　　　　年　　　月　　　日

计　　　划：　　　　　　年　　　月　　　日

煤　　　质：　　　　　　年　　　月　　　日

技　　　术：　　　　　　年　　　月　　　日

地　　　测：　　　　　　年　　　月　　　日

安　　　全：　　　　　　年　　　月　　　日

运　　　输：　　　　　　年　　　月　　　日

供　　　应：　　　　　　年　　　月　　　日

劳　　　资：　　　　　　年　　　月　　　日

一、主要存在问题

二、处理意见

目　　录

第七章 安全技术措施

第一节　一通三防

第二节　顶板

第三节　爆破

第四节　防治水

第五节　机电

第六节　运输

第七节　其他

第八章 灾害应急措施和避灾路线

第一章 概 况

第一节 概 述

巷道名称、用途、设计长度、工程量、坡度、服务年限、开竣工时间等。

附:巷道布置平面图。

第二节 编 写 依 据

一、经过审批的设计及其批准时间等

二、地质部门提供的地质说明书

三、说明有关矿压观测资料

四、其他技术规范

第二章 地面位置及地质情况

第一节 地面相对位置及邻近采区开采情况

巷道相应的地面位置、标高,区域内的水体和建、构筑物对工程的影响等,见表1。

巷道与相邻煤(岩)层、邻近巷道的层间关系,附近已有的采掘情况对工程的影响。

分析老空区的水、火、瓦斯等对工程的影响。

表1　　　　　　　　　　　井上下关系对照表

水平、采区		工程名称	
地面标高		井下标高	
地面的相对位置建筑物、小井及其他			
井下相对位置对掘进巷道的影响			
邻近采掘情况对掘进巷道的影响			

第二节 煤(岩)层赋存特征

叙述煤(岩)层产状、厚度、结构、坚固性系数(f)、预计巷道揭露的各煤层间距,顶、底板岩性及特征分析。

预测巷道瓦斯涌出量、瓦斯突出倾向、煤层自然发火倾向、煤尘爆炸指数、地温等,见表2、表3、表4。

表2

煤层特征情况表

指　标	单　位	参　数	备　注
煤层厚度(最大～最小/平均)	m		
煤层倾角(最大～最小/平均)	(°)		
煤层硬度 f			
煤层层理(发育程度)			
煤层节理(发育程度)			
自然发火期	d		
绝对瓦斯涌出量	$m^3 \cdot min^{-1}$		
相对瓦斯涌出量	$m^3 \cdot min^{-1}$		
煤尘爆炸指数	%		
地　温	℃		

表3

煤层顶底板情况表

顶底板名称		岩石类别	硬度	厚度	岩性
顶板	基本顶				
	直接顶				
	伪顶				
底板	直接底				
	基本底				

表4

综合柱状图

地层名称	层厚	柱状	层号	煤(岩)层名称	岩石特性描述	备注

第三节　地　质　构　造

煤(岩)层产状要素(走向、倾向、倾角),断层,褶曲,裂隙,火成岩侵入的岩墙、岩床,陷落柱,导水性及其控制程度等参数,见表5。

表5

断层情况表

编号	断层名称	性质	走向	倾向	倾角	落差	对工程的影响

附：地质平面图、剖面图。有煤(岩)与瓦斯(二氧化碳)突出危险的矿井还应附瓦斯地质图。

第四节　水　文　地　质

分析巷道区域的主要水源,有影响的含水层厚度、涌水形式、涌水量、补给关系、影响程度等。

分析巷道区域相邻老巷、老空积水,钻孔终孔位置、封孔质量,构造导水等,及对施工安全的影响程度。

分析第四纪砂砾层水、承压水等的水量、水压及其与工程的距离和关系,进行隔水层安全厚度计算。

第三章　巷道布置及支护说明

第一节　巷　道　布　置

描述巷道布置:层位、水平标高、断面、工程量、坡度、中腰线、开口的位置、方位角等。

附:巷道剖面图、巷道开口大样图。

第二节　矿　压　观　测

一、观测对象

二、观测内容

三、观测方法

四、数据处理

第三节　支　护　设　计

根据巷道围岩性质,充分利用矿压观测资料,依据施工现场实际情况选择科学的支护设计,确定巷道支护形式。采用解析法、工程类比法或围岩松动圈分类法选用支护参数等。

附图:巷道支护平面图、断面图和临时支护平面图、剖面图。

第四节　支　护　工　艺

说明各类支护方式的主要参数、支护工序安排与支护要求。

附图:巷道支护断面图。

第四章　施　工　工　艺

第一节　施　工　方　法

一、巷道开口施工方法

二、特殊条件下的施工方法

三、不设支护的巷道掘进施工方法

第二节 凿 岩 方 式

一、机掘施工方式

二、炮掘施工方式

三、全岩巷、半煤岩巷、煤巷施工,钻爆、扒装、运输方式

四、掘进机械、钻具的名称、型号、数量、动力、照明来源,湿式凿岩(煤)、通风系统的布置等,见表 6

表 6　　　　　　　　　　　　　　施工设备与供电情况表

序号	机械、钻具名称	型号	数量	动力	配套方式	备注

附图:设备布置图、掘进机截割顺序图。

第三节 爆 破 作 业

爆破条件:岩石的性质,巷道断面,通风方式,瓦斯含量,掏槽方式,周边眼与设计轮廓线关系,循环进度,炸药的种类,雷管的型号,炮眼利用率,炸药、雷管消耗量等,见表 7。

表 7　　　　　　　　　　　　　　爆破说明表

炮眼名称	炮眼编号	眼深/m	眼距/m	抵抗线/m	炮泥长度/m	炮眼角度						装药量				爆破顺序	连线方式
						水平		竖直				眼数/个	孔装药量	总装药量	总装质量		
						左	右	仰	零	俯							

附图:炮眼布置正面图、平面图、剖面图,装药结构示意图。

第四节 装载与运输

装载、运输机械及其配套设备的名称、型号、安装位置、固定方式,安全设施的安设方式,装载与运输岩(煤)方式,运输距离;煤、矸、材料、设备、人员的运送方式等,见表 8。

表 8 装载设备运输方式表

序号	设备名称	型号	数量	安装位置	固定方式	运输方式	运输距离	备注

附图:运输系统示意图。

第五节　管线及轨道敷设

风筒、风管、水管、缆线等吊挂方式及与工作面保持间距等。

敷设轨道的型号,中心线距、轨距、轨枕等参数,临时轨道、永久轨道、道岔、调车场质量要求等,见表9。

表 9 管线及轨道敷设方式表

序号	名称	规格型号	单位	数量	吊挂方式	与工作面方式	轨枕间距	轨面高低差	轨道接头间隙
1	轨道								
2	风筒								
3	风管								
4	水管								
5	缆线								
6									
7									
8									

第六节　设备及工具配备

所需设备、工具的名称、型号规格、单位、数量等,见表10。

表 10 设备及工具配备表

序号	设备、工具名称	规格型号	单位	数量	备注
1	调度绞车				
2	水泵				
3	喷浆机				
4	装岩机				
5	扒装机				

续表 10

序号	设备、工具名称	规格型号	单位	数量	备注
6	风钻(附钻架)				
7	风镐				
8	电钻				
9	控制开关				
10	馈电开关				
11	综保				
12	掘进机				
13	带式运输机				
14	压入式风机				
15	除尘风机				
16	锚杆钻机				
17	电话				
18	铁锹				
19	镐				
20	锤				
21	激光指向仪				
22	局部通风机				
23					
24					

第五章 生 产 系 统

第一节 通 风

一、通风方式及供风距离

二、风量计算

（一）按瓦斯涌出量计算

（二）按炸药使用量计算

（三）按人数计算

（四）按局部通风机的实际吸风量计算

（五）确定需要的配风量 Q

三、风量验算

（一）按最低风速验算

1. 岩巷掘进工作面的最低风量（$Q_{岩}$）

2. 煤巷掘进工作面的最低风量（$Q_{煤}$）

（二）按最高风速验算

（三）按掘进工作面温度和炸药量验算，见表11

表 11　　　　　　　　　　　　掘进工作面温度和炸药量

炸药量/kg	<5			5～20			>20		
温度/℃	16以下	16～22	23～26	16以下	16～22	23～26	16以下	16～22	23～26
需要风量 /m³·min⁻¹	40	50	60	50	60	80	60	80	100

（四）按有害气体的浓度验算

四、局部通风机的选型及安装地点

附图：通风系统示意图。

第二节　压　风

说明风源、压风方式、管径、风压等。使用移动压风机的，还要说明移动压风设备的名称、型号、规格，管路长度、安装位置和敷设路线等。

附图：压风系统示意图。

第三节　瓦 斯 防 治

临时抽放瓦斯泵站安设的地点，瓦斯抽放管路的安设方式、敷设长度、管路中的混合瓦斯浓度，设置警戒、超限报警，通风方式，风量要求，抽出的瓦斯引排地点，抽放瓦斯操作工序等。

附图：抽放瓦斯系统示意图。

第四节　综 合 防 尘

防尘供水水源、水量、水压，供水管路系统、管径，水幕、防爆水袋、喷雾点个数及位置，湿式钻眼、水炮泥、爆破喷雾，冲洗巷帮、装岩（煤）洒水等。

附图：防尘系统示意图。

第五节　防　灭　火

说明巷道施工防灭火的措施、要求等。

说明巷道施工时，消防供水管路系统、防灭火器材的存放方式和地点等。

第六节　安 全 监 控

瓦斯自动检测报警断电装置、甲烷传感器、掘进机机载甲烷断电仪，装载点、运输巷、进回风流安装甲烷传感器，便携式甲烷检测报警仪的设置、瓦斯报警浓度、报警处理等。

附图：安全监测仪器仪表布置示意图。

第七节　供　　电

供电方式、电压等级、电气设备。

附图:供电系统示意图。

第八节　排　水

工作面涌水量,排水方式,排水设备型号、管路规格,临时水仓的地点和容积,排水路线等。

附图:排水系统示意图。

第九节　运　输

运输方式、设备型号、运输路线等。

附图:运输路线系统示意图。

第十节　照明、通信和信号

一、照明设施、位置等

二、通信设施、电话位置等

三、信号装置的种类和用途等

附图:照明、通信、信号系统示意图。

第六章　劳动组织及主要技术经济指标

第一节　劳动组织

作业方式、劳动组合、劳动力配备、出勤率等,见表 12。

表 12　　　　　　　　　　　　　劳动组织图表

序号	工种	在册人数	班次及出勤人数					备注
			I	II	III	IV	合计	
1	打眼工							
2	爆破工							
3	拌料工							
4	装岩机司机							
5	喷浆机操作工							
6	绞车司机							
7	推车、摘挂钩工							
8	机电维修工							
9	其他							
10	班长							
11	合计							

第二节　循 环 作 业

根据工艺流程、正规循环作业方式(每日、每班正规循环个数)、规循进尺,编制正规循环作业图表,见表13。

表 13　　　　　　　　　　　　正规循环作业图表

工序顺序	工序名称	工序所需时间	循环作业时间																							备注
			中班								夜班									早班							
			14	15	16	17	18	19	20	21	22	23	24	1	2	3	4	5	6	7	8	9	10	11	12	13	
1																											
2																											
3																											
4																											
5																											
6																											
7																											
8																											
9																											
10																											

第三节　主要技术经济指标

工作面长度,巷道毛断面、净断面,巷道岩性、支护形式,在册人数、出勤人数、出勤率,日进尺、工效,月循环次数、月进尺,循环率,定额、总成本、所需工资额等,见表14。

表 14　　　　　　　　　　　　主要技术经济指标表

序号	项目	单位	指标	备注
1	工作面长度	m		
2	巷道毛断面	m²		
3	在册人数	人		
4	出勤人数	人		
5	出勤率	%		
6	循环进度	m		
7	日进尺	m		
8	月进尺	m		
9	循环率	%		
10	单位材料定额	元/m		
11	炸药定额	kg/m		
12	雷管定额	发/m		

续表 14

序号	项目	单位	指标	备注
13	坑木定额	m²/m		
14	水泥定额	kg/m		
15	砂子石子定额	kg/m		
16	支架定额	架/m		
17	锚索锚杆定额	条/m		
18	锚杆消耗	根/m		
19	料石消耗	m³/m		
20				

第七章　安全技术措施

第一节　一 通 三 防

第二节　顶　板

第三节　爆　破

第四节　防 治 水

第五节　机　电

第六节　运　输

第七节　其　他

第八章　灾害应急措施及避灾路线

发生火灾,瓦斯、煤尘爆炸,煤(岩)与瓦斯(二氧化碳)突出,透水,冒顶,提升事故等的应急措施等。

发生灾害时快速、有效的传报技术和办法,撤出人员的区域和避灾路线,自救条件,防止灾害扩大;统计井下人数及其他应急措施及注意事项等。

附图:避灾路线示意图。

作业规程学习和考试记录

负责人： 传达人： 班次：

贯彻时间			参加人员				参加人员			
年	月	日	姓名	工种	成绩	签字	姓名	工种	成绩	签字

班 次	应到人数	实到人数	缺席人数	缺席人数名单
早 班				
中 班				
晚 班				

作业规程补充学习和考试记录

负责人： 传达人： 班次：

贯彻时间			参加人员				参加人员			
年	月	日	姓名	工种	成绩	签字	姓名	工种	成绩	签字

作业规程复查记录

作业规程名称	
施工单位	
复查时间	
参加复查人员签字	

第十五章　采煤工作面作业规程编制

第一节　编制概要

（1）每一个采煤工作面，必须在开采前，按照一定程序、时间和要求，编制工作面作业规程。

（2）规程编写人员在编写前应做到以下几点：

① 明确施工任务和计划采用的主要工艺；

② 熟悉现场情况，进行相关的分析研究；

③ 熟悉有关部门提供的技术资料。

（3）规程一般应具备下列图纸：

① 工作面地层综合柱状图；

② 工作面运输巷、回风巷、开切眼素描图；

③ 工作面及巷道布置平面图；

④ 采煤方式示意图（采煤机进刀示意图、炮眼布置图等）；

⑤ 工作面设备布置示意图；

⑥ 工作面开切眼、运输巷、回风巷及端头支护示意图（平面、剖面图）；

⑦ 通风系统示意图、运输系统示意图、防尘系统示意图、注浆系统示意图、注氮系统示意图、安全监测监控系统（设备）布置示意图、避灾路线示意图；

⑧ 工作面供电系统示意图；

⑨ 工作面正规循环作业图表。

（4）采煤工作面作业规程按章节附图表，并按顺序编号。

（5）《煤矿安全规程》、《煤矿安全技术操作规程》、上级文件中已有明确规定的，且又属于在作业规程中必须执行的条文只需在作业规程中写上该条文的条、款号，在学习作业规程时一并贯彻其条文内容；未明确规定的而在作业规程中需要规定的内容，必须在作业规程或施工措施中明确规定。

（6）采用对拉、顺拉等方式布置采煤工作面时，应视作同一个采煤工作面编制作业规程，必须明确规定相关内容。

（7）特殊开采、"三下"开采，以及开采有冲击地压的煤层，必须编制专门开采设计和安全技术措施。

（8）采煤工作面在以下情况下需编制专项安全技术措施：

① 采煤工作面遇顶底板松软、过断层、过老空、过煤柱、过冒顶区，以及托伪顶开采；

② 采煤工作面初次放顶及收尾；

③ 采煤工作面进行安装、撤面；

④ 采用水砂充填法清理因跑砂堵塞的倾斜巷道；

⑤ 试验新技术、新工艺、新设备、新材料；

⑥《煤矿安全规程》等规定中要求的其他需要编制的专项安全技术措施。

（9）采煤工作面在以下情况下需对原作业规程进行修改和补充：

① 现场地质条件与提供的地质说明书不符；

② 现场需要采用与作业规程规定不同的工艺；

③ 采煤工作面以及运输巷、回风巷加强支护的支护方式、支护强度需要进行变更；

④ 发现作业规程有遗漏；

⑤《煤矿安全规程》等规定的其他需要修改、补充的内容。

（10）编制专项安全技术措施，要参照采煤工作面作业规程的编制、审批、贯彻程序进行。

（11）编制的专项安全技术措施要按照先后顺序进行编号，作为采煤工作面作业规程的文件。

（12）出现下列情况之一时必须重新编写作业规程；

① 地质条件和围岩有较大变化；

② 改变了原采煤工艺和主要工序安排；

③ 原作业规程与现场不符，失去可操作性。

第二节　规 程 编 制

一、概况

1. 工作面位置及井上下关系

（1）工作面的位置：描述采煤工作面所处的水平、采区、标高（最高、最低）、几何尺寸（走向长度、倾向长度、面积），以及在采区中的具体位置、相邻关系。

（2）地面相对位置：描述工作面周边（含终采线）在地面的相对位置、地面标高（最高、最低）。

（3）回采对地面的影响：描述工作面的回采对地面设施可能造成的影响，包括地面塌陷区范围、塌陷程度预计，以及对地面建筑物和其他设施的影响程度。

（4）描述工作面相邻的采动情况以及影响范围。

2. 煤层

（1）煤层厚度：描述工作面范围内煤层最大、最小、平均厚度及其变化情况。

（2）煤层产状：描述工作面范围内煤层走向、倾向、倾角及其变化情况。

（3）描述煤层稳定性、结构（夹矸）、层理、节理、硬度（f）等情况，以及对回采的影响。

（4）对煤种、煤质进行描述。

3. 煤层顶底板

（1）煤层顶板（伪顶、直接顶、基本顶）：描述煤层顶板岩石性质、层理、节理、厚度、顶板分类等情况及其变化情况。

（2）煤层底板（直接底、基本底）：描述煤层底板岩石性质、层理、节理、厚度、底板分类、底板比压等情况及其变化情况。

（3）绘制工作面地层综合柱状图，能够反映出直接底、基本底以及不低于 8 倍采高的煤层顶板的岩性、厚度、间距等。

4. 地质构造

（1）断层：描述对工作面回采有影响的断层产状、在工作面中的具体位置及其对回采的影响程度。

（2）褶曲：描述对工作面回采有影响的褶曲产状、在工作面中的具体位置及其对回采的影响程度。

（3）其他因素：描述陷落柱、火成岩等其他因素对回采的影响。

（4）按比例绘制工作面运输巷、回风巷、开切眼素描图。

5. 水文地质

（1）含水层的分析：描述对回采有影响的含水层厚度、涌水量、涌水形式、补给关系以及对回采的影响情况。

（2）其他水源的分析：描述老空水、地表水、注浆水、钻孔和构造导水等情况，及其对回采的影响程度。

（3）为防止溃沙、溃泥、透水等事故，开采急倾斜厚煤层、特厚煤层时，还应对开采后的上部垮落层的情况进行预计、描述。

（4）工作面涌水量：描述采煤工作面正常涌水量、最大涌水量。

6. 影响回采的其他因素

（1）参考矿井和相邻采掘工作面的瓦斯、二氧化碳涌出情况，确定工作面的瓦斯、二氧化碳等级以及相对、绝对涌出量。

（2）根据有资质的鉴定机构提供的鉴定数据，确定工作面的煤尘爆炸指数。

（3）根据有资质的鉴定机构提供的鉴定数据，确定工作面煤层的自燃倾向性；参考相邻采煤工作面煤的自燃情况，确定自然发火期。

（4）参考矿井和相邻采掘工作面的地温等情况，分析地温对回采的影响。

（5）冲击地压和应力集中区：描述本采区、相邻工作面的冲击地压、应力集中区情况及其对回采的影响。

（6）叙述地质部门对工作面回采的具体建议。

7. 储量及服务年限

（1）计算工作面的工业储量，根据规定的采出率计算可采储量。

（2）应采用下列公式之一进行工作面服务年限（以月为单位）的计算：

① 工作面的服务年限＝可采推进长度/设计月推进长度。

② 工作面的服务年限＝可采储量/设计月产量。

二、采煤方法

选择采煤方法，描述选择依据。

1. 巷道布置

（1）描述采区巷道布置概况、服务巷道位置和设施情况。

（2）描述工作面运输巷、回风巷、开切眼的断面、支护方式、位置、用途。

（3）描述其他巷道（联络巷、溜煤眼、硐室）的断面、支护方式、位置、用途。

（4）开采急倾斜煤层时，需要对区段平巷、溜煤眼、行人眼、运料眼以及联络平巷等巷道的断面、支护方式、位置、用途进行描述。

（5）采用水力采煤时,应对水力运输石门、回风石门、回采垛的尺寸、块段巷道（采煤头、溜煤道）以及煤水硐室的布置进行描述。

（6）高瓦斯、煤与瓦斯突出条件下采用排放瓦斯专用巷道、抽放瓦斯专用巷道的,需要对排放瓦斯尾巷、抽放瓦斯专用巷道进行描述。

（7）按比例绘制工作面及巷道布置平面图,能够反映出井上下对照情况,构造情况,工作面周边的巷道、工程情况。

2. 采煤工艺

（1）简述采煤工艺。

（2）描述采高、循环进度等。

（3）描述落煤、装煤、运煤、顶板控制方式。

（4）采用放顶煤工艺的,应对采放比、放煤步距、放煤方式、端头顶煤回收方式、初次放顶（煤）及收尾的放顶煤工艺等内容进行描述。

（5）采用分层开采工艺的,应确定分层厚度等内容。

（6）采用上下面同时回采（对拉、顺拉）工艺的,应明确上下面的位置关系和错距。

（7）采用柔性掩护支架开采急倾斜煤层时,需要明确以下几项:

① 支架的角度结构、组成、宽度,支架垫层数和厚度,点柱等;

② 工作面安全出口及两巷管理要求;

③ 扩巷方法、扩巷支护要求;

④ 支架的安装和管理要求（点柱的支设角度、排列方式和密度）;

⑤ 回棚（柱）放顶规定;

⑥ 支架下放方式、要求;

⑦ 落煤方式和架内爆破规定;

⑧ 架外放煤方式;

⑨ 支架的拆除方式;

⑩ 收作。

（8）采用倒台阶方式开采急倾斜煤层时,需要对各台阶长度、相互之间的错距等明确规定。

（9）采用水采工艺的,应做到以下几点:

① 明确落煤方式（开式、半闭式或闭式）;

② 根据煤层顶板稳定程度选择落垛方式及煤垛参数;

③ 根据煤体的硬度选择合理的水压;

④ 明确水枪的安设位置、安设要求、水压要求等内容以及水枪的撤出方式、路线等。

（10）使用采煤机割煤,应叙述采煤机的进刀方式、进刀段长度、进刀深度,割煤方式、牵引方式、牵引速度,并绘制进刀方式示意图。

（11）采用人工爆破开切口的,还应参考有关规定对有关事项进行描述。

（12）采用爆破落煤的,应做到以下几点。

① 进行炮眼布置设计:描述炮眼具体的布置要求,绘制炮眼布置三视图（正、平、剖面图）;

② 填写爆破说明书:应包括工作面的采高、打眼范围,每循环炮眼的名称、编号、个数、

位置、深度、角度,使用炸药、雷管的品种,装药量、装药方式、封泥长度、水炮泥个数、连线方法、起爆顺序、炮眼总长度、循环用药、雷管量等内容。

（13）描述采煤工作面施工工艺流程,简要说明从准备、采、支、运、回到整理的流程。必要时应绘制工作面工艺流程图。

（14）用下列公式进行工作面正规循环生产能力的计算:

$$W = LSh\gamma c \tag{15-1}$$

式中　W——工作面正规循环生产能力,t;

　　　L——工作面平均长度,m;

　　　S——工作面循环进尺,m;

　　　h——工作面设计采高,m;

　　　γ——煤的视密度,t/m³;

　　　c——工作面采出率。

3. 设备配置

（1）描述工作面采煤、支护、运输设备名称、型号、主要技术参数和数量。

（2）采用机采工艺的,应绘制工作面设备布置示意图。

三、顶板控制

1. 支护设计

（1）进行工作面的支护设计。支护设计应包括工作面、端头和运输巷、回风巷支护设备的选型、支柱密度的选择、基本支架柱排距确定、柱鞋的规格尺寸等内容。

（2）工作面的支护设计,一般采用以下方法:

① 采用顶底板控制设计专家系统时,应根据系统要求,合理选取有关参数;

② 采用类比法时,应根据本煤矿或邻矿同煤层矿压观测资料和经验公式进行设计。

Ⅰ 参考本煤矿或邻矿同煤层矿压观测资料,选择本工作面矿压参数,可参考表 15-1。

Ⅱ 合理的支护强度,可以采用下列方法计算（一般采用前两种方法,取其中最大值即为工作面合理的支护强度）。

a. 采用经验公式计算:

$$p_t = 9.81h\gamma k \tag{15-2}$$

式中　p_t——工作面合理的支护强度,kN/m²。

　　　h——采高,m。

　　　γ——顶板岩石容重,kN/m³,一般可取 25 kN/m³。

　　　k——工作面支柱应该支护的上覆岩层厚度与采高之比,一般为 4~8,应根据具体选取。开采煤层较薄、顶板条件好、周期来压不明显时,应选用低倍数;反之则采用高倍数。

b. 选用现场矿压实测工作面初次来压时的最大平均支护强度 p_t。

c. 采用工作面不同推进阶段（顶板来压、正常推进）按"支护原则"和"防滑原则"的要求计算支护强度,取其中大值。

Ⅲ 支柱实际支撑能力可以采用下列公式进行计算:

$$R_t = k_g k_z k_b k_h k_a R \tag{15-3}$$

式中　R——支柱额定工作阻力,kN;

k——支柱阻力影响系数,可以从支柱阻力影响系数表中(表15-2)查得。

表 15-1 矿压参数参考表

序号	项目		单位	同煤层实测	本面选取或预计
1	顶底板条件	直接顶厚度	m		
		基本顶厚度	m		
		直接底厚度	m		
2	直接顶初次垮落步距		m		
3	初次来压	来压步距	m		
		最大平均支护强度	kN/m²		
		最大平均顶底板移近量	mm		
		来压显现程度			
4	周期来压	来压步距	m		
		最大平均支护强度	kN/m²		
		最大平均顶底板移近量	mm		
		来压显现程度			
5	平均	最大平均支护强度	kN/m²		
		最大平均顶底板移近量	mm		
6	直接顶悬顶情况		m		
7	底板容许比压		MPa		
8	直接顶类型				
9	基本顶级别				
10	巷道超前影响范围		m		

表 15-2 支柱阻力影响系数表

项目	液压支柱	微增阻支柱	急增阻支柱	木支柱
工作系数 k_g	0.99	0.91	0.5	0.5
增阻系数 k_z	0.95	0.85	0.7	0.7
不均匀系数 k_b	0.9	0.8	0.7	0.7
采高系数 k_h	<1.4 m	1.5～2.2 m	1.5～2.2 m	>2.2 m
	1.0	0.95	0.95	0.9
倾角系数 k_a	<10°	11°～25°	26°～45°	>45°
	1.0	0.95	0.9	0.85

Ⅳ 工作面合理的支柱密度,可以采用下列公式进行计算

$$n = p_t / R_t \tag{15-4}$$

式中 n——支柱密度,根/m²。

Ⅴ 根据合理的支柱密度,确定排距、柱距。

Ⅵ 合理控顶距的选择:在满足安全生产的前提下,可以根据工作面的实际条件选择控顶距。坚硬顶板控顶距可适当增大,松软、缓慢下沉顶板控顶距可适当缩小,一般应采用"见四回一"的管理方式。

Ⅶ 柱鞋直径的计算:柱鞋一般选用圆形铁鞋。根据支柱对底板的压强应小于底板容许比压的原则,采用下列公式计算铁鞋的直径。

$$D \geqslant 200\sqrt{\frac{R_t}{\pi Q}} \tag{15-5}$$

式中　D——铁鞋的直径,mm;

　　　Q——底板比压,可以从矿压参数参考表中查得,MPa。

(3) 根据上述有关参数,结合采高等因素,选取合适的支柱并确定选用的顶梁的型号。

(4) 选用金属摩擦支柱进行支护时,应明确升柱器的型号、数量。

(5) 综采工作面的支护设计,需要根据工作面合理的支护强度(p_t)选取液压支架,并参考表 15-3 的内容进行适应性比较。

表 15-3　　　　　　　　　　　**支架参数对照表**

序号	项目	单位	工作面实际条件	支架参数
1	采高	m		
2	倾角	(°)		
3	煤厚	m		
4	硬度 f			
5	支护强度	kN/m²		
6	底板比压	kN/m²		
7	顶板类(级)别			

(6) 乳化液泵站设计应包括以下内容:

① 泵站及管路选型;

② 泵站设置位置需在相关图纸上明确标明;

③ 泵站使用规定:泵站压力调整要求、乳化液配制方式、乳化液浓度、检查方式等。

2. 工作面顶板控制

(1) 确定工作面回采时顶板控制方式。描述控顶方法、控顶距离、放顶要求、支柱支设要求、伞檐规定、铺网要求、护顶方式及要求等。

(2) 确定工作面正常回采时特殊支护形式。描述密集支柱、抬棚、戗柱(栅)、丛柱、木垛、贴帮支柱的支设及临时支护、挡矸等要求。

(3) 确定各工序之间平行作业的顺序和安全距离,回柱放顶的方法,放顶区内支柱(架)、特殊支护等的回撤方式。

(4) 描述顶底板变化、地质构造、应力集中区等特殊地段以及其他因素时的顶板控制方法和要求。

（5）采用水砂充填或矸石充填控制顶板,需要明确充填的工艺要求、材料来源、材质要求、工序衔接等内容。

（6）采用放顶煤工艺或采煤工作面倾角较大时,需要描述增加支架（柱）稳定性、防止倒架（柱）的措施。

（7）采用水采工艺时,需要描述护枪方式和撤退路线的维护措施;倾角超过 15°时还要描述采空区挡矸点柱的支设方式。

（8）采用人工顶板分层开采工艺时,需要描述造假顶方式、要求、材料以及在回采中防止顶板冒漏的方法等内容。

（9）采用强制放顶工艺的,应进行人工强制放顶设计。

（10）采用放顶煤工艺需要对顶煤进行弱化的,应描述顶煤弱化的措施。

（11）如果工作面有伪顶、复合顶板时,应确定其控制方式。

3. 运输巷、回风巷及端头顶板控制

（1）描述工作面运输巷、回风巷超前支护的方式、距离。

（2）描述端头支护方式、支护质量要求,以及与其他工序之间的衔接关系。

（3）描述安全出口的高度等。

（4）确定各类支护材料的正常使用数量、规格,各类备用支护材料的数量、规格、存放地点、管理方法。

（5）绘制工作面开切眼、运输巷、回风巷及端头支护示意图（平面、剖面图）,反映出工作面、超前、端头支护和工作面运输巷、回风巷正常支护等情况。

4. 矿压观测

（1）确定矿压观测内容,应包括日常支柱（架）支护质量动态监测、巷道变形离层观测、顶板活动规律分析等内容。

（2）描述矿压观测方法,说明工作面和巷道中矿压观测仪器、仪表的选型和安设位置、观测方式、观测时段。

四、生产系统

1. 运输

（1）确定运输、装载、转载方式,选择运输设备。

（2）描述运输设备的安装位置、固定方式、推移方式。

（3）描述运煤路线和辅助运输路线。

（4）绘制运输系统示意图。

2. "一通三防"与安全监控

（1）描述工作面范围内通风设施的安设位置和质量要求。

（2）进行工作面实际需要风量的计算。

工作面实际需要风量,应按各煤矿企业制定的通防实施细则计算,或根据瓦斯（二氧化碳）涌出量、工作面的温度、同时工作的最多人数、风速等因素分别进行计算后,取其中最大值进行风速验算,满足要求时,该最大值即是工作面实际需要风量。

① 按瓦斯（二氧化碳）涌出量计算:一般情况下采用下列公式:

$$Q = 100(67)qk \tag{15-6}$$

式中　Q——掘进工作面实际需要风量,m^3/min。

100(67)——单位瓦斯涌出量配风量,以回风流瓦斯浓度不超过 1% 取 100 计算或按
　　　　二氧化碳浓度不超过 1.5% 取 67 换算。

q——工作面瓦斯(二氧化碳)绝对涌出量,m^3/min。

k——工作面瓦斯(二氧化碳)涌出不均匀的备用风量系数,它是各个工作面瓦斯(二
　　氧化碳)绝对涌出量的最大值与其平均值之比,必须在各个工作面正常生产条
　　件下,至少进行 5 昼夜的观测,得出 5 个比值,取其最大值。通常机采工作面 k
　　$= 1.2 \sim 1.6$,炮采工作面 $k = 1.4 \sim 2.0$,水采工作面 $k > 2$。

高瓦斯采煤工作面实际需要风量的计算,应根据瓦斯抽放后的实际情况计算,具体为:

$$Q = 100qk(1 - K_{抽放率}) \tag{15-7}$$

式中　$K_{抽放率}$——采煤工作面的瓦斯抽放率。

② 按工作面温度计算:

$$Q = 60vS \tag{15-8}$$

$$Q = 60vSK \tag{15-9}$$

式中　v——工作面平均风速,可选取表 15-4 中的相关数值,m/s;

S——工作面的平均断面面积,可按最大和最小控顶断面的平均值计算,m^2;

K——综放工作面支架断面及工作面长短的风量调整系数,可从表 15-5 中选取。

表 15-4　　　　　　　　　　采煤工作面空气温度与风速对应表

工作面空气温度 /℃	工作面风速 $v/\mathrm{m \cdot s^{-1}}$		
	煤层厚度<1.5 m	煤层厚度 1.5 ～ 3.5 m	煤层厚度>3.5 m
<15	0.3 ～ 0.4	0.3 ～ 0.5	
15 ～ 18	0.5 ～ 0.7	0.5 ～ 0.8	0.8
18 ～ 20	0.8 ～ 0.9	0.8 ～ 1.0	0.8 ～ 1.0
20 ～ 23	1.0 ～ 1.2	1.0 ～ 1.3	1.0 ～ 1.5
23 ～ 26	1.5 ～ 1.7	1.5 ～ 1.8	1.5 ～ 2.0
26 ～ 28	2.0 ～ 2.2	2.0 ～ 2.5	2.0 ～ 2.5

注:有降温措施的工作面按降温后的温度计算。

表 15-5　　　　　　　　　　采煤工作面长度风量调整系数表

采面长度/m	0 ～ 5	50 ～ 100	100 ～ 150	150 ～ 200	200 ～ 250	250～300	300 以上
系数 K	0.8	0.9	1	1.1	1.2	1.3	1.4

③ 按工作面每班工作最多人数计算:

$$Q = 4n \tag{15-10}$$

式中　n——采煤工作面同时工作的最多人数。

④ 按炸药用量计算:

$$Q = 25A \tag{15-11}$$

式中　A——采煤工作面一次爆破所用的最大炸药用量,kg。

⑤ 按最低风速验算：

$$Q_煤 > 15S \qquad\qquad (15-12)$$

式中　S——采煤工作面平均有效断面面积，m^2。

⑥ 按最高风速验算工作面的最大风量：

$$Q_煤 < 240S \qquad\qquad (15-13)$$

式中　S——采煤工作面平均有效断面面积，m^2。

根据上述计算，确定工作面实际需要风量。

(3) 如果工作面布置独立通风有困难，需采用符合《煤矿安全规程》规定的串联通风时，应按其中一个工作面需要的最大风量计算。

(4) 确定通风路线，描述风流从采区进风巷经工作面到采区回风巷的路线。

(5) 如果工作面温度超限，必须进行专门降温制冷设计。

(6) 采用水力采煤时，其采煤点的供风可以参考采煤工作面作业规程有关风量计算方法和局部通风机选择、安装方法进行设计。

(7) 防治瓦斯应包括瓦斯检查和瓦斯监测。

① 明确瓦斯检查的有关规定，描述与工作面有直接关系的瓦斯检查地点的设置，每班检查次数，检查、汇报、签字规定，以及瓦斯超限处理、撤人和恢复生产的规定等内容。

② 明确瓦斯监测的有关规定，描述与工作面有直接关系的瓦斯监测设施（设备）的设置地点、断电瓦斯浓度、复电瓦斯浓度、断电范围，以及瓦斯报警、撤人和恢复生产规定等内容。

(8) 采用瓦斯抽放（排放）系统时，还应说明瓦斯抽放（排放）路线。

(9) 确定综合防尘系统，描述防尘供水管路系统，防尘方式，隔绝瓦斯、煤尘爆炸方式等内容。

① 明确防尘供水系统，应包括防尘供水管路系统设置、供水参数防尘设施设置位置等内容。

② 明确防尘方式，应包括工作面综合降尘的各类方式（煤层注水，采煤机内外喷雾，架间喷雾，转载点喷雾，湿式打眼，装煤洒水，个体防护，工作面运输巷、回风巷净化水幕和冲刷工作面运输巷、回风巷等方式）。

③ 明确隔绝瓦斯、煤尘爆炸方式，包括隔爆设施的设置、水量、管理等要求。

(10) 明确防治煤层自然发火所选用的消防管路系统及措施。

① 描述回采期间选用的综合防灭火方式（注浆、注氮、阻化剂、凝胶、均压等），并确定相关的工艺和参数。

② 确定监测系统，描述束管监测系统安设、传感器的设置地点、检测要求、自然发火标志气体、预报制度，以及气体超限撤人等内容。

③ 明确特殊时期的防灭火要求，包括工作面临近结束、停止生产，以及其他意外情况下的防灭火规定。

(11) 绘制通防系统相关图纸。包括通风系统图、瓦斯抽放（排水）系统图、防尘系统图、注浆系统图、注氮系统图、消防管路系统图、安全监测监控系统（设备）图等图纸，可以合并绘制也可以分单项绘制。

3. 排水

（1）根据工作面的最大涌水量，选择排水设备和排水系统。

（2）明确排水路线。

（3）绘制排水系统示意图。

4．供电

（1）进行供电系统设计，包括以下内容：

① 选择供电方式、电压等级、电气设备，计算电力负荷；

② 进行电缆选型计算和电气保护整定计算。

（2）绘制供电系统示意图。应明确供、用电设备情况，电缆种类、长度、断面和"三大保护"等情况。

5．通信照明

（1）描述工作面与车场、变电所、调度室等要害场所（部门）直接联系的通信设施、电话位置等。

（2）描述工作面、转载点等主要场所的照明系统设置情况。

（3）绘制通信、照明系统示意图。

五、劳动组织及主要技术经济指标

1．劳动组织

（1）描述作业方式。应根据工艺流程和劳动组织，合理安排各工序，尽量做到平行作业、提高工时利用率。

（2）描述劳动组织方式，说明劳动力配备情况，编制劳动组织表。

2．作业循环

绘制工作面正规循环作业图表。

3．主要技术经济指标

填制主要技术经济指标表，应明确相关的安全、生产、经济等指标。可以参考表 15-6 的方式、内容编制。

表 15-6　　　　　　　　　　　　　　主要技术经济指标表

序号	项　目	单位	数量	序号	项　目	单位	数量
1	工作面倾斜长度	m		10	月产量	t	
2	工作面走向长度	m		11	工作面可采期	a	
3	采高	m		12	在册人数	人	
4	煤层生产力	t/m³		13	出勤人数	人	
5	循环进度	m		14	出勤率	%	
6	循环产量	t		15	回采功效	t/工	
7	月循环数	个(%)		16	坑木定额	m³/10⁴t	
8	月进度	m		17	摩擦(液压)支柱丢失率	‰	
9	日产量	t		18	金属顶梁丢失率	‰	

序号	项目	单位	数量	序号	项目	单位	数量
19	铁鞋丢失率	‰		24	单位成本	元/10^4t	
20	火药定额	kg/10^4t		25	煤层牌号		
21	乳化液消耗	kg/10^4t		26	含矸率	%	
22	采煤截齿消耗	个/10^4t		27	灰分	%	
23	油脂	kg/10^4t		28	落装煤机械化程度	%	

六、煤质管理

（1）描述煤质指标。

（2）叙述提高煤质的措施。

七、安全技术措施

1．一般规定

（1）有针对性地叙述与本工作面相关的安全制度及需要特别强调的措施。

（2）叙述交接班进行安全检查的内容和有关规定。

2．顶板

（1）描述工作面、运输巷、回风巷的支护质量要求。

（2）描述工作面、运输巷、回风巷冒顶、煤壁片帮的处理方法、措施。

（3）描述所用支护材料的质量要求。

（4）描述工作面、运输巷、回风巷支柱（架）初撑力的要求。

（5）描述工作面应采取的防倒柱措施。

（6）描述运输巷、回风巷加强支护的方式、要求。

（7）明确工作面注液枪的设置、使用要求。

（8）描述运输巷、回风巷支架的回撤方法和要求。

（9）描述回柱放顶的安全措施。

（10）描述其他顶板控制（如采空区放顶）安全技术措施。

3．防治水

（1）描述工作面防治水工作的重点区域和需要进一步加强地质勘查工作的区域。

（2）描述排水路线、管路发生堵塞、故障情况下的停止作业、撤出所有受水威胁地点人员、报告矿调度室的应急措施。

（3）描述工作面或其他地点有异常情况，应停止作业及采取的措施等。

（4）描述其他防治水安全技术措施。

4．爆破

（1）描述爆破作业负责人的职责、分工以及相互监督的方式。

（2）描述爆破器材领退、使用等安全措施。

（3）明确严格按照炮眼布置设计要求打眼，并说明打眼前进行安全检查的内容。

（4）明确要使用符合规定的封泥，并坚持使用水炮泥的规定。

（5）描述工作面设备、支柱等防止崩倒的措施。

（6）描述爆破必须执行"一炮三检"制度、具体检查方法，以及严禁裸露爆破（放糊炮、明炮）和短母线爆破的具体规定。

（7）描述什么情况下不准爆破的具体规定。

（8）描述其他爆破管理安全技术措施。

5."一通三防"与安全监控

（1）描述工作面通风路线发生进、回风不畅情况下的应急措施。

（2）描述工作面采用的各项综合防尘措施及要求。

（3）描述工作面采用的各项综合防灭火措施及要求。说明发生高温点、发现指标气体等发火征兆时的处理方法和安全技术措施。

（4）描述在注氮、注浆、洒阻化剂等防火操作时的安全措施。

（5）描述在工作面区域内的安全监控仪器、仪表的使用、悬挂、移动要求。

（6）描述其他"一通三防"、安全监控及外因火灾防治安全技术措施。

6. 运 输

（1）描述工作面、运输巷、回风巷中的运输设备依次启动、停止的措施和联络方式。

（2）描述工作面、运输巷、回风巷中的运输、转载设备在紧急情况下停机的措施。

（3）描述使用带式输送机、刮板输送机等运输设备时的安全措施。

（4）描述要专人操作运输、转载、破碎设备，并禁止人员随意跨越的措施。

（5）描述发生大块煤块（矸石）卡住运输、转载、破碎设备以及溜煤眼上口的处理方式和安全措施。

（6）描述辅助运输中应该采取的安全措施。

（7）描述其他运输管理安全技术措施。

7. 机 电

（1）描述工作面采煤机、刮板输送机、转载机、破碎机、带式输送机、液压支架等机电设备的安装固定、使用、移动、维修的安全技术措施。

（2）明确机电设备的使用和操作专职制、设备维护岗位责任制、现场交接班制、停送电制度等。

（3）描述乳化液泵站、管路等管理措施。

（4）描述移动变电站和乳化液泵站的移动、固定方法和安全措施。

（5）描述油脂管理的要求。

（6）描述机电设备检修时的安全措施。

（7）描述其他机电管理安全技术措施。

8. 其 他

（1）描述工作面工业卫生、文明生产的内容要求。

（2）描述其他安全技术措施。

八、灾害应急措施及避灾路线

（1）制定发生顶板事故、瓦斯（煤尘）爆炸、火灾、水灾等的应急措施。

（2）确定发生灾害时的自救方式、组织抢救方法和安全撤离路线。

（3）绘制工作面避灾路线示意图。

第三节　采煤工作面作业规程样本

＿＿＿煤矿采煤工作面作业规程

编号(采号)：

工作面名称：

编制人：

施工负责人：

总工程师：

主管矿(井)长：

批准日期：　　年　　月　　日

执行日期：　　年　　月　　日

会 审 意 见

会审单位及人员签字

总工程师：　　　　　　年　　　月　　　日

生　　产：　　　　　　年　　　月　　　日

通　　风：　　　　　　年　　　月　　　日

机　　电：　　　　　　年　　　月　　　日

计　　划：　　　　　　年　　　月　　　日

煤　　质：　　　　　　年　　　月　　　日

技　　术：　　　　　　年　　　月　　　日

地　　测：　　　　　　年　　　月　　　日

安　　全：　　　　　　年　　　月　　　日

运　　输：　　　　　　年　　　月　　　日

供　　应：　　　　　　年　　　月　　　日

劳　　资：　　　　　　年　　　月　　　日

一、主要存在问题

二、处理意见

目　录

第八章 灾害应急措施及避灾路线

第一章 概 况

第一节 工作面位置及井上下关系

工作面位置及井上下关系见表1。

表1 工作面位置及井上下关系表

水平名称		采区名称	
地面标高		井下标高	
地面相对位置			
回采对地面设施的影响			
井下位置及与四邻关系			
走向长度/m		倾斜长度/m	面积/m²

第二节 煤 层

工作面煤层情况见表2。

表2 煤层情况表

煤层厚度/m		煤层结构		煤层倾角/(°)	
开采煤层		煤 种		稳定程度	
煤层情况描述					

第三节 煤层顶底板

工作面煤层顶底板情况见表3。

表3 煤层顶底板情况表

顶、底板名称	岩石名称	厚度/m	特征
基本顶			
直接顶			
伪 顶			
直接底			
基本底			

附图1:工作面地层综合柱状图。

第四节　地 质 构 造

一、断层情况及其对回采的影响(表 4)

表 4　　　　　　　　　　　　　　　　断层情况表

断层名称	走向/(°)	倾向/(°)	倾角/(°)	性质	落差/m	对回采的影响

二、褶曲情况及其对回采的影响

三、其他因素对回采的影响(陷落柱、火成岩等)

附图 2:工作面运输巷、回风巷、开切眼素描图。

第五节　水 文 地 质

一、含水层(顶部和底部)分析

二、其他水源的分析

三、涌水量

1. 正常涌水量

2. 最大涌水量

第六节　影响回采的其他因素

一、影响回采的其他地质情况(表 5)

表 5　　　　　　　　　　　　　影响回采的其他地质情况表

瓦斯	
CO_2	
煤尘爆炸指数	
煤的自燃倾向性	
地温危害	
冲击地压危害	

二、冲击地压和应力集中区

三、地质部门的建议

第七节　储量及服务年限

一、储量

(1)工作面工业储量

(2)工作面可采储量

二、工作面服务年限

第二章 采煤方法

采煤方法及其依据。

第一节 巷道布置

一、采区设计、采区巷道布置概况

二、工作面运输巷

三、工作面回风巷

四、工作面开切眼

五、联络巷

六、溜煤眼

七、硐室及其他巷道

附图3：工作面及巷道布置平面图。

第二节 采煤工艺

一、采煤工艺

附图4：采煤机进刀方式示意图,炮眼布置图（正、平、剖视图）。

二、工作面正规循环生产能力

第三节 设备配置

工作面设备,包括采煤、支护、运输设备名称、型号、主要技术参数和数量。

附图5：机采工作面设备布置示意图。

第三章 顶板控制

第一节 支护设计

一、单体支柱工作面的支护设计

（一）使用顶底控制设计专家系统

（二）采用类比法进行设计

1. 参考本煤矿或邻矿同煤层矿压观测资料,填制本工作面矿压参数表（表6）

表6　　　　同煤层矿压观测选择或预计本工作面矿压参数参考表

序号	项目		单位	同煤层实测	本面选取或预测
1	顶底板条件	直接顶厚度	m		
		基本顶厚度	m		
		直接底厚度	m		

序号	项目		单位	同煤层实测	本面选取或预测
2	直接顶初次垮落步距		m		
3	初次来压	来压步距	m		
		最大平均支护强度	kN/m²		
		最大平均顶底板移近量	mm		
		来压显现程度			
4	周期来压	来压步距	m		
		最大平均支护强度	kN/m²		
		最大平均顶底板移近量	mm		
		来压显现程度			
5	平时	最大平均支护强度	kN/m²		
		最大平均顶底板移近量	mm		
6	直接顶悬顶情况		m		
7	底板容许比压		MPa		
8	直接顶类型				
9	基本顶级别				
10	巷道超前影响范围		m		

2. 合理支护强度的计算

3. 支柱实际支撑能力计算

4. 工作面合理的支柱密度计算

5. 根据合理的支柱密度,确定排距,柱距

6. 选择合理的控顶距

7. 柱鞋直径的计算

二、选择支护材料

三、乳化液泵站

（一）泵站选型、数量

（二）泵站设置位置

（三）泵站使用规定

第二节　工作面顶板控制

一、正常工作时期顶板支护方式

二、正常工作时期的特殊支护形式

三、回柱放顶与其他工序平行作业的安全距离

四、特殊时期的顶板控制

（一）来压及停采前的顶板控制

（二）过断层及顶板破碎时的顶板控制

（三）应力集中区的顶板控制

第三节　运输巷、回风巷及端头顶板控制

一、工作面运输巷、回风巷的顶板控制

（一）运输巷、回风巷的超前支护

（二）运输巷、回风巷的加强支护

二、工作面安全出口的管理

（一）支护形式

（二）质量要求

（三）与其他工序之间的衔接关系

三、支护材料的使用数量和存放管理

附图6：工作面、运输巷、回风巷及端头支护示意图（平面、剖面图）。

第四节　矿压观测

一、矿压观测内容

二、矿压观测方法

第四章　生　产　系　统

第一节　运　输

一、运输设备及运输方式

（一）运煤设备及装载、转载方式

（二）辅助运输设备及运输方式

二、移刮板输送机(转载机、破碎机等)的方式

三、运煤路线

四、辅助运输路线

附图7：运输系统示意图。

第二节　"一通三防"与安全监控

一、通风系统

（一）风量计算

1. 按瓦斯(二氧化碳)涌出量计算

2. 按工作面温度计算

3. 按工作面每班工作最多人数计算

4. 按炸药用量计算

5. 按最低风速验算，工作面的最小风量

6. 按最高风速验算，工作面的最大风速

7. 确定工作面实际需要风量

（二）通风路线

二、瓦斯防治

（一）瓦斯检查（设点、次数）

（二）瓦斯监测

三、综合防尘系统

（一）防尘管路系统

（二）防尘措施

（三）隔绝瓦斯、煤尘爆炸措施

四、防治煤层自然发火技术措施

（一）监测系统

（二）综合防灭火措施

（三）防灭火要求

附图8：通风系统图、瓦斯抽放（排放）系统图、防尘系统图、注浆系统图、注氮系统图、消防管路系统图、安全监测监控系统（设备）布置图。

第三节　排　水

一、设备选型

二、疏排水路线

附图9：排水系统示意图。

第四节　供　电

一、电气系统

二、电气整定计算

附图10：电气系统示意图。

第五节　通信照明

一、通信系统

二、照明系统

附图11：通信、照明系统示意图。

第五章　劳动组织和主要技术经济指标

第一节　劳动组织

一、作业方式

二、劳动组织（表7）

表7			劳动组织图表		
	一班	二班	三班	四班	合计
班长					
合计					

第二节　作业循环

附图12:工作面正规循环作业图表。

第三节　主要技术经济指标

工作面主要技术经济指标见表8。

表8		主要技术经济指标	
序号	项目	单位	数据
1	工作面倾斜长度	m	
2	工作面走向长度	m	
3	采高	m	
4	煤的视密度	t/m³	
5	循环进度	m	
6	循环产量	t	
7	月循环数	个	
8	月进度	m	
9	日产量	t	
10	月产量	t	
11	工作面可采期	a	
12	在册人数	人	
13	出勤人数	人	
14	出勤率	%	
15	回采工效	t/工	
16	坑木定额	$m^3/10^4 t$	
17	摩擦(液压)支柱丢失率	‰	
18	金属顶梁丢失率	‰	
19	铁鞋丢失率	‰	

续表 8

序号	项目	单位	数据
20	火药定额	kg/10^4t	
21	乳化液消耗	kg/10^4t	
22	采煤截齿消耗	个/10^4t	
23	油脂	kg/10^4t	
24	单位成本	元/10^4t	
25	煤层牌号		
26	含矸率	%	
27	灰分	%	
28	落装煤机械化程度	%	

第六章　煤质管理

一、煤质指标和要求

二、提高煤质的措施

三、提高采出率措施

第七章　安全技术措施

第一节　一般规定

第二节　顶板

第三节　防治水

第四节　爆破

第五节　"一通三防"及安全监控

第六节　运输

第七节　机电

第八节　其他

第八章　灾害应急措施及避灾路线

一、灾害应急措施
二、自救方式、抢救方法
三、避灾路线

附图13：工作面避灾路线示意图。

作业规程学习和考试纪录

负责人：　传达人：　班次

贯彻时间			参加人员				参加人员			
年	月	日	姓名	工种	成绩	签字	姓名	工种	成绩	签字

班　次	应到人数	实到人数	缺席人数	缺席人数名单
早　班				
中　班				
晚　班				

作业规程补充学习和考试记录

负责人：　传达人：　班次

贯彻时间			参加人员				参加人员			
年	月	日	姓名	工种	成绩	签字	姓名	工种	成绩	签字

作业规程复查记录

作业规程名称	
施工单位	
复查时间	
参加复查人员签字	

参 考 文 献

[1]　陈炎光,陈冀飞.中国煤矿开拓系统[M].徐州:中国矿业大学出版社,1996.

[2]　成家钰.煤矿作业规程编制指南[M].北京:煤炭工业出版社,2005.

[3]　戴绍诚,李世文.高产高效综合机械化采煤技术与装备[M].北京:煤炭工业出版社,1998.

[4]　刘吉昌.矿井设计指南[M].徐州:中国矿业大学出版社,1994.

[5]　孙宝铮,刘吉昌.矿井开采设计[M].徐州:中国矿业学院出版社,1986.

[6]　徐永圻.采矿学[M].徐州:中国矿业大学出版社,2003.

[7]　徐永圻.煤矿开采学[M].徐州:中国矿业大学出版社,1991.

[8]　张宝明,陈炎光,徐永圻.中国煤矿高产高效技术[M].徐州:中国矿业大学出版社,2001.

[9]　张荣立,何国纬,李铎.采矿工程设计手册[M].北京:煤炭工业出版社,2003.

[10]　张先尘,钱鸣高,等.中国采煤学[M].北京:煤炭工业出版社,2003.